U0171574

《信息与计算科学丛书》编委会

信息与计算科学丛书　89

数值泛函及其应用

张维强　冯纪强　宋国乡　著

科 学 出 版 社

北　京

内 容 简 介

本书用通俗浅显的语言介绍了泛函分析中与工程计算、数值逼近有密切关系的基本理论和有关重要定理及公式，如距离空间中的压缩映像原理与迭代法; Banach 空间中的线性泛函与线性逼近; Hilbert 空间中的正交分解、投影与逼近; Fourier 分析与快速 Fourier 变换; 泛函求极值的变分理论; 有限元的变分原理及计算方法; 小波理论及 Mallat 算法等.

书中另一重要内容是作者在上述数值泛函的框架下，将变分理论、Fourier 分析、有限元分析、小波分析等应用于工程计算所取得的科研成果.

本书可作为高校相关专业的工科研究生的教学参考书，也可供相关领域的工程技术人员参考.

图书在版编目(CIP)数据

数值泛函及其应用/张维强，冯纪强，宋国乡著. —北京：科学出版社，2021.3
（信息与计算科学丛书；89）

ISBN 978-7-03-068318-2

Ⅰ. ①数… Ⅱ. ①张… ②冯… ③宋… Ⅲ. ①泛函分析 Ⅳ. ①O177

中国版本图书馆 CIP 数据核字(2021) 第 043520 号

责任编辑：王丽平 李 萍 / 责任校对：杨 赛
责任印制：吴兆东 / 封面设计：陈 敬

科学出版社 出版
北京东黄城根北街 16 号
邮政编码：100717
http://www.sciencep.com

北京虎彩文化传播有限公司印刷
科学出版社发行 各地新华书店经销
*
2021 年 3 月第 一 版 开本：720 × 1000 1/16
2022 年 8 月第二次印刷 印张：16
字数：300 000

定价：128.00 元

(如有印装质量问题，我社负责调换)

《信息与计算科学丛书》序

20 世纪 70 年代末，由著名数学家冯康先生任主编、科学出版社出版的一套《计算方法丛书》，至今已逾 30 册．这套丛书以介绍计算数学的前沿方向和科研成果为主旨，学术水平高、社会影响大，对计算数学的发展、学术交流及人才培养起到了重要的作用．

1998 年教育部进行学科调整，将计算数学及其应用软件、信息科学、运筹控制等专业合并，定名为"信息与计算科学专业"．为适应新形势下学科发展的需要，科学出版社将《计算方法丛书》更名为《信息与计算科学丛书》，组建了新的编委会，并于 2004 年 9 月在北京召开了第一次会议，讨论并确定了丛书的宗旨、定位及方向等问题．

新的《信息与计算科学丛书》的宗旨是面向高等学校信息与计算科学专业的高年级学生、研究生以及从事这一行业的科技工作者，针对当前的学科前沿，介绍国内外优秀的科研成果．强调科学性、系统性及学科交叉性，体现新的研究方向．内容力求深入浅出，简明扼要．

原《计算方法丛书》的编委和编辑人员以及多位数学家曾为丛书的出版做了大量工作，在学术界赢得了很好的声誉，在此表示衷心的感谢．我们诚挚地希望大家一如既往地关心和支持新丛书的出版，以期为信息与计算科学在新世纪的发展起到积极的推动作用．

石钟慈

2005 年 7 月

前　言

泛函分析是一个高度抽象而又有广泛应用的数学分支. 由于它的高度抽象, 面对理论比较完整、系统的泛函分析教材, 许多学工科的学生及工程技术人员常常望而却步, 因而不能很好地广泛应用.

实际上, 泛函分析抽象的背后都是具体的学科, 它只是把具体学科中最普遍、最共同的规律加以概括、提高, 用特定的、比较抽象的数学语言表述出来, 成为一门数学理论. 学数学的人看它非常简洁优美, 学工程的人则觉得它抽象难懂.

本书的目的, 就是为那些对泛函分析望而却步的工科学生及从事工程计算的人而写, 因此本书撰述泛函分析的内容不那么完整、系统, 而是用比较浅显易懂的语言把与工程计算、数值逼近关系密切的泛函分析基础介绍出来, 称之为 “数值泛函”. 同时, 本书也介绍了一些应用算例, 其中包含了我们自己的科研成果. 一方面把抽象出来的规律、公式应用到工程计算中, 另一方面可以让读者感悟到抽象提高与广泛应用的内涵关系, 从而为读者的创新开拓打好数学基础.

本书在完成的过程中, 得到了石钟慈院士的关心和指导, 在此表示衷心的感谢.

本书的出版得到了国家自然科学基金 (No. 61872429) 的资助, 出版社的编辑同志为之付出了辛勤的劳动, 在此一并表示深切的谢意.

限于作者的水平及时间仓促, 书中不当之处敬请读者指正, 不胜感激.

作　者

2020 年 9 月

目　录

《信息与计算科学丛书》序
前言
第 1 章　预备知识 ··· 1
　1.1　泛函分析初识 ··· 1
　1.2　集合、元素 ··· 1
　1.3　空间与映射 ··· 2
　1.4　几个基础的拓扑概念 ··· 3
　1.5　坐标与空间 ··· 4
第 2 章　距离空间与压缩映像原理 ··· 5
　2.1　距离空间 ··· 5
　　2.1.1　定义和例 ··· 5
　　2.1.2　收敛概念和完备性 ··· 7
　　2.1.3　距离空间上的映射 ··· 12
　2.2　压缩映像原理及应用 ··· 13
　　2.2.1　定义和例 ··· 14
　　2.2.2　压缩映像原理 ··· 14
　2.3　压缩映像原理与迭代法 ··· 16
　　2.3.1　压缩算子与迭代法 ··· 16
　　2.3.2　压缩算子的判定 ··· 18
　　2.3.3　两种常用的迭代法 ··· 21
　2.4　压缩映像原理在微分方程中的应用 ··· 26
　2.5　压缩映像原理在积分方程中的应用 ··· 28
第 3 章　Banach 空间及线性逼近 ··· 33
　3.1　定义和实例 ··· 33
　　3.1.1　线性空间的定义 ··· 33
　　3.1.2　赋范线性空间的定义 ··· 33
　　3.1.3　例 ··· 34
　　3.1.4　Banach 空间 ··· 35

3.2 按范数收敛 ······ 35
3.2.1 定义 ······ 36
3.2.2 性质 ······ 36
3.3 线性算子和线性泛函 ······ 37
3.3.1 算子 ······ 37
3.3.2 线性泛函 ······ 40
3.4 Banach 空间中的各种收敛 ······ 42
3.4.1 元素序列的收敛性 ······ 42
3.4.2 算子序列的收敛性 ······ 43
3.4.3 泛函序列的收敛性 ······ 43
3.4.4 几个结论 ······ 44
3.5 Banach 空间中的线性逼近 ······ 44
3.5.1 线性无关和线性表示 ······ 44
3.5.2 Banach 空间中的线性逼近 ······ 45
第 4 章 Hilbert 空间及投影逼近 ······ 48
4.1 定义和例 ······ 48
4.1.1 内积空间的定义 ······ 48
4.1.2 内积的性质 ······ 49
4.1.3 Hilbert 空间 ······ 51
4.1.4 例 ······ 51
4.2 正交分解与投影定理 ······ 52
4.2.1 正交的概念与正交分解 ······ 52
4.2.2 投影定理 ······ 53
4.3 H 空间中的广义 Fourier 分析 ······ 53
4.3.1 正交系、规范正交系 ······ 54
4.3.2 H 空间中的广义 Fourier 级数 ······ 55
4.4 函数空间中的最佳逼近 ······ 57
4.4.1 函数空间中的投影定理 ······ 58
4.4.2 函数逼近的算例 ······ 59
4.5 各种数值逼近的泛函背景 ······ 67
4.5.1 坐标、空间与量化 ······ 67
4.5.2 转化与逼近 ······ 68
4.5.3 基的选取和构造 ······ 69

4.5.4 常用的子空间 …… 70
第 5 章 Fourier 分析及其应用 …… 72
5.1 三角基的正交性 …… 72
5.2 Fourier 级数和 Fourier 积分 …… 73
5.2.1 Fourier 级数 …… 73
5.2.2 Fourier 积分 …… 75
5.3 Fourier 变换和非周期函数的频谱 …… 78
5.3.1 Fourier 变换 …… 78
5.3.2 非周期函数的频谱 …… 78
5.4 离散 Fourier 变换和快速 Fourier 变换 …… 84
5.4.1 离散 Fourier 变换 …… 84
5.4.2 快速 Fourier 变换 …… 85
5.5 应用算例 …… 86
5.5.1 信号频率确定 …… 86
5.5.2 ECG 信号去噪 …… 87
第 6 章 变分理论及其应用 …… 90
6.1 变分问题简介 …… 90
6.2 变分原理 …… 92
6.3 变分直接法 …… 95
6.3.1 泛函的极小化序列 …… 95
6.3.2 Ritz 法 …… 95
6.3.3 Galerkin 法 …… 98
6.3.4 基函数的选取 …… 99
6.4 变分法的革新和前景 …… 101
6.4.1 变分与有限元 …… 101
6.4.2 变分 PDE 与图像处理 …… 102
6.5 TV 变分模型的改进及应用 …… 102
6.5.1 TV 变分模型在图像恢复中的研究现状 …… 103
6.5.2 基于 TV 和各向异性扩散方程的图像恢复模型 …… 104
6.5.3 “纯粹的”各向异性扩散方程 …… 104
6.5.4 新模型的提出 …… 105
6.5.5 新模型的离散格式 …… 106

6.5.6 应用仿真 ······ 107
第 7 章 有限元分析及其应用 ······ 109
7.1 有限元法简介 ······ 109
7.1.1 有限元的思想起源和发展 ······ 109
7.1.2 有限元的变分原理 ······ 109
7.1.3 Galerkin 有限元 ······ 110
7.2 有限元基的几何描述 ······ 111
7.3 有限元法的解题步骤 ······ 113
7.4 基于拓扑有向图的有限元方法 ······ 119
7.4.1 电磁场与有向图 ······ 119
7.4.2 场的线性化 ······ 120
7.4.3 数学模型 ······ 122
7.4.4 算例 ······ 123
7.5 电机磁场的有限元分析 ······ 126
7.5.1 有限元法 ······ 126
7.5.2 计算模型 ······ 126
7.5.3 有限元解 ······ 128
7.5.4 解的讨论 ······ 134
第 8 章 小波分析及其应用 ······ 136
8.1 小波分析与 Fourier 分析 ······ 136
8.2 小波基与多分辨分析 ······ 138
8.3 小波级数与小波变换 ······ 140
8.3.1 小波级数 ······ 140
8.3.2 小波变换 ······ 141
8.4 Mallat 算法 ······ 143
8.4.1 基本思想 ······ 143
8.4.2 Mallat 分解算法 ······ 145
8.4.3 Mallat 重构算法 ······ 146
8.4.4 Mallat 算法的矩阵形式 ······ 146
8.5 小波分析在信号去噪中的应用 ······ 147
8.5.1 小波模极大值去噪方法 ······ 148
8.5.2 基于小波系数区域相关的阈值滤波方法 ······ 150
8.5.3 小波阈值去噪 ······ 152

本书参考文献 ······ 159
附录 A　变分、网络与有限元 ······ 162
A.1　古典变分的危机 ······ 162
A.2　差分网络法的特点 ······ 165
A.3　有限元法的优点 ······ 168
A.4　算例 ······ 174
参考文献 ······ 178
附录 B　Besov 空间中的变分模型 ······ 179
B.1　研究背景 ······ 179
B.1.1　Besov 空间的描述 ······ 179
B.1.2　变分 PDE 在图像分解中的研究现状 ······ 180
B.2　一类基于 Besov 空间与负 Hilbert-Sobolev 空间的变分模型 ······ 183
B.2.1　主要思想 ······ 183
B.2.2　新变分模型的极小化 ······ 183
B.2.3　新变分模型的解与小波阈值之间的关系 ······ 184
B.2.4　实验仿真 ······ 189
B.3　基于投影的图像分解变分模型 ······ 192
B.3.1　新变分模型的极小化 ······ 192
B.3.2　小波阈值与投影之间的关系 ······ 196
B.3.3　实验仿真 ······ 199
B.4　一类基于 Besov 空间与齐次 Besov 空间的变分模型 ······ 202
B.4.1　$(B^s_{1,1}, E)$ 模型 ······ 203
B.4.2　$\left(|u|^p_{B^s_{p,p}}, \|v\|_E\right)$ 模型 ······ 205
B.4.3　$\left(|u|_{B^s_{p,p}}, \|v\|_E\right)$ 模型 ······ 207
B.4.4　算法 ······ 208
B.4.5　算法的收敛性分析 ······ 209
B.4.6　实验仿真 ······ 210
B.5　小结 ······ 216
参考文献 ······ 217
附录 C　基于波原子变换的图像去噪算法 ······ 220
C.1　引言 ······ 220
C.2　波原子理论 ······ 221
C.2.1　波原子的定义 ······ 221

C.2.2　波原子的构造及变换系数 ………… 221
C.3　波原子在图像处理中的应用 ………… 224
C.3.1　波原子硬阈值去噪算法 ………… 224
C.3.2　仿真实验与分析 ………… 224
C.4　结合全变差最小的波原子去噪算法 ………… 228
C.4.1　全变差正则化模型 ………… 229
C.4.2　结合全变差最小的波原子去噪算法 ………… 229
C.4.3　仿真实验与分析 ………… 230
C.5　结合循环平移的波原子去噪算法 ………… 233
C.5.1　循环平移思想 ………… 233
C.5.2　结合循环平移的波原子去噪算法 ………… 234
C.5.3　仿真实验与分析 ………… 234
C.6　小结 ………… 237
参考文献 ………… 237
《信息与计算科学丛书》已出版书目 ………… 239

第 1 章 预备知识

1.1 泛函分析初识

泛函分析是一种广义的函数分析, 按一般的提法, 称有限维的分析为古典分析, 称无限维的分析为泛函分析.

泛函分析是一门比较近代的数学, 起源于 19 世纪, 到 20 世纪发展成为一门学科. 它吸收了各个数学分支中最基本的精华, 经过抽象、提高, 总结出普遍的规律和共同的框架. 它是一门高度抽象的数学理论, 它的观点、方法和规律可以广泛应用于各个学科, 为各个学科提供一般的数学规律, 是各个学科发展的重要理论和工具. 对数值分析、数值逼近来说, 它们与泛函分析的关系更为密切, 数值分析中的很多方法, 甚至是经典的方法都可用现代泛函分析的语言来叙述和推证. 例如, 迭代法和压缩映像原理、有限元与变分原理、小波基和空间分解、最佳逼近与正交投影等, 泛函分析可使这些问题的讨论变得既直观又简洁.

古典分析的基本概念是函数, 主要研究对象是两个实数集合之间的相互关系; 而泛函分析是把客观世界中的研究对象抽象为元素和空间, 把对象之间的相互关系抽象为算子. 泛函分析专门研究空间、算子之间的关系, 抽出共同的普遍规律, 再应用到具体学科中, 它把表面上彼此不相关的学科统一在它的普遍规律和共同框架之下.

具体学科通常是针对特殊的对象研究特殊的规律, 当然这也是非常重要的, 但有时会受到具体对象和数学工具的局限, 不能发现事物的本质. 从综合抽象的角度去考察, 会把事物的本质看得更清楚, 从而总结出一些普遍规律, 可以应用得更广. 因此, 常说泛函分析具有高度的抽象性, 进而也有广泛的应用性.

泛函分析的内容非常丰富, 本书介绍的只是跟数值计算、数值逼近密切相关的泛函概念、理论和公式. 为了学习的基础需要, 下面先介绍一些有关集合、空间、算子等的定义, 以及一些最基础的拓扑概念.

1.2 集合、元素

集合：几乎没有确切的数学定义, 集合论的创始者德国数学家康托尔曾对集合有一种描述, "集合是由我们思想中的或者有认知的一些确定的、可以分辨的对象所组成的, 并被看成一个整体的任意一个集体". 其中的对象称为集合的元素. 如 "世界上所有的鱼" 就是一个集合, 其中的元素是鱼; "所有的奇数" 也是一个集合, 其中的元素是奇数; "n 维向量空间" 也是一个集合, 其中的元素是向量; 等等. 但是古典的集合要求有一个明确的界线, 一旦确定一个集合, 则对任何一个元素是否属于此集合要有明确的答案, 如 "很高的人" "很小的数" 等, 就不能成为集合 (模糊集合的概念不在此讨论).

集合的表示：集合一般用大写英文字母表示, 如 A, B, Z, G 等. 元素一般用小写英文字母表示, 如 x, y 等. 某个具体的集合, 为表示其中元素的特性可用特征表示法：例如, $A = \{x|x$ 为世界上所有的鱼$\}$; 又如, $B = \{x|x$ 为实数$\}$; 对给定的 $f(x)$, 则 $C = \{x|f(x) = 0\}$ 即为满足 $f(x) = 0$ 的 x 的集合, 如此等等.

有时也用简单的列举表示, 如 $N = \{1, 2, 3, \cdots, n, \cdots\}$.

x 是 A 中的元素, 记为 $x \in A$; x 不是 A 中的元素, 记为 $x \notin A$.

集合的运算：

和集 (又称并集)：$A \cup B = \{x|x \in A$ 或 $x \in B\}$;

交集 (又称通集)：$A \cap B = \{x|x \in A$ 且 $x \in B\}$.

有时也用差集的运算:

$$A - B = \{x|x \in A \text{ 但 } x \notin B\}.$$

集合间还有一种包含的表示, 如 $A \subset B$, 即 A 的元素都在 B 中, 称 A 为 B 的子集. 特别地, 若集合中没有任何元素, 称之为空集, 记为 $\varnothing$.

一般集合中的元素太广泛, 太没有规律, 下面我们要讨论一些特殊的集合.

1.3 空间与映射

空间：在集合的基础上, 把具有一定特性的元素的集合称为空间. 若在集合中的元素之间定义了距离, 就称为距离空间; 若在空间中定义了线性运算, 则称为线性空间; 若又在线性空间中定义了范数, 则称为赋范线性空间. 若集合中的元素都是向量, 就称为向量空间; 若集合中的元素都是实数, 就称为实数空间; 若集合中的元素都是函数, 就称为函数空间; 等等.

映射：设 A,B 为两个给定的集合, 若对每个 $x \in A$, 都存在一个确定的 $y \in B$ 与 x 对应, 则记为 $y = f(x)$, 把对应关系 f 称为由集合 A 到集合 B 的映射. $f : A \to B$, 称 A 为 f 的定义域, B 为 f 的值域 (也可称像集). 特别地, 若映射 f 使 A 中任一个不同的 x 对应于 B 中一个不同的 y, 则称 f 为一一映射.

映射也常称为算子, 习惯上, 一般的提法: 距离空间之间的对应关系称为映射; 赋范线性空间之间的映射称为算子; 由赋范线性空间到数空间的算子称为泛函数 (简称泛函), 我们常用的泛函是由函数空间到数空间的算子, 如定积分算子; 由数空间到赋范线性空间的算子称为抽象函数; 由数空间到数空间的算子称为函数.

1.4 几个基础的拓扑概念

下面在距离空间的基础上介绍几个基本的拓扑概念.

在以 $\rho(x,y)$ 为距离的距离空间 Z 中, 我们有如下定义.

开球: 若有 $x_0 \in Z$, 则集合 $\{x|\rho(x,x_0) < r, x \in Z\}$ 称为以 x_0 为心、r 为半径的开球.

闭球: 假设如上, 称集合 $\{x|\rho(x,x_0) \leqslant r, x \in Z\}$ 为以 x_0 为心、r 为半径的闭球.

内点: 假设有集合 $G \subset Z$($\subset$ 为包含), 设 $x_0 \in G$, 若存在 $r > 0$, 使 $\{x|\rho(x, x_0) < r\} \subset G$, 则称 x_0 为 G 的内点.

聚点: 设 $G \subset Z$, 若有 $x_0 \in Z$, 对任一 $\varepsilon > 0$, 在 G 中至少能找到一个 x, 使 $\rho(x,x_0) < \varepsilon$, 则称 x_0 为 G 的一个聚点. 显然, G 的聚点可能有一个, 也可能有多个, 甚至有无穷个. 若 G 为有理数集, 则所有的无理数即是它的聚点. 相反亦然, 若 G 为无理数集, 则所有的有理数即为它的聚点. 直观上, 一个集合中的元素对聚点可以任意接近但不能达到.

开集: 若前面的 G 中每个点都是内点, 则称 G 为开集. 例如, 有理数集、无理数集等.

闭集: 若 G 的所有聚点都在 G 中, 则称 G 为闭集.

有界: 若存在 x_0, r, 使 $G \subset \{x|\rho(x_0,x) < r\}$, 则称 G 为有界.

对于上述概念有以下几点性质:

(1) 空集及全集既是开集又是闭集;

(2) 任意个开集的和集是开集, 有限个开集的交集是开集;

(3) 任意个闭集的交集为闭集, 有限个闭集的和集为闭集.

上确界: 若 A 为有界集, 最小的上界称为上确界, 记为 $\sup A$.

下确界: 若 A 为有界集, 最大的下界称为下确界, 记为 $\inf A$.

1.5　坐标与空间

前面已经说过, 空间是一种特殊的集合, 其中元素是具有一定特性的. 我们今后真正要用的空间都是具有某种特性的空间. 在空间中可以引进 "坐标", 进一步形成 "基" 的概念. 这为我们今后对泛函分析的研究带来了形象和直观.

"坐标" 是由笛卡儿在 1637 年发表的《几何》中首先提出的, 称为笛卡儿坐标几何. 有了笛卡儿坐标架, 平面上的点与一对数对应起来, 曲线与点的运动方程对应起来, 进而推广到三维空间, $\cdots$, n 维空间, 就使 n 维空间的点与 n 个数组成的数组对应起来:

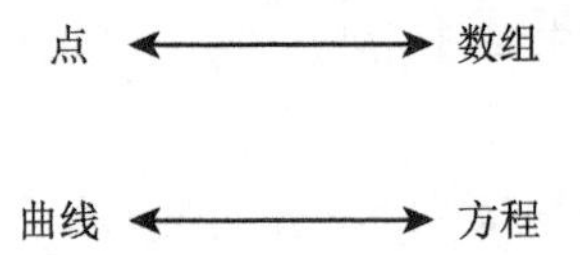

坐标架使 "数" "形" 结合, 给几何以定量分析, 给分析以几何直观, 改变了整个数学的面貌, 促进了 17 世纪数学的巨大发展.

当坐标架取为特定的基向量时, 向量空间中的向量都与数对应起来, 引出了一系列向量分析的理论; 当坐标架取为特定的基函数时, 函数空间中的函数可以与数对应起来, 又引出了一系列无穷级数、函数逼近的理论.

在同一个空间中, 可以引进不同的坐标架, 也就是引进不同的基. 我们可以根据研究的对象特征来选取不同的基, 尽量使我们的计算简单、准确. 这也是数学研究的重要内容之一. 函数空间中常用的基函数有幂函数、三角函数、Chebyshev 函数、有限元基函数、小波函数等.

从坐标来看空间与子空间也特别清楚、直观. 例如, 二维空间有两个坐标 (两个基向量), 三维空间有三个坐标 (三个基向量), 则二维空间就是三维空间的子空间. $m(m < n)$ 维向量空间就是 n 维向量空间的子空间. 又如, 在函数空间中, 任何有限维函数空间 (有限个基函数) 就是无穷维函数空间 (无限个基函数) 的子空间等. 本章在空间中引进了坐标与基的概念, 为后面构造子空间作函数逼近、分析、计算打下了重要的基础.

第 2 章　距离空间与压缩映像原理

2.1　距 离 空 间

2.1.1　定义和例

定义 2.1　设 R 表示一个非空集合, 若其中任意两元素 x,y, 都按一定的规则与一个实数 $\rho(x,y)$ 相对应, 且 $\rho(x,y)$ 满足以下三公理 (称为距离公理):

(1) $\rho(x,y) \geqslant 0$, 当且仅当 $x=y$ 时等号成立;　(非负性)

(2) $\rho(x,y)=\rho(y,x)$;　(对称性)

(3) 对 R 中任意三个元素 x,y,z, 有

$$\rho(x,z) \leqslant \rho(x,y)+\rho(y,z), \quad \text{(三角不等式)}$$

则称 $\rho(x,y)$ 为 x 与 y 间的距离, 称 R 为距离空间, 记为 (R,ρ), 有时也简记为 R. 距离空间中的元素也称为 “点”.

根据定义 2.1, 在距离空间 R 中, 任意两点之间都有一个确定的距离, 它包含了通常意义下的距离概念, 但又要比通常意义的距离概念更广泛, 它是欧氏空间中通常距离概念的抽象和推广.

例 2.1　设 R^1 为非空实数集, 对其中任意两实数 x,y, 定义距离

$$\rho(x,y)=|x-y|. \tag{2.1}$$

它显然满足距离公理, (2.1) 式即为通常意义下的距离, 常称为欧氏距离. 于是 R^1 按 (2.1) 式构成一距离空间.

另外, 还可在 R^1 中用另一种方式来定义距离

$$\rho(x,y)=\frac{|x-y|}{1+|x-y|}. \tag{2.2}$$

(2.2) 式满足距离公理 (1), (2) 是显然的, 对距离公理 (3) 也可验证:

由于当 $t \geqslant 0$ 时, $\varphi(t) = \dfrac{t}{1-t}$ 为单调函数, 因此

$$\begin{aligned}\rho(x,z) &= \frac{|x-z|}{1+|x-z|} \leqslant \frac{|x-y|+|y-z|}{1+|x-y|+|y-z|} \\ &= \frac{|x-y|}{1+|x-y|+|y-z|} + \frac{|y-z|}{1+|x-y|+|y-z|} \\ &\leqslant \frac{|x-y|}{1+|x-y|} + \frac{|y-z|}{1+|y-z|} \\ &= \rho(x,y)+\rho(y,z).\end{aligned}$$

例 2.2　设 R^n 为 n 维实向量全体所构成的空间, 在其中可定义距离如下: 设 $x=(x_1,x_2,\cdots,x_n)$, $y=(y_1,y_2,\cdots,y_n)$ 为 R^n 中任意两元素, 则

$$\rho(x,y) = \left(\sum_{i=1}^{n}(x_i-y_i)^2\right)^{\frac{1}{2}}. \tag{2.3}$$

可以证明, 它满足距离公理. 当 $n=2$ 时, 由 (2.3) 式定义的距离即为平面上两点间的通常距离.

同样, 在 R^n 中也可以定义另一种距离:

$$\rho_1(x,y) = \max_{1\leqslant i\leqslant n}|x_i-y_i|. \tag{2.4}$$

由上可见, 在同一个集合中, 可以用不同的方式定义不同的距离, 得到不同的距离空间. 如不作声明, 在 R^1 中我们用 (2.1) 式规定的距离, 在 R^n 中用 (2.3) 式规定的距离, 它们都称为欧氏距离.

例 2.3　用 $C_{[a,b]}$ 表示定义在 $[a,b]$ 上所有连续函数的全体, 对于任意 $x(t)$, $y(t)\in C_{[a,b]}$, 可定义距离

$$\rho(x,y) = \max_{b\leqslant t\leqslant a}|x(t)-y(t)|. \tag{2.5}$$

例 2.4　$L^2_{[a,b]}$ 表示 $[a,b]$ 上所有平方可积函数的全体, 即对任意的 $x(t)\in L^2_{[a,b]}$, 都有

$$\int_a^b |x(t)|^2dt < +\infty,$$

则可在 $L^2_{[a,b]}$ 中定义距离: 对任意 $x(t),y(t)\in L^2_{[a,b]}$, 有

$$\rho(x(t),y(t)) = \left(\int_a^b |x(t)-y(t)|^2dt\right)^{\frac{1}{2}}. \tag{2.6}$$

例 2.5 l^2 表示满足 $\sum_{i=1}^{\infty}|x_i|^2<+\infty$ 的实数列的全体, 则其中任意两点

$$x=(x_1,x_2,\cdots),\quad y=(y_1,y_2,\cdots)$$

间的距离可定义如下:

$$\rho(x,y)=\left(\sum_{i=1}^{\infty}|x_i-y_i|^2\right)^{\frac{1}{2}}. \tag{2.7}$$

从上面的例子可以看出, 我们可以在两向量间、两函数间、两数列间, 以及任意两个元素间引进距离, 它们要比通常意义下的几何距离的含义更广泛.

2.1.2 收敛概念和完备性

极限是一切分析理论的基础. 极限理论的基本点是收敛序列只能有一个极限. 对于简单的直线和平面的情况, 从通常的距离概念出发, 这是很明显的事实. 但在一般的距离空间中就不那么显然、明白了. 要在一般距离空间中建立相应的极限理论, 就要从一般的距离公理出发建立收敛概念.

距离公理是从通常的距离概念中抽象出本质特性并加以一般化而形成的. 实数 (距离是用实数来定义的) 的性质以及距离公理的作用使我们并不困难地在距离空间中建立起收敛的概念及以后的一系列理论. 仔细考察一下经典分析中的许多定理的证明, 实际上也仅仅用到了一般的距离公理, 而并不需要通常几何中有关距离的全部性质.

下面就在一般距离空间中来建立有关收敛的概念和理论.

1. 收敛点列

定义 2.2 设 R 为距离空间, $x_n(n=1,2,\cdots)$ 为 R 中的点列, $x\in R$, 如果当 $n\to\infty$ 时, 数列 $\rho(x_n,x)\to 0$, 则称点列 x_n 按距离 $\rho(x,y)$ 收敛于 x, 记为

$$\lim_{n\to\infty}x_n=x \tag{2.8}$$

或

$$x_n\to x\quad(n\to\infty).$$

此时, 称 x_n 为收敛点列, 称 x 为 x_n 的极限.

从定义 2.2 可以看出, 在距离空间中, 一般点列的收敛是通过距离的数列的收敛来定义的, 而数列的收敛概念及性质等是我们在数学分析中早就熟悉了的. 因此, 我们不难得出一般距离空间中有关收敛点列的一些基本性质.

定理 2.1　在距离空间中, 收敛点列的极限是唯一的.

证明　设 x, y 都是 x_n 的极限. 则根据定义及数列收敛的性质有, 对任意的 $\varepsilon > 0$, 存在 N, 当 $n > N$ 时,

$$\rho(x_n, x) < \varepsilon, \quad \rho(x_n, y) < \varepsilon.$$

由三角不等式得

$$\rho(x, y) \leqslant \rho(x, x_n) + \rho(x_n, y) < 2\varepsilon.$$

由 ε 的任意性, 可知 $\rho(x, y) = 0$, 即 $x = y$. 唯一性得证.

定理 2.2　在距离空间中, 距离 $\rho(x, y)$ 是两个变元 x, y 的连续函数. 即在距离空间中, 当 $x_n \to x_0$, $y_n \to y_0$ 时,

$$\rho(x_n, y_n) \to \rho(x_0, y_0), \quad n \to \infty. \tag{2.9}$$

证明　根据数列收敛的性质, 要证明 (2.9) 式, 即要证得

$$|\rho(x_n, y_n) - \rho(x_0, y_0)| \to 0, \quad n \to \infty.$$

考虑三角不等式

$$\begin{aligned}\rho(x_n, y_n) &\leqslant \rho(x_n, x_0) + \rho(x_0, y_n)\\ &\leqslant \rho(x_n, x_0) + \rho(x_0, y_0) + \rho(y_0, y_n),\end{aligned}$$

即

$$\rho(x_n, y_n) - \rho(x_0, y_0) \leqslant \rho(x_n, x_0) + \rho(y_0, y_n). \tag{2.10}$$

又

$$\begin{aligned}\rho(x_0, y_0) &\leqslant \rho(x_0, x_n) + \rho(x_n, y_0)\\ &\leqslant \rho(x_0, x_n) + \rho(x_n, y_n) + \rho(y_n, y_0),\end{aligned}$$

则

$$\rho(x_0, y_0) - \rho(x_n, y_n) \leqslant \rho(x_n, x_0) + \rho(y_n, y_0). \tag{2.11}$$

由 (2.10) 式与 (2.11) 式即可得

$$|\rho(x_n, y_n) - \rho(x_0, y_0)| \leqslant \rho(x_n, x_0) + \rho(y_n, y_0).$$

令 $n \to \infty$, 即得

$$|\rho(x_n, y_n) - \rho(x_0, y_0)| \to 0.$$

定理 2.3 设 x_n 为距离空间 R 中的收敛点列, 则 x_n 必有界, 即存在 $x_0 \in R$, 有限数 $r > 0$, 使对所有的 $x \in x_n$, 都有

$$\rho(x, x_0) < r. \tag{2.12}$$

事实上, 因 x_n 为收敛点列, 不妨设它的极限点为 x_0, 则取 $\varepsilon = 1$, 存在自然数 N, 当 $n > N$ 时, 有

$$\rho(x_n, x_0) < 1.$$

取

$$r = \max\{1, \rho(x_0, x_1), \rho(x_0, x_2), \cdots, \rho(x_0, x_N)\} + 1,$$

即可使对所有的 $x \in x_n$, (2.12) 式成立.

2. Cauchy 点列

设 x_n 为距离空间 R 中的收敛点列, 则存在 $x \in R$, 使

$$\rho(x_n, x) \to 0, \quad n \to \infty. \tag{2.13}$$

因为

$$\rho(x_m, x_n) \leqslant \rho(x_m, x) + \rho(x_n, x),$$

所以, 当 $m, n \to \infty$ 时, 有

$$\rho(x_m, x_n) \to 0, \tag{2.14}$$

即由 (2.13) 式可以推出 (2.14) 式, 而在一般的距离空间中却不能由 (2.14) 式反推出 (2.13) 式.

在实数理论中

$$|x_n - x| \to 0, \quad n \to \infty$$

与

$$|x_m - x_n| \to 0, \quad m, n \to \infty$$

是相当的. 但在一般的距离空间中, (2.13) 式与 (2.14) 式并不相当, 我们把使 (2.14) 式成立的点列称为 Cauchy 点列, 或基本点列.

于是, 在实数空间中, 按通常的欧氏距离, 收敛点列与 Cauchy 点列相当. 但在一般的距离空间中, 收敛点列必为 Cauchy 点列, 而 Cauchy 点列不一定是收敛点列.

如有理数点列

$$1,\ 1.4,\ 1.41,\ 1.414,\ 1.4142,\ \cdots \tag{2.15}$$

在有理数空间中, 只是一个 Cauchy 点列而不是收敛点列, 因它在有理数空间中没有极限. 有理数点列 (2.15) 的极限是无理数 $\sqrt{2}$, 只有在有理数空间加进无理数, 扩充成为实数空间后, 点列 (2.15) 才成为收敛点列. 因任何一个无理数都可以找到一个有理数点列以它为极限, 所以有理数空间好像是到处布满了空隙, 将这些空隙 (无理数) 都补进来, 就可使所有的 Cauchy 点列都有极限, 也都成了收敛点列. 而有理数空间补进了无理数也就成了实数空间. 在第 1 章中介绍的有关聚点、开集、闭集的概念到这里也就更清楚了. 有理数集、无理数集都是开集, 集合中的点又互为聚点. Cauchy 点列只收敛到聚点, 在本集合内没有极限点.

又如, 在 $P_{[a,b]}$(定义在 $[a,b]$ 上的实系数多项式的全体) 中, 有理多项式 $P_n(t)$ 满足 (2.14) 式, 而在 $P_{[a,b]}$ 中没有极限, 因而它们在 $P_{[a,b]}$ 中只是 Cauchy 点列, 而不是收敛点列. 实际上, 它们收敛于 $P_{[a,b]}$ 以外的连续函数. 如果我们把这些连续函数补充进来, 即将 $P_{[a,b]}$ 扩充为 $C_{[a,b]}$, 则所有的 Cauchy 点列按距离 (2.5) 式都成了收敛的多项式列.

正因为在一般的距离空间中, 收敛点列与 Cauchy 点列不相当, 所以才引出了距离空间的完备性问题.

3. 距离空间的完备性

前面建立了距离空间中的收敛概念, 并且从收敛、极限的角度说明了一般距离空间与实数空间 (距离空间的特例) 的差别. 在实数空间中存在定理：收敛点列与 Cauchy 点列等价. 也就是说, 任何一个实数的 Cauchy 点列必有实数的极限. 我们把实数的这种特性称为完备性. 这种实数的完备性给实数带来了很多好的性质, 使人们得以在此基础上建立了一系列的极限理论. 一般的距离空间 (如有理数空间) 就没有这种性质 (有理数的 Cauchy 点列不一定有有理数的极限). 这种不同决定了它们之间有很多本质上的差异, 即一般的距离空间不具有完备性.

定义 2.3　在距离空间 R 中, 若任一 Cauchy 点列都在 R 中有极限, 则称距离空间 R 是完备的.

于是跟实数空间一样, 在完备的距离空间中, 收敛点列与 Cauchy 点列是等价的.

因为在距离空间中, 收敛是用距离来定义的, 而前面曾讨论过, 在同一个集合中可以定义不同的距离, 因此, 同一个集合可以对一种距离成为完备的距离空间, 而对另一种距离成为不完备的距离空间.

按前面的规定, 未作说明时, 实数空间 R^1 中的距离是按 (2.1) 式定义的距离. 它的完备性也是指按 (2.1) 式的距离完备.

又如 $C_{[a,b]}$, 按通常的距离

$$\rho(x,y)=\max_{a\leqslant t\leqslant b}|x(t)-y(t)|$$

为完备空间.

事实上, 因 $C_{[a,b]}$ 中的任一 Cauchy 点列 $x_n(t)$ 满足

$$\rho(x_m,x_n)=\max_{a\leqslant t\leqslant b}|x_m(t)-x_n(t)|\ \to 0,\quad m,n\to\infty,$$

故对一切 $t\in[a,b]$, 必有

$$|x_m(t)-x_n(t)|\to 0,\quad m,n\to\infty.$$

而根据数学分析中的定理可知, 有 $x(t)\in C_{[a,b]}$, 使

$$|x_n(t)-x(t)|\to 0,\quad n\to\infty$$

对 $t\in[a,b]$ 都成立, 故有

$$\rho(x_n,x)\to 0,\quad n\to\infty,$$

即 $C_{[a,b]}$ 对距离 (2.5) 式完备. 通常不作说明时, $C_{[a,b]}$ 中的距离都是对距离 (2.5) 式而言的.

特别地, 在 $C_{[a,b]}$ 中若定义距离

$$\rho_1(x,y)=\left(\int_a^b|x(t)-y(t)|^2dt\right)^{\frac{1}{2}},$$

则它是一个不完备的距离空间 (事实上, 在 $C_{[a,b]}$ 中, 有的连续函数列按这里的距离可以收敛到可积函数).

在 R^n 中按通常的欧氏距离

$$\rho(x,y)=\left(\sum_{i=1}^n|x_i-y_i|^2\right)^{\frac{1}{2}}$$

是完备的. 按这种距离的收敛又称按坐标收敛.

我们在 2.1 节中所举的距离空间的例子, 按那里规定的距离都是完备的距离空间.

如前所述, 有理数空间是不完备的典型例子.

4. 距离空间的完备化

距离空间的完备性在很多方面都起着重要的作用. 如在证明解的存在、唯一性以及近似解的收敛性等方面都要用到完备性. 前面讲到, 对于不完备的有理数空间, 可以通过补充 "空隙" 的办法将 Cauchy 点列在本空间外的极限点 (无理数) 加进来, 使有理数空间扩充为完备的实数空间. 现在我们来研究, 对于一般的不完备距离空间, 是否都能扩充为完备的距离空间? 这就是距离空间的完备化问题.

定义 2.4 设 R, R_1 都是距离空间, 如果存在一个由 R 到 R_1 的映射 T, 使对一切 $x, y \in R$, 有

$$\rho_1(Tx, Ty) = \rho(x, y),$$

其中, ρ, ρ_1 分别为 R, R_1 上的距离, 则称 T 为 R 到 R_1 的等距映射, 此时, 称 R 与 R_1 为等距.

于是, 对任一距离空间, 有下面的完备化定理.

定理 2.4 对于每个距离空间 R, 必存在一个完备的距离空间 R_0, 使得 R 等距于 R_0 中的一个稠密 (稠密的定义在下一节中给出) 子空间 R_1, 并称 R_0 为 R 的完备化空间, 若除去等距不计, 则 R_0 是唯一的. (证明从略)

由于距离空间的数学命题不涉及元素的具体意义, 在一个空间中成立的数学命题可以通过映射 T 在另一等距空间中同样成立, 因此在抽象的意义上, 可以把彼此等距的空间视为同一空间, 称为空间的 "同一化". 于是, 任一距离空间的完备化空间在等距 "同一化" 的意义上是唯一的.

在完备化的距离空间中, 实际上是把所有原来的 Cauchy 点列的极限点都 "扩充" 进来了.

有理数空间按 $\rho(x, y) = |x - y|$ 完备化的空间是实数空间.

$C_{[a,b]}$ 空间按

$$\rho_1(x, y) = \left(\int_a^b |x(t) - y(t)|^2 dt \right)^{\frac{1}{2}}$$

完备化的距离空间为 $L^2_{[a,b]}$, 等等.

今后, 我们总是把任何距离空间看成它的完备化空间的子空间.

可以证明, 完备空间的任何闭子集都是完备的子空间, 而任一距离空间的完备子空间都是闭集.

2.1.3 距离空间上的映射

预备知识中介绍了两个集合之间的映射概念, 现在我们来讨论两个距离空间中的映射问题.

定义 2.5 设 R, R_1 为距离空间, 如果对每一个 $x \in R$, 都有 R_1 的某一个点 y 按一定规律与之对应, 则称这个对应规律是一个 R 到 R_1 的映射, 记为

$$y = Tx.$$

称 R 为 T 的定义域, R_1 为 T 的像域.

又若对每一个给定的 $x_0 \in R$, 映射 T 满足下面的性质：对任给的 $\varepsilon > 0$, 存在 $\delta > 0$, 使得当

$$\rho(x, x_0) < \delta$$

时, 有

$$\rho(Tx, Tx_0) < \varepsilon,$$

则称映射 T 在 x_0 连续. 如果 T 在 R 中的每一点都连续, 则称 T 为 R 到 R_1 的连续映射.

例如, 设 R 是一个以 ρ 为距离的距离空间, $x_0 \in R$ 是一个定点, 令

$$Tx = \rho(x, x_0),$$

则 T 是一个由 R 到实数空间的连续映射.

事实上, 对于任意的 $x, y \in R$, 由三角不等式得

$$|Ty - Tx| = |\rho(y, x_0) - \rho(x, x_0)| \leqslant \rho(y, x),$$

对任给的 $\varepsilon > 0$, 取 $\delta = \varepsilon$, 则当 $\rho(y, x) < \delta$ 时, 有

$$|Ty - Tx| \leqslant \rho(y, x) < \varepsilon$$

成立.

通常的连续函数就是由实数空间到实数空间的连续映射.

2.2 压缩映像原理及应用

计算数学最根本的任务就是求解各种方程, 如代数方程、微分方程、积分方程、变分方程、泛函方程等, 从泛函分析的观点来看, 都可把它们归结为算子方程, 只是算子的具体形式不同罢了. 求解方程, 要解决两个问题：一是研究方程解的存在、唯一性的问题; 二是求解方法的问题.

下面介绍的压缩映像原理 (又称 Banach 不动点定理) 就是解决以上问题的一个重要理论.

2.2.1 定义和例

因为压缩映像只是用到距离的概念，所以我们在距离空间中给出压缩映像原理.

定义 2.6　设 X 为距离空间，映射 T：$X \to X$，若存在数 θ, $0 \leqslant \theta < 1$，对于任意的 $x, y \in X$，恒有

$$\rho(Tx, Ty) < \theta\rho(x, y),$$

则称 T 是 X 上的一个压缩映射 (也称为压缩映像).

显然，压缩映射是连续映射. 事实上，因为当 $x_n \to x$ 时，有 $\rho(Tx_n, Tx) < \theta\rho(x_n, x) \to 0$.

定义 2.7　设 X 为距离空间，映射 T：$X \to X$，若存在数 $x^* \in X$，使得 $x^* = Tx^*$，则称 x^* 为映射 T 的不动点.

例 2.6　设 T 为平面上的平移变换，它将平面上的点变为平面上的点，但是 T 没有不动点.

例 2.7　设 T 为平面上的旋转变换，它也将平面上的点变为平面上的点，此时 T 有一个唯一的不动点，即旋转中心 (或坐标系原点).

例 2.8　在实数空间中的算子 T：$x \to x^2$，则 T 有两个不动点 0 和 1.

例 2.9　在二维实数空间中，T：$(x, y) \to (x, 0)$，则 T 有无穷多个不动点.

2.2.2 压缩映像原理

定理 2.5　设 X 是完备的距离空间，T：$X \to X$ 为压缩映射，则 T 在 X 中存在唯一的不动点，即有唯一的 $x^* \in X$，使

$$x^* = Tx^*.$$

证明　任取 $x_0 \in X$，令

$$\begin{aligned} x_1 &= Tx_0, \\ x_2 &= Tx_1 = T^2x_0, \\ &\cdots\cdots \\ x_{n+1} &= Tx_n = \cdots = T^{n+1}x_0, \\ &\cdots\cdots \end{aligned}$$

可以证明，序列 x_n 为基本列，即当 $m, n \to \infty$ 时，有 $\rho(x_m, x_n) \to 0$.

事实上, 因 T 是压缩映射, 故有

$$\begin{aligned}
&\rho(x_2,x_1)=\rho(Tx_1,Tx_0)\leqslant\theta\rho(Tx_0,x_0),\\
&\rho(x_3,x_2)=\rho(Tx_2,Tx_1)\leqslant\theta\rho(x_2,x_1)\leqslant\theta^2\rho(Tx_0,x_0),\\
&\qquad\qquad\cdots\cdots\\
&\rho(x_{n+1},x_n)\leqslant\theta^n\rho(Tx_0,x_0).
\end{aligned}$$

于是有

$$\begin{aligned}
\rho(x_m,x_n)&=\rho(x_{n+p},x_n)\quad(\text{令 } m=n+p)\\
&\leqslant\rho(x_{n+p},x_{n+p-1})+\rho(x_{n+p-1},x_{n+p-2})+\cdots+\rho(x_{n+1},x_n)\\
&\leqslant\theta^{n+p-1}\rho(Tx_0,x_0)+\theta^{n+p-2}\rho(Tx_0,x_0)+\cdots+\theta^n\rho(Tx_0,x_0)\\
&=(\theta^{n+p-1}+\theta^{n+p-2}+\cdots+\theta^n)\rho(Tx_0,x_0)\\
&=\frac{\theta^n(1-\theta^p)}{1-\theta}\rho(Tx_0,x_0)\\
&\leqslant\frac{\theta^n}{1-\theta}\rho(Tx_0,x_0).
\end{aligned}$$

因为 $0\leqslant\theta<1$, 所以当 $n\to\infty$ 时, $\rho(x_m,x_n)\to 0$, 即序列 x_n 为基本列, 而 X 完备, 故存在 $x^*\in X$, 使 $x_n\to x^*$. 又根据 T 的连续性, 可知 $x^*=Tx^*$.

再来看唯一性. 若由另一初始点出发, 通过上面同样的迭代得到另一不动点 y^*, 即 $y^*=Ty^*$, 则有

$$\rho(x^*,y^*)=\rho(Tx^*,Ty^*)\leqslant\theta\rho(x^*,y^*).$$

因为 $0\leqslant\theta<1$, 故有 $\rho(x^*,y^*)=0$, 即 $x^*=y^*$.

这就说明, 不论从 X 中的哪一点作为初始点, 经过逐次迭代, 最后都可求得唯一的同一个不动点. 当然, 如果初始点取得越靠近 x^*, 迭代就收敛得越快.

定理给出的是充分条件. 定理的证明是构造性的, 这也是迭代法的基本思想, 证明过程就是求压缩映射的不动点的过程. 证明过程中还给出了近似解的误差估计式:

$$\rho(x_n,x^*)=\frac{\theta^n}{1-\theta}\rho(Tx_0,x_0).\tag{2.16}$$

这是一个先验的误差估计, 它可以用于计算之初, 根据给定的精度要求, 估计出需要计算的步数.

另外, 我们再给出一个后验的误差估计式:

$$\rho(x_n,x_{n-1})=\frac{\theta^{n-1}}{1-\theta}\rho(Tx_0,x_0).\tag{2.17}$$

对于压缩映像原理, 为了便于应用, 我们给出下面两个推论.

推论 2.6　设 X 是完备距离空间, T: $X \to X$. 如 T 在闭球 $\bar{s}(x_0, r) \subset X$ 上是压缩映射, 并且 $\rho(Tx_0, x_0) \leqslant (1-\theta)r$, 则 T 在 $\bar{s}(x_0, r)$ 中存在唯一的不动点.

证明　只要能证明对任意的 $x \in \bar{s}$, 有 $Tx \in \bar{s}$ 即可.

设对任意的 $x \in \bar{s}$, 则 $\rho(x, x_0) \leqslant r$,

$$\rho(Tx, x_0) \leqslant \rho(Tx, Tx_0) + \rho(Tx_0, x_0) \leqslant \theta\rho(x, x_0) + (1-\theta)r \leqslant \theta r + (1-\theta)r = r,$$

所以 $Tx \in \bar{s}$. 于是 T: $\bar{s} \to \bar{s}$, 又 T 在 $\bar{s}$ 上为压缩映射, 则可以在 $\bar{s}$ 上应用压缩映像原理, 并有唯一的 $x^* \in \bar{s}$, 使

$$x^* = Tx^*.$$

推论 2.7　设 X 是完备距离空间, T: $X \to X$ 为压缩映射. 如存在 $0 \leqslant \theta < 1$ 及正整数 n, 使对任意 $x, y \in X$, 有

$$\rho(T^n x, T^n y) \leqslant \theta\rho(x, y),$$

则 T 在 X 中存在唯一的不动点.

证明　因为 T^n 是 X 上的压缩映射, 故有 $x^* \in X$, 使 $x^* = Tx^*$, 于是

$$T^n(Tx^*) = T^{n+1}x^* = T(T^n x^*) = Tx^*,$$

则说明 Tx^* 也是 T^n 的不动点, 由唯一性可知 $x^* = Tx^*$, 即得证明.

为了后面赋范线性空间和 Hilbert 空间的统一方便, 今后我们把映射统称为算子.

2.3　压缩映像原理与迭代法

2.3.1　压缩算子与迭代法

前面已经给出了压缩映像原理的基本思想, 就是利用压缩算子的性质, 构造迭代格式来求出算子的不动点. 一般的求解方程实质上都可以转化为求某一算子的不动点问题. 其基本思想如下:

将求解方程

$$F(x) = 0 \tag{2.18}$$

转化为等价的形式

$$x = x - F(x),$$

令算子 $T(x)=x-F(x)$, 于是原方程转化为算子方程

$$x=T(x). \tag{2.19}$$

为了求解算子方程 (2.19), 构造一个迭代格式

$$x_{n+1}=T(x_n)=x_n-F(x_n),\quad n=0,1,2,\cdots. \tag{2.20}$$

这就是迭代法的由来. 只要算子 T 具有压缩性, 则根据压缩映像原理, 必定存在唯一的不动点 x^* 满足方程 (2.18), 作为原方程的解. 迭代格式 (2.20) 不断的迭代过程, 就是求解的过程, 每一步迭代都得到一个近似解, 当 $n\to\infty$ 时, 则 $x_n\to x^*$. 在计算过程中, 我们总是停留在有限步, 所以迭代过程可以根据精度的要求, 由 (2.16) 式或 (2.17) 式来决定 n 的大小, 即计算停到哪一步, 迭代结束.

前面说过, 迭代式 (2.20) 中的初始点 x_0 可以从方程的定义域中任一点出发, 迭代式都收敛到方程的解 x^*. 当然, 如果根据方程给出的信息, 把初始点 x_0 尽量取得靠近 x^*, 则迭代就收敛得快, 计算量就小.

所以迭代法求解方程的原理就是压缩映像原理, 它的迭代过程就是算子压缩的过程.

例 2.10 求解 $\begin{cases}5x_1+2x_2=8,\\3x_1-20x_2=26.\end{cases}$

解 原方程组转化为等价形式

$$\begin{cases}x_1=-0.4x_2+1.6,\\x_2=0.15x_1-1.3.\end{cases}$$

写成矩阵形式

$$\begin{pmatrix}x_1\\x_2\end{pmatrix}=\begin{pmatrix}0&-0.4\\0.15&0\end{pmatrix}\begin{pmatrix}x_1\\x_2\end{pmatrix}+\begin{pmatrix}1.6\\-1.3\end{pmatrix}, \tag{2.21}$$

写成迭代格式

$$\begin{pmatrix}x_1\\x_2\end{pmatrix}_{n+1}=\begin{pmatrix}0&-0.4\\0.15&0\end{pmatrix}\begin{pmatrix}x_1\\x_2\end{pmatrix}_n+\begin{pmatrix}1.6\\-1.3\end{pmatrix}. \tag{2.22}$$

取初始点 $\begin{pmatrix}x_1\\x_2\end{pmatrix}_0=\begin{pmatrix}0\\0\end{pmatrix}$ 代入 (2.21),

$$\begin{pmatrix}x_1\\x_2\end{pmatrix}_1=\begin{pmatrix}0&-0.4\\0.15&0\end{pmatrix}\begin{pmatrix}0\\0\end{pmatrix}+\begin{pmatrix}1.6\\-1.3\end{pmatrix}=\begin{pmatrix}1.6\\-1.3\end{pmatrix}.$$

逐次迭代

$$\begin{pmatrix} x_1 \\ x_2 \end{pmatrix}_2 = \begin{pmatrix} 0 & -0.4 \\ 0.15 & 0 \end{pmatrix}\begin{pmatrix} 1.6 \\ -1.3 \end{pmatrix} + \begin{pmatrix} 1.6 \\ -1.3 \end{pmatrix} = \begin{pmatrix} 2.12 \\ -1.06 \end{pmatrix},$$

$$\cdots\cdots$$

$$\begin{pmatrix} x_1 \\ x_2 \end{pmatrix}_6 = \begin{pmatrix} 0 & -0.4 \\ 0.15 & 0 \end{pmatrix}\begin{pmatrix} x_1 \\ x_2 \end{pmatrix}_5 + \begin{pmatrix} 1.6 \\ -1.3 \end{pmatrix} = \begin{pmatrix} 2.000432 \\ -1.000226 \end{pmatrix},$$

$$\cdots\cdots$$

$$\begin{pmatrix} x_1 \\ x_2 \end{pmatrix} \to \begin{pmatrix} 2 \\ -1 \end{pmatrix}.$$

从迭代过程可以看出, 迭代很快就收敛到方程的解 $(2,-1)^{\mathrm{T}}$.

从压缩映像原理的角度来看, 这里的压缩算子是迭代矩阵

$$\begin{pmatrix} 0 & -0.4 \\ 0.15 & 0 \end{pmatrix}.$$

由于它的压缩性好, 迭代过程很快收敛到算子的不动点.

2.3.2 压缩算子的判定

现在我们来讨论, 对一般的线性代数方程组, 它的系数矩阵要满足什么样的条件, 才可保证矩阵变换的算子是压缩的, 从而可以保证线性方程组存在唯一的解, 而且可以用迭代法求解.

设线性方程组

$$\sum_{j=1}^{n} a_{ij}x_j = b_i, \quad i = 1,2,\cdots,n, \tag{2.23}$$

可以将它等价变形为

$$\begin{pmatrix} x_1 \\ x_2 \\ \vdots \\ x_n \end{pmatrix} = \begin{pmatrix} 1-a_{11} & -a_{12} & \cdots & -a_{1n} \\ -a_{21} & 1-a_{22} & \cdots & -a_{2n} \\ \vdots & \vdots & & \vdots \\ -a_{n1} & -a_{n2} & \cdots & 1-a_{nn} \end{pmatrix}\begin{pmatrix} x_1 \\ x_2 \\ \vdots \\ x_n \end{pmatrix} + \begin{pmatrix} b_1 \\ b_2 \\ \vdots \\ b_n \end{pmatrix}. \tag{2.24}$$

将 (2.22) 式简写为

$$x_i = \sum_{j=1}^{n} (\delta_{ij} - a_{ij})x_j + b_i, \quad i = 1,2,\cdots,n, \tag{2.25}$$

其中

$$\delta_{ij}=\begin{cases}1, & i=j,\\ 0, & i\neq j,\end{cases}\qquad i,j=1,2,\cdots,n.$$

将 (2.24) 式看成

$$x=T(x)$$

的形式. 显然, $T:\ R^n\to R^n$. 现在要来进一步讨论, 作为 T 的变换矩阵 $(\delta_{ij}-a_{ij})$, 在满足什么条件时可保证 T 是压缩算子, 从而保证方程组 (2.25) 存在唯一的解.

任取 R^n 中两点

$$x^{(1)}=(x_1^{(1)},x_2^{(1)},\cdots,x_n^{(1)}),$$

$$x^{(2)}=(x_1^{(2)},x_2^{(2)},\cdots,x_n^{(2)}),$$

采用 R^n 中的欧氏距离, 且利用 Cauchy 不等式, 有

$$\begin{aligned}\rho(Tx^{(1)},Tx^{(2)})&=\left\{\sum_{i=1}^n\left[\sum_{j=1}^n(\delta_{ij}-a_{ij})(x_j^{(1)}-x_j^{(2)})\right]^2\right\}^{\frac12}\\&\leqslant\left\{\sum_{i=1}^n\left[\sum_{j=1}^n(\delta_{ij}-a_{ij})^2\right]\left[\sum_{j=1}^n\left(x_j^{(1)}-x_j^{(2)}\right)^2\right]\right\}^{\frac12}\\&=\left[\sum_{i,j=1}^n(\delta_{ij}-a_{ij})^2\right]^{\frac12}\left[\sum_{j=1}^n\left(x_j^{(1)}-x_j^{(2)}\right)^2\right]^{\frac12}\\&=\theta\cdot\rho(x^{(1)},x^{(2)}),\end{aligned}$$

即要求

$$0\leqslant\theta=\left[\sum_{i,j=1}^n(\delta_{ij}-a_{ij})^2\right]^{\frac12}<1,$$

也即当

$$\sum_{i,j=1}^n(\delta_{ij}-a_{ij})^2<1\tag{2.26}$$

时, 就可保证方程 (2.23) 有唯一的解, 并可从逐次迭代式

$$x_{k+1}=Tx_k$$

求得方程组的解. (2.24) 式称为平方和判定法.

下面利用向量的另一种距离来讨论一下变换矩阵的压缩条件.

设线性方程组形式为

$$x_i = \sum_{j=1}^{n} a_{ij} x_j + b_i, \quad i = 1, 2, \cdots, n, \tag{2.27}$$

任取 R^n 中两点

$$x^{(1)} = (x_1^{(1)}, x_2^{(1)}, \cdots, x_n^{(1)}),$$
$$x^{(2)} = (x_1^{(2)}, x_2^{(2)}, \cdots, x_n^{(2)}),$$

采用 R^n 中的距离

$$\rho(x, y) = \max_i |x_i - y_i|,$$

则

$$\begin{aligned}\rho(Tx^{(1)}, Tx^{(2)}) &= \max_i \left| \sum_{j=1}^{n} a_{ij}(x_j^{(1)} - x_j^{(2)}) \right| \\ &\leqslant \max_i \sum_{j=1}^{n} |a_{ij}||x_j^{(1)} - x_j^{(2)}| \\ &\leqslant \max_i \sum_{j=1}^{n} |a_{ij}| \cdot \max_j |x_j^{(1)} - x_j^{(2)}| \\ &= \theta \cdot \rho(x^{(1)}, x^{(2)}).\end{aligned}$$

所以, 如矩阵元素 a_{ij} 满足

$$\theta = \max_i \sum_{j=1}^{n} |a_{ij}| < 1, \tag{2.28}$$

则方程组 (2.27) 有唯一解. (2.28) 式称为行和判定法.

同理, 如在 R^n 中采用行向量之间的距离

$$\rho(x, y) = \max_j |x_j - y_j|,$$

则根据前面相似的推导过程, 可推得方程组 (2.27) 有唯一解的列和判定法:

$$\theta = \max_j \sum_{i=1}^{n} |a_{ij}| < 1. \tag{2.29}$$

以上三种判定法都是用来判定线性方程组解的存在性与唯一性的充分条件, 在判定以后, 就可用逐次迭代的方法来求解.

2.3.3 两种常用的迭代法

迭代法就是求不动点常用的逐次逼近法. 它的思想是：按一定格式构造一个收敛的迭代序列, 而迭代序列的极限就是不动点, 也就是算子方程的近似解.

迭代法的解题步骤是：任取一个初始点, 代入迭代公式, 求得的解作为后一次计算的初始点. 如此反复迭代, 逐步逼近不动点, 一般迭代到相邻两次近似解之间的误差小于预定的要求时, 计算结束, 把最后一次得到的结果作为不动点的近似解, 也就是方程的近似解.

这里主要介绍解线性方程组的迭代法.

1. 同步迭代法 (简单迭代法)

为求解线性方程组

$$\sum_{j=1}^{n} a_{ij}x_j = b_i, \quad i = 1, 2, \cdots, n,$$

在它的等价形式

$$x_i = \sum_{j=1}^{n} (\delta_{ij} - a_{ij})x_j + b_i, \quad i = 1, 2, \cdots, n$$

中, 令

$$m_{ij} = \delta_{ij} - a_{ij},$$

再把它写成迭代的格式, 即

$$x_i^{(k+1)} = \sum_{j=1}^{n} m_{ij}x_j^{(k)} + b_i, \quad i = 1, 2, \cdots, n;\ k = 1, 2, \cdots. \tag{2.30}$$

(2.30) 式成为同步迭代法的迭代公式. 根据前面的讨论, 我们知道了三种判定法, 因此对迭代序列 (2.30) 式的收敛性, 有下面三个定理.

定理 2.8 如果迭代矩阵 $M = (m_{ij})$ 满足

$$\max_{i} \sum_{j=1}^{n} |m_{ij}| = \mu < 1,$$

则迭代序列 (2.30) 式收敛, 且

$$\rho(x^{(k)}, x^*) \leqslant \frac{\mu^k}{1-\mu}\rho(x^{(1)}, x^{(0)}).$$

定理 2.9　如果迭代矩阵 $M=(m_{ij})$ 满足

$$\max_j \sum_{i=1}^n |m_{ij}| = \alpha < 1,$$

则迭代序列 (2.30) 式收敛, 且

$$\rho(x^{(k)},x^*) \leqslant \frac{\alpha^k}{1-\alpha}\rho(x^{(1)},x^{(0)}).$$

定理 2.10　如果迭代矩阵 $M=(m_{ij})$ 满足

$$\sum_{i,j=1}^n m_{ij}^2 = \beta^2 < 1,$$

则迭代序列 (2.30) 式收敛, 且

$$\rho(x^{(k)},x^*) \leqslant \frac{\beta^k}{1-\beta}\rho(x^{(1)},x^{(0)}).$$

上面三个判定定理都为充分条件, 它们的证明可参看前一节不动点判定法的证明.

回到前面的例子 (2.21) 式中

$$M=\begin{pmatrix} 0 & -0.4 \\ 0.15 & 0 \end{pmatrix},$$

显然满足上述充分条件.

但是, 即使在同一例子中, 如果将 (2.21) 式改写为

$$\begin{pmatrix} x_1 \\ x_2 \end{pmatrix} = \begin{pmatrix} 0 & 6.667 \\ -2.5 & 0 \end{pmatrix}\begin{pmatrix} x_1 \\ x_2 \end{pmatrix} + \begin{pmatrix} 8.667 \\ 4 \end{pmatrix},$$

则迭代序列

$$x^{(k+1)} = Mx^{(k)} + b \tag{2.31}$$

就不收敛了, 因为这里的

$$M=\begin{pmatrix} 0 & 6.667 \\ -2.5 & 0 \end{pmatrix}$$

不是压缩算子.

由前面的讨论可知, 同步迭代法的敛散性完全取决于迭代矩阵 M, 如何把方程组

$$Ax = b,$$

即 (2.23) 式转化成能收敛的迭代格式 (当然, 首先在有解的前提下), 一般有下面几种情况:

(1) 如果 (2.23) 式中的系数矩阵 A 的对角元 $a_{ij} \sim 1(i = j)$, 非对角元 $a_{ij} \sim 0(i \neq j)$, 则可将 (2.23) 式转化成迭代式

$$x^{(k+1)} = (E - A)x^{(k)} + b, \quad k = 0, 1, 2, \cdots,$$

取迭代矩阵

$$M = E - A.$$

(2) 如果 A 为正交矩阵, 则迭代式可取为

$$x^{(k+1)} = \left(E - \frac{2}{\mu}A\right)x^{(k)} - \frac{2}{\mu}b,$$

其中, $\mu = \max\limits_{i} \sum\limits_{j=1}^{n} |a_{ij}|$. 取迭代矩阵

$$M = E - \frac{2}{\mu}A.$$

(3) 如果 A 中主对角元占优势

$$|a_{ii}| \geqslant \sum_{j=1, j\neq i}^{n} |a_{ij}|, \quad i = 1, 2, \cdots, n,$$

则迭代式可取为

$$x^{(k+1)} = (E - D^{-1}A)x^{(k)} + D^{-1}b, \tag{2.32}$$

其中

$$D = \begin{pmatrix} a_{11} & & & 0 \\ & a_{22} & & \\ & & \ddots & \\ 0 & & & a_{nn} \end{pmatrix}.$$

取迭代矩阵

$$M = E - D^{-1}A,$$

(2.32) 式又称为 Jacobi 迭代.

(4) 如果 A 中主对角元不占优势, 则可以设法粗糙地寻找 A 的近似矩阵 H, 使

$$HAx = Hb,$$

而使 HA 符合第一种情况.

在同步迭代法中, 计算 $x^{(k+1)}$ 的各分量时用的都是 $x^{(k)}$ 的分量. 实际上, 在计算 $x^{(k+1)}$ 的后面分量时, 已经可以利用 $x^{(k+1)}$ 的前面刚算出的新分量, 显然, 一般说来这样的逼近效果会更好, 也就是收敛速度会加快. 基于这种思想, 引出了下面的异步迭代法.

2. 异步迭代法

异步迭代法 (Seidel 迭代法) 是对同步迭代法的一种改进. 在前面同步迭代公式 (2.30) 中,

$$x_i^{(k+1)} = \sum_{j=1}^{n} m_{ij} x_j^{(k)} + b_i, \quad i = 1, 2, \cdots, n; \ k = 1, 2, \cdots,$$

计算第 $k+1$ 次近似解的分量时, 都同时用第 k 次近似解的分量. 实际上, 在计算 $x_i^{(k+1)}$ 时, $x_1^{(k+1)}$, $x_2^{(k+1)}$, $\cdots$, $x_{i-1}^{(k+1)}$ 已经得到, 一般来说, 它们比第 k 次的分量 $x_1^{(k)}$, $x_2^{(k)}$, $\cdots$, $x_{i-1}^{(k)}$ 要好. 异步迭代法的思想就是在计算 $x_i^{(k+1)}$ 时, 利用第 $k+1$ 次得到的前 $i-1$ 个分量来代替第 k 次的前 $i-1$ 个分量. 于是迭代式变为

$$x_i^{(k+1)} = \sum_{j=1}^{i-1} m_{ij} x_j^{(k+1)} + \sum_{j=i}^{n} m_{ij} x_j^{(k)} + b_i, \quad i = 1, 2, \cdots, n; \ k = 1, 2, \cdots. \tag{2.33}$$

(2.33) 式称为异步迭代式. 一般来说, 异步迭代法利用了最新的近似解分量, 因此收敛比同步迭代法要快.

迭代式 (2.33) 从矩阵分解的角度看, 实际上是把 M 分解为两部分:

$$M = B + C,$$

其中

$$B = \begin{pmatrix} 0 & & & & 0 \\ m_{21} & 0 & & & \\ m_{31} & & 0 & & \\ \vdots & & & \ddots & \\ m_{n1} & \cdots & & m_{n,n-1} & 0 \end{pmatrix},$$

$$C = \begin{pmatrix} m_{11} & m_{12} & \cdots & m_{1n} \\ & m_{22} & & \\ & & \ddots & \vdots \\ 0 & & & m_{nn} \end{pmatrix}.$$

于是, 异步迭代式可写为矩阵形式

$$x^{(k+1)} = Bx^{(k+1)} + Cx^{(k)} + b, \tag{2.34}$$

与同步迭代一样, 由不动点的判定法, 可以推知异步迭代法收敛的充分条件.

定理 2.11 如果迭代矩阵 $M = (m_{ij})$ 满足

$$\max_i \sum_{j=1}^{n} |m_{ij}| = \mu < 1,$$

则迭代序列 (2.33) 式或 (2.34) 式收敛, 且

$$\rho(x^{(k)}, x^*) \leqslant \frac{(\mu^*)^k}{1-\mu^*}\rho(x^{(1)}, x^{(0)}),$$

其中

$$\mu^* = \max_i \left\{ \frac{\sum\limits_{j=i}^{n} |m_{ij}|}{1 - \sum\limits_{j=1}^{i-1} |m_{ij}|} \right\},$$

且有 $\mu^* \leqslant \mu$. 因此一般说来, 异步迭代法要比同步迭代收敛得快.

定理 2.12 如果迭代矩阵 $M = (m_{ij})$ 满足

$$\max_j \sum_{i=1}^{n} |m_{ij}| = \alpha < 1,$$

则迭代序列 (2.33) 式或 (2.34) 式收敛.

定理 2.13 若方程组 (2.23) 中 $A = (a_{ij})$ 为实对称正定矩阵, 对方程组 (2.23) 按公式

$$x_i = \sum_{j=1, j\neq i}^{n} \frac{a_{ij}}{a_{ii}} x_j, \quad i = 1, 2, \cdots, n$$

作异步迭代, 则迭代序列收敛.

仍回到 (2.21) 式, 分别对它用同步迭代和异步迭代法计算, 它们收敛速度的比较可参看表 2.1 和表 2.2. 显然, 异步迭代要比同步迭代收敛更快.

表 2.1 同步迭代

次数	k	0	1	2	3	4	5	6	$\cdots$
近似值	$x_1^{(k)}$	0	1.6	2.12	2.024	1.9928	1.99856	2.000432	$\cdots$
	$x_2^{(k)}$	0	-1.3	-1.06	-0.980	-0.9964	-1.00108	-1.000226	$\cdots$

表 2.2 异步迭代

次数	k	0	1	2	3	$\cdots$
近似值	$x_1^{(k)}$	0	1.6	2.024	1.998	$\cdots$
	$x_2^{(k)}$	0	-1.06	-0.996	-1	$\cdots$

2.4 压缩映像原理在微分方程中的应用

压缩映像原理是建立在距离空间基础上的, 距离空间是一个比较广泛的抽象空间, 所以压缩映像原理有着广泛的应用.

本节主要讨论压缩映像原理在函数空间中给出的常微分方程解的存在和唯一性定理, 它在常微分方程理论中起着重要作用.

定理 2.14 (微分方程解的存在性和唯一性定理) 设微分方程为

$$\frac{dy}{dx}=f(x,y), \tag{2.35}$$

式中 $f(x,y)$ 是在 R^2 上定义的连续函数, 且关于 y 满足 Lipschitz 条件:

$$|f(x,y_1)-f(x,y_2)|\leqslant L|y_1-y_2|, \tag{2.36}$$

则通过任一点 (x_0,y_0) 必有且只有一条 (2.35) 式的积分曲线 $y=y^*(x)$.

证明 微分方程 (2.35) 和初始条件

$$\left.\begin{aligned}&\frac{dy}{dx}=f(x,y),\\&y|_{x=x_0}=y_0\end{aligned}\right\}$$

可以转化为等价的积分方程

$$y-y_0=\int_{x_0}^{x}f(t,y(t))dt,$$

即

$$y(x) = y_0 + \int_{x_0}^{x} f(t, y(t))dt. \tag{2.37}$$

令

$$Ty = y_0 + \int_{x_0}^{x} f(t, y(t))dt,$$

则 (2.37) 式成为

$$y = Ty \tag{2.38}$$

的形式. 只要证明这里的 T 满足压缩算子的性质.

我们取 δ, 使 $L\delta < 1$, 考虑 $C_{[x_0-\delta,x_0+\delta]}$ 的函数空间. 显然 $T : C_{[x_0-\delta,x_0+\delta]} \to C_{[x_0-\delta,x_0+\delta]}$. 下面要证 T 为压缩算子.

$$\begin{aligned}\rho(Ty_1, Ty_2) &= \max_{|x-x_0|\leqslant\delta} \left|\int_{x_0}^{x} f(t, y_1(t))dt - \int_{x_0}^{x} f(t, y_2(t))dt\right| \\ &= \max_{|x-x_0|\leqslant\delta} \left|\int_{x_0}^{x} f(t, y_1) - f(t, y_2)dt\right| \\ &\leqslant \max_{|x-x_0|\leqslant\delta} \int_{x_0}^{x} L|y_1 - y_2|dt \\ &\leqslant \int_{x_0}^{x} L \max_{|x-x_0|\leqslant\delta} |y_1 - y_2|dt \\ &\leqslant L\delta \max_{|x-x_0|\leqslant\delta} |y_1 - y_2| = L\delta\rho(y_1, y_2).\end{aligned}$$

取

$$\theta = L\delta < 1,$$

所以 T 为压缩算子, 故必存在唯一的 $y = y^*(x)$, 使

$$y^* = Ty^*,$$

即 $y = y^*(x)$ 为方程 (2.35) 满足初始条件 $y(x_0) = y_0$ 的唯一解, 且

$$y^*(x) = y_0 + \int_{x_0}^{x} f(t, y^*(t))dt.$$

定理证毕. 我们顺便指出三点:

注 1 $f(x,y)$ 在 R^2 上连续及 Lipschitz 条件可从 R^2 减弱到 $(x_0 - \delta \leqslant x \leqslant x_0 + \delta, -\infty < y < +\infty)$.

注 2 函数 $y(x)$ 的定义域可以从 $[x_0 - \delta, x_0 + \delta]$ 扩充到整个数轴.

注 3 应用压缩映像原理, 不但证明了方程解的存在性与唯一性, 而且可以具体构造 $y^*(x)$ 的逐次逼近的迭代序列:

$$y_{n+1} = y_0 + \int_{x_0}^{x} f(t, y_n(t))dt, \quad n = 1, 2, \cdots. \tag{2.39}$$

根据不动点的估计式, 有

$$\rho(x_n, y^*) \leqslant \frac{(L\delta)^n}{1 - L\delta}\rho(y_1, y_2),$$

这个估计式说明, δ 取得越小, 逼近程度越高.

(2.39) 式常称为 Picard 逐次逼近法.

2.5 压缩映像原理在积分方程中的应用

设有线性积分方程 (Fredholm 方程)

$$x(s) = f(s) + \lambda\int_a^b K(s, t)x(t)dt, \tag{2.40}$$

则对充分小的 $|\lambda|$, 有

(1) 当 $f(s) \in C_{[a,b]}$, $K(s, t) \in C_{[a,b]\times[a,b]}$ 时, 方程 (2.40) 有唯一的连续函数解;

(2) 当 $f(s) \in L^2_{[a,b]}$, 且 $\int_a^b\int_a^b K^2(s, t)dsdt < \infty$ 时, 方程 (2.40) 有唯一的平方可积函数解.

证明 这里只证第二种情况.

考虑算子

$$Tx = f(s) + \lambda\int_a^b K(s, t)x(t)dt, \tag{2.41}$$

则方程 (2.40) 转化为

$$x = Tx$$

的形式.

首先, $T : L^2_{[a,b]} \to L^2_{[a,b]}$ 为自身映射.

下面看 T 的压缩性:

$$\begin{aligned}\rho(Tx_1,Tx_2)&=\left(\int_a^b|Tx_1-Tx_2|^2\,ds\right)^{\frac{1}{2}}\\&=\left(\int_a^b\left|\lambda\int_a^b K(s,t)[x_1(t)-x_2(t)]dt\right|^2 ds\right)^{\frac{1}{2}}\\&\leqslant|\lambda|\left(\int_a^b\int_a^b|K(s,t)|^2dtds\right)^{\frac{1}{2}}\left(\int_a^b|x_1(t)-x_2(t)|^2dt\right)^{\frac{1}{2}}\\&\leqslant|\lambda|\int_a^b\int_a^b|K(s,t)|^2dtds\cdot\rho(x_1,x_2),\end{aligned}$$

即当

$$|\lambda|<\frac{1}{\left(\int_a^b\int_a^b|K(s,t)|^2dtds\right)^{\frac{1}{2}}}$$

时, 根据压缩映像原理, 方程 (2.40) 有唯一的平方可积函数解 $x(s)$, 并可由迭代式求得近似解:

$$\varphi_n=f(s)+\lambda\int_a^b K(s,t)\varphi_{n-1}dt,$$

且可按压缩映像原理中的估计式估计误差.

对第一种情形, 我们给出一个算例.

例 2.11 设在 $C_{[0,1]}$ 上有

$$K(s,t)=\begin{cases}s, & 0\leqslant s\leqslant x,\\ x, & x<s\leqslant 1,\end{cases}$$

求方程

$$\varphi(x)=1+\frac{1}{10}\int_0^1 K(s,t)\varphi(s)ds \tag{2.42}$$

的近似连续函数解, 且要求误差不超过 10^{-4}.

解 在 $C_{[0,1]}$ 上令

$$T\varphi=1+\frac{1}{10}\int_0^1 K(s,t)\varphi(s)ds,$$

则 (2.42) 式转化为

$$\varphi=T\varphi.$$

显然, $T : C_{[0,1]} \to C_{[0,1]}$.

现在讨论 T 的压缩性:

$$\begin{aligned}\rho(T\varphi_1, T\varphi_2) &= \max_{0\leqslant x\leqslant 1} |T\varphi_1 - T\varphi_2| \\ &= \max_{0\leqslant x\leqslant 1} \frac{1}{10}\left|\int_0^1 K(s,t)(\varphi_1-\varphi_2)ds\right| \\ &\leqslant \max_{0\leqslant x\leqslant 1} \frac{1}{10}\int_0^1 K(s,t)|\varphi_1-\varphi_2|ds \\ &\leqslant \max_{0\leqslant x\leqslant 1} \frac{1}{10}\int_0^1 K(s,t)ds\cdot \max_{0\leqslant x\leqslant 1}|\varphi_1-\varphi_2| \\ &\leqslant \frac{M}{10}\cdot\rho(\varphi_1,\varphi_2),\end{aligned}$$

其中

$$M = \max_{0\leqslant x\leqslant 1}\int_0^1 K(s,t)ds.$$

设

$$M(x) = \int_0^1 K(s,t)ds = \int_0^x sds + \int_x^1 xds = x - \frac{1}{2}x^2,$$

因为

$$M'(x) = \left(x - \frac{1}{2}x^2\right)' = 1 - x > 0,$$

所以 $M(x)$ 为单增函数, $M = \max\limits_{0\leqslant x\leqslant 1} M(x) = M(1) = \frac{1}{2}$. 故

$$\theta = \frac{M}{10} = \frac{1}{20} < 1.$$

因此, T 为压缩算子. 故存在唯一的 $\varphi^* \in C_{[0,1]}$, 使

$$\varphi^*(x) = 1 + \frac{1}{10}\int_0^1 K(s,t)\varphi^*(s)ds.$$

取迭代序列

$$\varphi_n = 1 + \frac{1}{10}\int_0^1 K(s,t)\varphi_{n-1}(s)ds, \quad n = 0,1,2,\cdots, \tag{2.43}$$

任取 $\varphi_0 = 0$, 则 $\varphi_1 = 1$.

根据估计式

$$\rho(\varphi_n,\varphi^*)\leqslant\frac{\theta^n}{1-\theta}\rho(\theta_1,\theta_0)=\frac{\left(\dfrac{1}{20}\right)^n}{1-\dfrac{1}{20}}\times 1=\frac{20}{19}\left(\frac{1}{20}\right)^n,$$

令 $\dfrac{20}{19}\left(\dfrac{1}{20}\right)^n\leqslant 10^{-4}$, 解出 $n\geqslant 4$. 即求出 φ_4 来就可满足误差要求.

将前面 $\varphi_0=0, \varphi_1=1$ 代入 (2.43) 式, 得

$$\varphi_2=1+\frac{1}{10}\int_0^1 K(s,t)\varphi_1 ds=\frac{x}{10}-\frac{x^2}{20}+1,$$

$$\varphi_3=1+\frac{1}{10}\int_0^1 K(s,t)\varphi_2 ds=1+\frac{31}{300}x-\frac{x^2}{20}-\frac{x^3}{600}+\frac{x^4}{2400},$$

$$\begin{aligned}\varphi_3&=1+\frac{1}{10}\int_0^1 K(s,t)\varphi_3 ds\\&=1+\frac{x}{120000}-\frac{x^2}{20}-\frac{93}{54000}x^3+\frac{x^4}{2400}+\frac{x^5}{1200}-\frac{x^6}{72000}.\end{aligned}$$

下面再给出一个应用压缩映像原理的推论 (推论 2.7) 的例子.

例 2.12 设有积分方程

$$x(s)=f(s)+\lambda\int_a^b K(s,t)x(t)dt, \tag{2.44}$$

其中, $K(s,t)$ 在三角形 $a\leqslant t\leqslant s\leqslant b$ 上连续, $f(s)\in C_{[a,b]}$, 求证对任何 λ, 方程 (2.44) 存在唯一的连续函数解.

证明 设在题设的三角形中, $|K(s,t)|\leqslant M$. 令

$$Tx=f(s)+\lambda\int_a^b K(s,t)x(t)dt,$$

则 (2.44) 式转化为

$$x=Tx,$$

显然, $T: C_{[a,b]}\to C_{[a,b]}$.

再看 T 的压缩性:

$$\begin{aligned}|Tx_1-Tx_2|&=|\lambda|\left|\int_a^s K(s,t)[x_1(t)-x_2(t)]dt\right|\\&\leqslant|\lambda|M(s-a)\max_{a\leqslant t\leqslant b}|x_1(t)-x_2(t)|\\&=|\lambda|M(s-a)\rho(x_1,x_2)\\&=|\lambda|M(b-a)\rho(x_1,x_2).\end{aligned}$$

又

$$
\begin{aligned}
T^2x(s) = TTx(s) &= T\left(f(s) + \lambda \int_a^s K(s,t)x(t)dt\right) \\
&= f(s) + \lambda \int_a^s K(s,u) \int_a^u K(u,t)[x_1(t) - x_2(t)]dtdu,
\end{aligned}
$$

故

$$
\begin{aligned}
|T^2x_1 - T^2x_2| = &\ |\lambda|^2 \int_a^s K(s,u) \int_a^u K(u,t)(x_1(t) - x_2(t))dtdu \\
\leqslant &\ |\lambda|^2\, M^2 \frac{(u-a)^2}{2}\bigg|_a^s \rho(x_1,x_2) \\
\leqslant &\ |\lambda|^2 M^2 \frac{(s-a)^2}{2} \rho(x_1,x_2), \\
&\cdots\cdots
\end{aligned}
$$

由归纳法可得

$$
\begin{aligned}
|T^nx_1 - T^nx_2| &\leqslant \frac{|\lambda|^n M^n (b-a)^n}{n!} \rho(x_1,x_2) \\
&= \frac{|\lambda M(b-a)|^n}{n!} \rho(x_1,x_2).
\end{aligned}
$$

因当 $n \to \infty$ 时,

$$
\frac{|\lambda M(b-a)|^n}{n!} \to 0,
$$

故有 n 使

$$
\theta = \frac{|\lambda M(b-a)|^n}{n!} < 1,
$$

即有 n 使

$$
\rho(T^nx_1, T^nx_2) \leqslant \theta\rho(x_1,x_2).
$$

根据压缩映像原理的推论 (推论 2.7), 存在唯一的不动点 $x^*(t) \in C_{[a,b]}$, 使

$$
x^*(t) = f(s) + \lambda \int_a^s K(s,t)x^*(t)dt.
$$

第 3 章 Banach 空间及线性逼近

3.1 定义和实例

3.1.1 线性空间的定义

定义 3.1 集合 E 称为实 (或复) 线性空间, 如果:

(1) 在 E 内定义了 "+" 法运算. 使对任意的 $x, y \in E$, 都有

(i) $x+y=y+x$ 且仍在 E 中;

(ii) $x+(y+z)=(y+x)+z$;

(iii) 存在 "零元素" $0 \in E$, 有 $0+x=x$;

(iv) 存在 "逆元素" $-x \in E$, 有 $x+(-x)=0$.

(2) 定义了 E 中元素与实 (复) 数域 K 中的数之间的 "数乘" 运算, 使对任意的 $x, y \in E$, $\alpha, \beta \in K$, 都有

(i) $\alpha(\beta x)=(\alpha\beta)x$ 且仍在 E 中;

(ii) $1 \cdot x=x$, $0 \cdot x=0$;

(iii) $(\alpha+\beta)x=\alpha x+\beta x$;

(iv) $\alpha(x+y)=\alpha x+\alpha y$.

这个线性空间的定义, 读者在线性代数中就已熟悉. 现在我们在线性空间的基础上来定义范数, 从而引出赋范线性空间.

3.1.2 赋范线性空间的定义

定义 3.2 设 E 为实 (或复) 线性空间, 若对任意的 $x \in E$, 都有一个非负的实数 $\|x\|$ 与之对应, 且满足

(1) $\|x\|=0 \Leftrightarrow x=0$;

(2) $\|\alpha x\|=|\alpha|\,\|x\|\,(\alpha \in K)$;

(3) $\|x+y\| \leqslant \|x\|+\|y\|\,((x, y) \in E)$,

则称 $\|x\|$ 为 x 的范数, 称 E 为赋范线性空间, 上述三条称为范数公理. E 中的元素常常称为 "点".

由于实数的有序性, 可以比较大小, 所以范数给了元素一种可以度量大小的概念.

显然, 任何赋范线性空间都是距离空间, 因在赋范线性空间中, 任意两点 x, y 的距离都可以通过范数来定义 (称为由范数导出的距离):

$$\rho(x,y) = \|x-y\|.$$

反之, 距离空间不一定是赋范线性空间. 只有当距离空间满足

(1) 是线性空间;

(2) $\rho(x,y) = \rho(x-y,0)$;

(3) $\rho(\alpha x,0) = |\alpha|\,\rho(x,0)$

时, 才可用距离来定义范数

$$\|x\| = \rho(x,0),$$

于是此空间便成为赋范线性空间.

3.1.3 例

(1) 在 R^n 中可定义范数

$$\|x\| = \left(\sum_{i=1}^{n}|x_i|^2\right)^{\frac{1}{2}},$$

也可定义范数

$$\|x\|_1 = \max_{1\leqslant i\leqslant n}|x_i|,$$

显然它们满足范数公理.

如 2.1 节所述, 同一集合中可定义不同的距离, 在同一线性空间中, 也可定义不同的范数.

R^n 中的距离

$$\rho(x,y) = \left(\sum_{i=1}^{n}|x_i-y_i|^2\right)^{\frac{1}{2}},$$

$$\rho_1(x,y) = \max_{1\leqslant i\leqslant n}|x_i-y_i|,$$

正是由前面两种范数导出来的.

(2) 在 $C_{[a,b]}$ 中可定义范数

$$\|x\| = \max_{a\leqslant t\leqslant b}|x(t)|,$$

并可由它导出距离

$$\rho(x,y) = \max_{a\leqslant t\leqslant b}|x(t)-y(t)|.$$

(3) 在 $L^2_{[a,b]}$ 中可定义范数

$$\|x\| = \left(\int_a^b |x(t)|^2 dt\right)^{\frac{1}{2}},$$

并可由它导出距离

$$\rho(x,y) = \left(\int_a^b |x(t)-y(t)|^2 dt\right)^{\frac{1}{2}}.$$

3.1.4 Banach 空间

定义 3.3 若赋范线性空间按距离

$$\rho(x,y) = \|x-y\|$$

是完备的, 则称它为 Banach 空间.

定义 3.4 若赋范线性空间 E 存在有限个线性无关的元素 $e_1, e_2, \cdots, e_n$, 使对任意的 $x \in E$ 都有

$$x = \sum_{i=1}^{n} x_i e_i,$$

则称 E 为有限维赋范线性空间, 称 $\{e_1, e_2, \cdots, e_n\}$ 为该空间的基底, 称 $(x_1, x_2, \cdots, x_n)$ 为 x 关于该基底的坐标.

因有限维赋范线性空间维数是有限的, 所以它除了一般赋范线性空间的基本性质以外, 还有一些特殊的性质, 主要有:

(1) 有限维赋范线性空间必完备, 所以它是 Banach 空间;

(2) 设 E 是有限维赋范线性空间, 则在 E 上定义的各种范数都相互等价;

(3) 赋范线性空间 E 为有限维的充要条件是 E 中的任意有界闭集是列紧的 (即有界闭集中的任一点列都有收敛子列).

有限维赋范线性空间最典型的例子就是 n 维向量空间 R^n. 可以证明: 任何一个 n 维赋范线性空间都与 R^n 代数同构, 因此我们常以 R^n 作为 "模型".

3.2 按范数收敛

我们规定, 赋范线性空间中的距离都是指由范数导出的距离, 因此赋范线性空间中的收敛可按范数来考虑.

3.2.1 定义

定义 3.5 设 E 为赋范线性空间, $x_n, x \in E$, 若

$$\lim_{n\to\infty} \|x_n - x\| = 0, \tag{3.1}$$

则称点列 x_n 按范数收敛于 x, 或称 x_n 强收敛于 x, 记为

$$\lim_{n\to\infty} x_n = x \quad (\text{强}).$$

3.2.2 性质

在赋范线性空间 E 中, 若 x_n 强收敛于 x, 可以证明有下述性质:

(1) $\{\|x_n\|\}$ 为有界数列. 这可从

$$x_n = x_n - x + x \leqslant x_n - x + x$$

及

$$\lim_{n\to\infty} |x_n - x| = 0$$

立即得到.

(2) $\|x\|$ 是 x 的连续泛函. 即由 $\|x_n - x\| \xrightarrow[n\to\infty]{} 0$ 要推出 $\|x_n\| \xrightarrow[n\to\infty]{} \|x\|$, 也就是

$$|\|x_n\| - \|x\|| \xrightarrow[n\to\infty]{} 0.$$

事实上, 由范数的三角不等式可以推出

$$|\|x\| - \|y\|| \leqslant \|x - y\|,$$

因而由

$$|\|x_n\| - \|x\|| \leqslant \|x_n - x\|$$

及已知 x_n 强收敛于 x, 可得证.

(3) 设 $x_n \xrightarrow[n\to\infty]{} x, y_n \xrightarrow[n\to\infty]{} y$, 则

$$x_n + y_n \xrightarrow[n\to\infty]{} x + y. \tag{3.2}$$

这可由不等式

$$\|x_n + y_n - (x + y)\| \leqslant \|x_n - x\| + \|y_n - y\|$$

直接得到.

(4) 设数列 $\alpha_n \xrightarrow[n\to\infty]{} \alpha$, 已知 E 中有 $x_n \xrightarrow[n\to\infty]{} x$, 则

$$\alpha_n x_n \xrightarrow[n\to\infty]{} \alpha x. \tag{3.3}$$

这可由不等式

$$\begin{aligned}\|\alpha_n x_n - \alpha x\| &\leqslant \|\alpha_n x_n - \alpha_n x\| + \|\alpha_n x - \alpha x\| \\ &= |\alpha_n| \|x_n - x\| + |\alpha_n - \alpha| \|x\|\end{aligned}$$

及 $\{\|\alpha_n\|\}$ 的有界性, 再根据 x_n, α_n 的收敛性得证.

(3) 和 (4) 说明, 在赋范线性空间中, 线性运算对范数收敛是连续的.

由前面所述, 在同一有限维赋范线性空间中, 各种范数都等价. 所以, 在同一有限维赋范线性空间中, 无论选取何种范数, 收敛性都一致. 这点对通过选取不同范数来提高收敛速度有重要意义.

3.3 线性算子和线性泛函

3.3.1 算子

在集合论中, 集合与集合之间的关系称为映射. 在泛函分析中, 把具有一定性质的元素的集合称为空间, 把空间到空间的映射称为算子. 通常, 把算子的定义域和值域放在赋范线性空间的基础上, 也就是说, 通常的算子是指赋范线性空间到赋范线性空间的映射, 常用 T 表示. 用 $D(T)$ 和 $N(T)$ 分别表示 T 的定义域和值域 (它们都是赋范线性空间中的线性子集). 通常我们所用的算子往往具有一些特征, 下面介绍几种常用的算子以及它们的性质.

设 E, E_1 都是赋范线性空间, $T: D(T) \longrightarrow N(T), D(T) \subset E, N(T) \subset E_1$.

1. 线性算子

对任意 $x, y \in D(T)$ 及数 α, 有

$$\begin{cases} T(x+y) = Tx + Ty, \\ T(\alpha x) = \alpha Tx, \end{cases} \tag{3.4}$$

则称 T 为线性算子. 如微分算子、积分算子、由矩阵定义的线性变换等都是线性算子.

2. 连续算子

若对任意 $x_n, x \in D(T)$, 当 $x_n \to x$ 时, 有

$$Tx_n \to Tx,$$

则称 T 为连续算子. 如范数、有界集上的积分算子及古典分析中的连续函数等都是连续算子.

3. 有界算子

若存在正数 M, 对任意 $x \in D(T)$, 使

$$\|Tx\| \leqslant M\|x\|, \tag{3.5}$$

则称 T 为有界算子. 当 T 又是线性算子时, 则称 T 为有界线性算子. 如 R^n 中的线性变换、闭区间上的积分算子、古典分析中的线性函数等都是有界线性算子.

4. 可逆算子

设算子 $T: D(T) \to N(T)$, 若存在 T^{-1} 使

$$D\left(T^{-1}\right) = N(T) \to N\left(T^{-1}\right) = D(T),$$

且对任意 $x \in D(T)$, 当 $Tx = y\,(\in N(T))$ 时有 $T^{-1}y = x$, 则称 T 为可逆算子, 称 T^{-1} 为 T 的逆算子. 显然, T 和 T^{-1} 是互逆的. 如由矩阵和它的逆矩阵所代表的线性变换是互逆的算子, 函数和反函数也是互逆的算子等. 可逆算子建立了 $D(T)$ 与 $N(T)$ 之间的一一对应.

算子可分为线性算子与非线性算子两类, 我们这里讨论的主要是线性算子.

线性算子的性质

(1) 线性算子 T 若在某一点 $x_0 \in D(T)$ 连续, 则 T 在 $D(T)$ 上处处连续.

证明　对任意 $x \in D(T)$, 若有 $x_0 \in D(T)$ 使 $x_n \to x$, 则 $x_n - x + x_0 \to x_0$, 因为 T 在 x_0 连续, 所以有 $T(x_n - x + x_0) \to Tx_0$. 又 T 是线性的,

$$T(x_n - x + x_0) = Tx_n - Tx + Tx_0,$$

即

$$Tx_n - Tx + Tx_0 \to Tx_0,$$

所以 $Tx_n - Tx \to 0$, 即有 $Tx_n \to Tx$.

(2) 线性算子 T 有界的充要条件是 T 连续.

证明 先证必要性. 设 $x_n, x \in D(T)$, $x_n \to x$, 即 $\|x_n - x\| \to 0$, 又由于 T 有界, 则存在 $M > 0$, 使

$$\|Tx_n - Tx\| = \|T(x_n - x)\| \leqslant M\|x_n - x\| \to 0.$$

再证充分性. 用反证法. 设 T 连续但无界, 则对每一自然数 n, 必存在 $x_n \in D(T)$, 使

$$\|Tx_n\| \geqslant n\|x\|.$$

令

$$y_n = \frac{x_n}{n\|x_n\|},$$

则

$$\|y_n\| = \frac{1}{n} \to 0 \quad (n \to \infty).$$

由 T 的连续性,

$$Ty_n \to 0 \quad (0 \text{ 元素}),$$

则应有 $\|Ty_n\| \to 0$, 但由假设

$$\|Ty_n\| = \left\|\frac{Tx_n}{n\|x_n\|}\right\| = \frac{\|Tx_n\|}{n\|x_n\|} \geqslant 1 \neq 0$$

产生矛盾, 因此 T 必有界.

(3) 设 E, E_1 是赋范线性空间, 线性算子 $T: D(T) \to N(T)$, $D(T) \subset E, N(T) \subset E_1$, 则 T 为有界的充要条件是 T 将 $D(T)$ 中的任一有界集映射成 $N(T)$ 中的有界集.

(4) 线性算子空间. 设 E, E_1 为同一数域 K 上的赋范线性空间, 把由 $E \to E_1$ 的线性算子的全体记为 $(E \to E_1)$, 称为线性算子空间, 把由 $E \to E_1$ 的有界线性算子的全体记为 $B(E \to E_1)$, 称为有界线性算子空间. 若在其中定义线性运算

$$\begin{cases} (T_1 + T_2)x = T_1x + T_2x \quad (x \in D(T_1) \cap D(T_2)), \\ (aT)x = a(Tx) \quad (x \in D(T), a \in K) \\ (D(T), D(T_1), D(T_2) \subset E, Tx, T_1x, T_2x \in E_1), \end{cases} \tag{3.6}$$

则 $(E \to E_1)$, $B(E \to E_1)$ 称为线性空间.

若在 $(E \to E_1)$ 中定义范数

$$\|T\| = \sup_{\|x\| \neq 0} \frac{\|Tx\|}{x} = \sup_{\|x\|=1} \|Tx\|, \tag{3.7}$$

则 $(E \to E_1)$ 称为赋范线性空间.

特别地, 若 E 为赋范线性空间, 而 E_1 为 Banach 空间, 则可以证明 $B(E \to E_1)$ 亦为 Banach 空间.

(5) 设 T 为线性算子, 则 T 有界的充要条件为 $\|T\|$ 有界.

证明　先证必要性. 因 T 有界, 即存在 M, 使对任意 $x \in D(T)$, 有

$$\|Tx\| \leqslant M\|x\|,$$

则当 $\|x\| = 1$ 时有 $\|Tx\| \leqslant M$, 从而有

$$\|T\| = \sup_{\|x\|=1} \|Tx\| < +\infty.$$

再证充分性. $\|T\| = \sup\limits_{\|x\| \neq 0} \dfrac{\|Tx\|}{x} < +\infty$, 则更有

$$\frac{\|Tx\|}{x} < +\infty,$$

且有

$$\frac{\|Tx\|}{x} < \|T\|,$$

所以

$$\|Tx\| \leqslant \|T\|\,\|x\|.$$

显然, 此式对 $D(T)$ 中的一切 x 均成立, 故 T 有界.

(6) 共鸣定理. 设 E 是 Banach 空间, E_1 是赋范线性空间, $T_n \in B(E \to E_1)$, 则对任意 $x \in E$, $\{\|T_n x\|\}$ 有界的充要条件为 $\{\|T_n\|\}$ 有界.

此定理又常称为一致有界定理.

(7) 逆算子定理. 设 E, E_1 都是 Banach 空间, 若 T 为 E 到 E_1 的一一对应的有界线性算子, 则逆算子 T^{-1} 必存在, 而且 T^{-1} 也是有界线性算子.

(8) 有限赋范线性空间中的一切线性算子均有界 (即连续).

3.3.2 线性泛函

1. 概念

由前面所述, 由赋范线性空间到赋范线性空间的映射称为算子. 我们又根据不同的特性定义了各种不同的算子. 这里专门讨论一种特定算子——泛函.

当算子的像集为数域时, 我们称算子为泛函. 根据前面各种算子的定义, 我们照样可以定义线性泛函、连续泛函、有界线性泛函等, 这里不再重复. 泛函一般用 $f, g, h, \cdots$ 表示.

因为泛函首先是算子, 线性泛函也是线性算子, 所以前面讨论的有关线性算子、有界线性算子的性质对线性泛函和有界线性泛函来说也是具备的. 这里主要是讨论它们所特有的一些性质及表现形式.

2. 泛函的例

(1) 赋范线性空间 E 上的范数 $\|x\|$ 是 E 上的一个泛函 f, 它把 E 上的每个元素映射成一个非负的实数. 前面已讨论过范数的连续性, 所以范数是一个连续泛函, 但不是线性的, 其中该泛函本身的范数有 $\|f\| = \sup\limits_{\|x\|=1} \|x\| = 1$.

(2) 给定数组 $(c_1, c_2, \cdots, c_n)$, 对任意 $x = (x_1, x_2, \cdots, x_n) \in R^n$,

$$f(x) = \sum_{i=1}^{n} c_i x_i \tag{3.8}$$

即为 R^n 上的一个有界线性泛函. 因此, 对应于不同的数组 $(c_1, c_2, \cdots, c_n)$, 都有一个 R^n 上的有界线性泛函与之对应. 如把 $c = (c_1, c_2, \cdots, c_n)$ 视为一个固定的常向量, 则 f 可视为向量的点积运算. 泛函的范数就可表示为

$$\|f\| = \|c\|.$$

这是因为 $\|f\| = \sup\limits_{\|x\|=1} |f|$, $|f| = |x \cdot c| \leqslant \|x\| \, \|c\|$, 对 $\|x\| = 1$ 取上确界就有

$$\|f\| \leqslant \|c\|.$$

另一方面, 若取 $x = c$, 则有

$$\|f\| \geqslant \frac{|f(c)|}{c} = \frac{\|c\|^2}{\|c\|} = \|c\|,$$

故有

$$\|f\| = \|c\|.$$

(3) 对任意 $x(t) \in C_{[a,b]}$,

$$f(x) = \int_a^b x(t)\, dt, \tag{3.9}$$

$$f_1(x) = \max_{t \in [a,b]} x(t) \tag{3.10}$$

都是 $C_{[a,b]}$ 上的泛函. 前者有界线性, 后者只是有界, 且 $\|f\| = b - a$.

(4) $C^1_{[a,b]}$ 表示 $[a,b]$ 上的所有连续可微函数构成的赋范线性空间, 则对任意 $x(t) \in C^1_{[a,b]}$,

$$f(x) = \frac{d}{dt}x\left(\frac{a+b}{2}\right) \tag{3.11}$$

为 $C^1_{[a,b]}$ 上的一个线性泛函.

(5) 在 $L^2_{[a,b]}$ 上定义

$$f(x) = \int_a^b |x(t)|^2 dt, \tag{3.12}$$

显然, $f(x)$ 是一个有界泛函.

如此等等. 读者不妨自己再举一些不同的泛函实例.

3.4 Banach 空间中的各种收敛

下面给出的赋范线性空间的各种收敛可以全部应用到 Banach 空间中.

3.4.1 元素序列的收敛性

1. 强收敛 (按范数收敛)

设 E 是赋范线性空间, $x_n, x \in E$, 若

$$\|x_n - x\| \to 0 \quad (n \to \infty),$$

则称元素序列强收敛于 x, 记为

$$\lim_{n\to\infty} x_n = x\ (\text{强}) \quad \text{或} \quad x_n \xrightarrow{\text{强}} x\,(n \to \infty).$$

2. 弱收敛

设 E 是赋范线性空间, $x_n, x \in E$, 若对 E 上的任一有界线性泛函 f, 有

$$f(x_n) \to f(x) \quad (n \to \infty),$$

则称元素序列 x_n 弱收敛于 x, 记为

$$\lim_{n\to\infty} x_n = x\ (\text{弱}) \quad \text{或} \quad x_n \xrightarrow{\text{弱}} x\,(n \to \infty).$$

3.4.2 算子序列的收敛性

1. 一致收敛

设 E, E_1 是赋范线性空间, $T_n, T \in B(E \to E_1)$, 若

$$\|T_n - T\| \to 0 \quad (n \to \infty),$$

则称算子序列 T_n 一致收敛 (或依范数收敛) 于 T, 记为

$$\lim_{n\to\infty} T_n = T(\text{一致}) \quad \text{或} \quad T_n \xrightarrow{\text{一致}} T\,(n \to \infty).$$

2. 强收敛

设 E, E_1 是赋范线性空间, $T_n, T \in B(E \to E_1)$, 若对任一 $x \in E$, 有

$$\|T_n x - Tx\| \to 0 \quad (n \to \infty),$$

则称算子序列 T_n 强收敛于 T, 记为

$$\lim_{n\to\infty} T_n x = Tx\ (\text{强}) \quad \text{或} \quad T_n x \xrightarrow{\text{强}} Tx\,(n \to \infty).$$

3. 弱收敛

设 E 为赋范线性空间, 若对每个 $x \in E$ 及 E 上的任一有界线性泛函 f, 都有

$$f(T_n x) \to f(Tx),$$

则称算子序列 T_n 弱收敛于 T, 记为

$$\lim_{n\to\infty} T_n = T\ (\text{弱}) \quad \text{或} \quad T_n \xrightarrow{\text{弱}} T\,(n \to \infty).$$

3.4.3 泛函序列的收敛性

1. 强收敛

设 E 为赋范线性空间, f, f_n 分别为 E 上的有界线性泛函及泛函序列, 若

$$\|f_n - f\| \to 0 \quad (n \to \infty),$$

则称泛函序列 f_n 强收敛于 f, 记为

$$\lim_{n\to\infty} f_n = f(\text{强}) \quad \text{或} \quad f_n \xrightarrow{\text{强}} f(n \to \infty).$$

2. 弱* 收敛

设 E 为赋范线性空间, f, f_n 分别为 E 上的有界线性泛函及泛函序列, 若对每个 $x \in E$, 有

$$f_n(x) \to f(x) \quad (n \to \infty),$$

则称泛函序列 f_n 弱*收敛于 f, 记为

$$\lim_{n\to\infty} f_n = f(\text{弱}^*) \quad \text{或} \quad f_n \xrightarrow{\text{弱}^*} f(n \to \infty).$$

3.4.4 几个结论

(1) 上述各种收敛序列的极限都是唯一的.

(2) 各种序列若强收敛则必弱收敛, 反之不一定.

(3) 算子序列若一致收敛 (依范数收敛), 则必强收敛.

(4) 若把泛函序列作为特殊的算子序列, 则泛函序列的强、弱*收敛, 分别相当于算子序列的一致收敛和强收敛.

3.5 Banach 空间中的线性逼近

在 Banach 空间中, 有了线性运算和收敛的概念, 我们就可以考虑线性表出和线性逼近的问题.

3.5.1 线性无关和线性表示

在线性代数中, 有关向量线性相关和线性无关的规定如下：

对向量组 $a_1, a_2, \cdots, a_n$, 如果存在一组不全为零的数 $k_1, k_2, \cdots, k_n$, 使

$$k_1a_1 + k_2a_2 + \cdots + k_na_n = 0, \tag{3.13}$$

则称向量组 $a_1, a_2, \cdots, a_n$ 线性相关. 如果 (3.13) 式当且仅当 $k_1 = k_2 = \cdots = k_n = 0$ 时成立, 则称向量组 $a_1, a_2, \cdots, a_n$ 线性无关.

现在我们把向量线性无关的概念加以推广, 可以建立起一般 Banach 空间中元素序列的线性无关的概念.

若在 Banach 空间 B 中, 有元素序列 $u_1, u_2, \cdots, u_n$, 如果找不到一组不全为零的数 $k_1, k_2, \cdots, k_n$, 使 $\sum\limits_{i=1}^{n} k_iu_i = 0$, 则称元素序列 $\{u_i\}_{i=1,2,\cdots,n}$ 线性无关. 如果 B 是 n 维空间, 则 $\{u_i\}_{i=1,2,\cdots,n}$ 可以构成空间 B 的基底.

向量空间中 n 个线性无关的向量 $a_1, a_2, \cdots, a_n$ 可以构成 n 维向量空间的基向量, 则 n 维向量空间中任一向量 X 都可用它们来线性表出：

$$X = x_1 a_1 + x_2 a_2 + \cdots + x_n a_n.$$

同理, 在 n 维 Banach 空间中, n 个线性无关的元素 $\{u_i\}_{i=1,2,\cdots,n}$ 构成了此空间的基, 则此空间中的任一元素 X 可以用 $\{u_i\}_{i=1,2,\cdots,n}$ 线性表出

$$X = x_1 u_1 + x_2 u_2 + \cdots + x_n u_n = \sum_{i=1}^{n} x_i u_i. \tag{3.14}$$

当 $n \to \infty$ 时, 在无穷维 Banach 空间中, 可以有无穷个元素线性无关, 它们可以构成无穷维空间中的基底, 则 (3.14) 式可扩充为

$$X = \sum_{i=1}^{\infty} x_i u_i.$$

我们将 $\sum\limits_{i=1}^{\infty}$ 分解为两部分：$\sum\limits_{i=1}^{\infty} = \sum\limits_{i=1}^{n} + \sum\limits_{i=n+1}^{\infty}$, 如果 $\sum\limits_{i=n+1}^{\infty} x_i u_i \xrightarrow[n\to\infty]{} 0$, 则无穷维空间中的 X 可近似地用 n 维的线性组合 $\sum\limits_{i=1}^{n} x_i u_i$ 来代替, 即

$$X \approx \sum_{i=1}^{n} x_i u_i.$$

3.5.2 Banach 空间中的线性逼近

1. 线性逼近

如上节所述, 若 $\sum\limits_{i=n+1}^{\infty} x_i u_i \xrightarrow[n\to\infty]{} 0$, 则称线性组合 $\sum\limits_{i=1}^{n} x_i u_i$ 为 X 的一个线性逼近. n 的大小由逼近精度的要求来确定. 当然, 同一个 Banach 空间可以有不同的基, 则线性组合的逼近式也就不同. 如线性无关的基取为 $u_1', u_2', \cdots, u_n', \cdots$, 组合系数也变了, 设为 $x_1', x_2', \cdots, x_n', \cdots$,

$$X = \sum_{i=1}^{\infty} x_i' u_i' = \sum_{i=1}^{n} x_i' u_i' + \sum_{i=n+1}^{\infty} x_i' u_i'.$$

若 $\sum\limits_{i=n+1}^{\infty} x_i' u_i' \xrightarrow[n\to\infty]{} 0$, 则此时线性组合的逼近式为

$$X \approx \sum_{i=1}^{n} x_i' u_i'.$$

如在函数空间 (满足 Banach 空间条件的) 中的各种函数项级数, 在它的收敛域中, 前 n 项级数的部分和就是对和函数的一个线性逼近.

例 3.1　$\dfrac{1}{1-x}=\displaystyle\sum_{n=0}^{\infty}x^n.$

显然, $1, x, x^2, \cdots, x^n$ 是线性无关的, 若 $x\in(-1,1)$, 则 $\displaystyle\sum_{i=n}^{\infty}x^i \xrightarrow[n\to\infty]{} 0$. 此时 $\dfrac{1}{1-x}\approx\displaystyle\sum_{i=0}^{n}x^i$($n$ 由精度的要求决定), 就是一个逼近多项式.

例 3.2　对于 $x\in[-1,1]$, $\cos x$ 的 Taylor 级数前六次逼近多项式为

$$\cos x\approx 1-\frac{x^2}{2!}+\frac{x^4}{4!}-\frac{x^6}{6!}.$$

例 3.3　对于 $x\in[-1,1]$, $e^{-x}=1-\dfrac{x}{1!}+\dfrac{x^2}{2!}-\dfrac{x^3}{3!}+\cdots+(-1)^n\dfrac{x^n}{n!}+\cdots$, 根据精度要求, 定出 n, 就得到 e^{-x} 的 n 次逼近多项式.

在函数的逼近计算中, 关键就是如何将一个任意函数 (或计算复杂的函数) 用一组简单函数的线性组合去逼近, 以便于计算和分析, 并希望逼近的速度越快越好. 这些都与基的选取有关. 数值逼近中常用的基函数大多是幂函数、三角函数、样条函数, 有限元分析中用的是分片插值的小支集函数, 小波分析中用的是各种小波基等.

2. 最佳逼近

设 $u_1, u_2, \cdots, u_n$ 为 Banach 空间 B 中 n 个线性无关的元素. 令 $M=\text{span}\{u_1, u_2, \cdots, u_n\}$. 若对 B 中任一元素 u, 存在一组数 $x_1^*, x_2^*, \cdots, x_n^*$, 使

$$\left\|u-\sum_{i=1}^{n}x_i^*u_i\right\|\leqslant\left\|u-\sum_{i=1}^{n}x_iu_i\right\|, \tag{3.15}$$

其中 $x_1, x_2, \cdots, x_n$ 为任一 n 维数组, 则线性组合 $\displaystyle\sum_{i=1}^{n}x_iu_i$ 代表 M 中任一元素. 称满足 (3.15) 式中的 $u^*=\displaystyle\sum_{i=1}^{n}x_i^*u_i$ 为 x 在 M 中的最佳逼近.

不等式中可以看出, 逼近元 u^* 中的线性组合系数 $\{x_i^*\}_{i=1,2,\cdots,n}$ 取决于线性无关的元素列 $\{u_1, u_2, \cdots, u_n\}$ 的选取及范数 $\|\cdot\|$ 的具体构造. 元素列 $\{u_1, u_2, \cdots, u_n\}$ 就是子空间 M 的线性无关基, 范数 $\|\cdot\|$ 可按 3.1.2 节的讨论.

当然, 如果取的基形式不同, 则构成的 M 不同, 因而最佳逼近式的形式也就

不同. 但是只要基的形式取定, 也就是说 M 就被确定, 最佳逼近式也就被唯一确定.

如果 M 中取的基为 Chebyshev 函数的形式, 则称 f 在此 M 的逼近多项式为 Chebyshev 意义下的最佳逼近, 又若 M 中的基取为三角函数, 则 f 在此 M 中展开的三角多项式可称为 Fourier 意义下的最佳逼近. 又如有限元逼近、小波逼近等.

如此等等, 例 3.1—例 3.3 也都是最佳逼近多项式.

因为在 Banach 空间中还没有建立正交的概念, 所以要求的基只是线性无关. 在第 4 章 Hilbert 空间中引进了正交的概念, 更进一步引进了投影、正交逼近的理论后, 这比一般的线性逼近有更重要的意义和应用. 有关进一步数值逼近的问题, 我们将在第 4 章中进行讨论.

第 4 章 Hilbert 空间及投影逼近

借助 R^n 空间中的线性运算和长度概念, 经过抽象和推广, 我们建立了赋范线性空间, 但 R^n 中还有其他重要的特征——向量之间的夹角、正交等概念, 它们在应用中都是重要的工具. 本章的主要任务就是把这些概念抽象推广到一般赋范线性空间, 建立起内积空间和 Hilbert 空间的概念.

在历史上, 内积空间比一般赋范线性空间出现得还早, 其理论十分丰富, 它保存了欧氏空间的很多几何特征, 使这个领域的很多概念和证明显得直观又和谐. 内积空间可以说是欧氏空间最自然的推广. 内积空间起源于 Hilbert 关于积分方程的研究, 他曾将一个第二型 Fredholm 方程化成一个无穷维线性方程组进行研究, 逐步建立了 l^2 空间, 后来又把内积概念以抽象的形式推广到线性空间, 并引进完备性, 从而得到了 Hilbert 空间.

4.1 定义和例

4.1.1 内积空间的定义

设 K 是数域 (实或复), U 是 K 上的线性空间. 若对任意的 $x, y, z \in U$, 都有唯一的数 $(x, y) \in K$ 与之对应, 且满足

$$\text{(i) } (ax, y) = a(x, y)(a \in K); \tag{4.1}$$

$$\text{(ii) } (x + z, y) = (x, y) + (z, y); \tag{4.2}$$

$$\text{(iii) } (x, y) = \overline{(y, x)}(a \in K); \tag{4.3}$$

$$\text{(iv) } (x, x) \geqslant 0 \text{ 且 } (x, x) = 0 \Leftrightarrow x = 0, \tag{4.4}$$

则称 (x, y) 为 x, y 的内积, 称 U 是内积空间, 称上述四条件为内积公理, 其中 (i) 和 (ii) 称为对第一变元的线性, (iii) 称为共轭对称性, (iv) 称为正定性.

由于 K 可以是实数域或复数域, 因而 U 也可以是实内积空间或复内积空间, 这里若不特别指明, 一般均指复内积空间, 简称内积空间. 自然, 内积也可以是实数或复数.

4.1.2 内积的性质

1. 由内积导出范数

在内积空间中, 可由内积导出范数

$$\|x\| = \sqrt{(x,x)}, \tag{4.5}$$

它满足范数公理 (i), (ii) 是显然的. 为了证明它满足范数公理 (iii), 我们先证明一个不等式.

Cauchy-Schwarz 不等式

$$|(x,y)| \leqslant \|x\| \cdot \|y\|. \tag{4.6}$$

证明 因对任意的 $\lambda \in K$, 恒有

$$(x+\lambda y, x+\lambda y) \geqslant 0,$$

即

$$\begin{aligned}
&(x, x+\lambda y) + (\lambda y, x+\lambda y) \\
=&\overline{(x+\lambda y, x)} + \overline{(x+\lambda y, \lambda y)} \\
=&\overline{(x,x)+(\lambda y, x)} + \overline{(x,\lambda y)+(\lambda y,\lambda y)} \\
=&(x,x) + \overline{\lambda}(x,y) + \lambda\overline{(x,y)} + |\lambda|^2(y,y) \\
=&\|x\|^2 + \overline{\lambda}\,\overline{(x,y)} + \lambda\overline{(x,y)} + |\lambda|^2\|y\|^2 \geqslant 0.
\end{aligned}$$

令 $\lambda = -\dfrac{(x,y)}{\|y\|^2}$(不妨设 $y \neq 0$), 代入上式即有

$$|(x,y)| \leqslant \|x\| \cdot \|y\|.$$

利用此不等式, 立即可得

$$\begin{aligned}
\|x+y\|^2 = |(x+y, x+y)| &= |(x, x+y) + (y, x+y)| \\
&\leqslant |(x, x+y)| + |(y, x+y)| \\
&\leqslant \|x\| \cdot \|x+y\| + \|y\| \cdot \|x+y\|,
\end{aligned}$$

即

$$\|x+y\| \leqslant \|x\| + \|y\|.$$

因此, 凡是内积空间都是赋范线性空间, 于是也是距离空间. 我们规定, 在今后讨论中, 凡是内积空间的范数都是由内积导出的, 其中的距离也是由内积导出的范数来规定的.

2. 平行四边形公式

在内积空间中, 由内积导出的范数满足平行四边形公式

$$\|x+y\|^2+\|x-y\|^2=2(\|x\|^2+\|y\|^2). \tag{4.7}$$

证明 只要把范数用内积来表示, 就可得 (4.7) 式.

$$\begin{aligned}\|x+y\|^2+\|x-y\|^2&=(x+y,x+y)+(x-y,x-y)\\&=2(x,x)+2(y,y)=2(\|x\|^2+\|y\|^2).\end{aligned}$$

特别地, 当空间为二维向量空间时, (4.7) 式的几何意义为平行四边形对角线长度的平方和等于四边长度的平方和, 所以此式称为平行四边形公式.

3. 极化恒等式

若赋范线性空间中的范数满足平行四边形公式, 则可由范数来表示内积

$$(x,y)=\frac{1}{4}(\|x+y\|^2-\|x-y\|^2)+\frac{i}{4}(\|x+iy\|^2-\|x-iy\|^2). \tag{4.8}$$

特别地, 在实空间有

$$(x,y)=\frac{1}{4}(\|x+y\|^2-\|x-y\|^2). \tag{4.9}$$

可以证明, (4.9) 式给出的 (x,y) 满足内积公理, 它们称为极化恒等式.

综合以上 2, 3 两条, 可得出以下定理:

赋范线性空间成为内积空间的充要条件是它的范数满足平行四边形公式.

4. 内积的连续性

在内积空间中, 内积 (x,y) 是关于两个变量 x,y 的连续泛函, 即当 $x_n\to x$, $y_n\to y$ 时有

$$(x_n,y_n)\to(x,y).$$

证明

$$\begin{aligned}|(x_n,y_n)-(x,y)|&\leqslant|(x_n,y_n)-(x,y_n)|+|(x,y_n)-(x_n,y_n)|\\&=|(x_n-x,y_n)|+|(x,y_n-y)|\\&\leqslant\|x_n-x\|\cdot\|y_n\|+\|x\|\cdot\|y_n-y\|.\end{aligned}$$

由 x_n,y_n 的收敛性及 y_n 的有界性, 立即得证.

4.1.3 Hilbert 空间

若内积空间 U 按范数 $\|x\| = \sqrt{(x,x)}$ 完备, 则称 U 为 Hilbert 空间, 简记为 H 空间.

H 空间是一个特殊的 Banach 空间, 特殊性就在于它的范数是由内积导出的. 由内积可以引出正交的概念, 并由此可引出一系列类似于欧氏空间的几何特征, 使 H 空间成为与欧氏空间最相似的抽象空间.

4.1.4 例

(1) 对任意的 $x=(x_1,x_2,\cdots,x_n)$, $y=(y_1,y_2,\cdots,y_n)\in R^n$, 它们的内积定义为

$$(x,y)=\sum_{i=1}^{n} x_i y_i, \tag{4.10}$$

即为通常的点积, 由它导出的范数

$$\|x\| = \sqrt{(x,x)} = (x_1^2+x_2^2+\cdots+x_n^2)^{\frac{1}{2}}$$

即为通常的欧氏范数. 因此, R^n 是最典型的 H 空间.

(2) 在 $L^2_{[a,b]}$ 中定义内积

$$(x,y)=\int_a^b x(t)y(t)dt, \tag{4.11}$$

可由它导出范数

$$\|x\| = \left(\int_a^b x^2(t)dt\right)^{\frac{1}{2}},$$

可以证明 $L^2_{[a,b]}$ 按此范数完备, 故它为 H 空间.

若 $L^2_{[a,b]}$ 为复值函数, 则

$$(x,y)=\int_a^b x(t)\overline{y(t)}dt. \tag{4.12}$$

(3) 在 l^2 中内积可取为

$$(x,y)=\sum_{i=1}^{\infty} x_i\overline{y_i}, \tag{4.13}$$

由它导出的范数

$$\|x\| = \left(\sum_{i=1}^{\infty} |x_i|^2\right)^{\frac{1}{2}}$$

可以证明, l^2 按此范数完备, 故它为 H 空间.

l^2 是 H 空间的原型, 是由 Hilbert 于 1912 年在研究积分方程时引入并加以研究的.

特别指出, 空间 $C_{[a,b]}$ 的范数

$$\|x\| = \max_{a \leqslant t \leqslant b} |x(t)| \tag{4.14}$$

不能从内积导出, 可以证明它不满足平行四边形公式, 因此 $C_{[a,b]}$ 按 (4.14) 式定义的范数不是内积空间, 当然也不是 H 空间. 若 $C_{[a,b]}$ 按 (4.11) 式定义内积, 则它不完备, 因此也不是 H 空间.

4.2 正交分解与投影定理

4.2.1 正交的概念与正交分解

在解析几何中, 两个向量正交的充要条件是它们的内积等于零. 我们仿照解析几何的方法, 在内积空间中利用内积来引入正交的概念, 并由此导出正交分解和正交投影的概念.

1. 定义

(1) 设 $x, y \in U$, 若 $(x, y) = 0$, 则称 x 与 y 正交, 记为 $x \perp y$.

(2) 设 $x \in U$, $M \subset U$, 若 x 与 M 中一切元素正交, 则称 x 与 M 正交, 记为 $x \perp M$.

(3) 设 $M, N \subset U$, 若对任意 $x \in M$, 任意 $y \in N$, 恒有 $x \perp y$, 则称 M 与 N 正交, 记为 $M \perp N$.

(4) 设 $M \subset U$, 则 U 中与 M 正交的所有元素的全体称为 M 的正交补, 记为 $M^{\perp}$, 即

$$M^{\perp} = \{y \mid y \perp x, x \in M\}.$$

(5) 设 M 为内积空间 U 的线性子空间, $x \in U$, 若存在 $x_0 \in M$, $x_1 \in M^{\perp}$, 使

$$x = x_0 + x_1, \tag{4.15}$$

则称 x_0 为 x 在 M 上的投影, (4.15) 式称为 x 关于 M 的正交分解.

2. 性质

(1) 设 U 为内积空间, $x, y \in U$, 若 $x \perp y$, 则

$$\|x+y\|^2=\|x\|^2+\|y\|^2. \tag{4.16}$$

(4.16) 式称为内积空间中的商高定理.

(2) 设 L 为内积空间 U 中的一个稠密子集, $x \in U$, 若 $x \perp L$, 则 $x=0$ (零元素).

(3) 设 U 为内积空间, 对任意的 $M \subset U$, 其正交补 $M^{\perp}$ 必为 U 的闭线性子空间.

(4) 设 U 为内积空间, $M \subset U$ 为线性子空间, $x \in U$, 若 x_0 为 x 在 M 上的投影, 则

$$\|x-x_0\| \underset{y \in M}{\leqslant} \|x-y\|, \tag{4.17}$$

而且 x_0 为 M 中使 (4.17) 式等号成立的唯一的点.

性质 (4) 说明, 要用子空间 M 中的点来逼近 U 中的某 x 时, 只有 x 在 M 上的投影 x_0 逼近得最好. 因此在数值逼近中, 常用投影这个性质来研究最佳逼近问题.

4.2.2 投影定理

设 M 是 H 空间的闭子空间, 则对任意的 $x \in H$, 必存在唯一的 $x_0 \in M$, $x_1 \in M^{\perp}$, 使

$$x=x_0+x_1. \tag{4.18}$$

定理的证明在一般泛函分析教材中都能找到, 在此不赘述, 投影定理无论在理论上还是在应用上都是很重要的, 定理条件中的 H 空间还可推广到一般内积空间, 即 M 是内积空间中的闭子空间时, 定理仍然成立.

4.3 H 空间中的广义 Fourier 分析

通常自然科学中的研究对象大多属于无穷维函数空间, 计算机无法计算, 在实际工作中, 常常用有限维的子空间来作近似代替, 这也是现代数值分析的基本问题. 如何构造子空间, 也就是选择基的问题. 不同的基可以张成不同的子空间, 也就构成了不同的数值分析方法, 但它们有一个共同的逼近与投影问题. 下面来讨论 H 空间中的逼近与投影问题.

4.3.1　正交系、规范正交系

1. 定义

(1) 设在 H 空间中有一组非零元素 $x_1, x_2, \cdots$, 其中任何两个不同元素都正交, 即 $(x_i, x_j) = 0\ (i \neq j)$, 则称它们为正交系.

(2) 设在 H 空间的一个正交系中, 每个元素的范数都为 1, 则称它们为规范正交系. 即, 若元素列 $e_1, e_2, \cdots \in H$ 为规范正交系, 则

$$(e_i, e_j) = \begin{cases} 0, & i \neq j, \\ 1, & i = j. \end{cases}$$

2. 例

(1) 在 R^n 中, 元素组

$$e_1 = (1, 0, 0, \cdots, 0), e_2 = (0, 1, 0, \cdots, 0), \cdots, e_n = (0, \cdots, 0, 1)$$

即为规范正交系.

(2) 在 l^2 中, 元素列

$$e_1 = (1, 0, 0, \cdots, 0, \cdots), e_2 = (0, 1, 0, \cdots, 0, \cdots), \cdots, e_n = (0, \cdots, 0, 1, \cdots), \cdots$$

即为规范正交系.

(3) 在 $L^2_{[0,2\pi]}$ 中, 规定内积为

$$(f, g) = \frac{1}{\pi}\int_0^{2\pi} f(t)g(t)dt \quad (f(t), g(t) \in L^2_{[0,2\pi]}),$$

则三角函数系

$$\frac{1}{\sqrt{2}}, \cos t, \sin t, \cdots, \cos nt, \sin nt, \cdots$$

即为规范正交系.

同样, 在 $L^2_{[-\pi,\pi]}$ 中, 若规定内积为

$$(f, g) = \frac{1}{\pi}\int_{-\pi}^{\pi} f(t)g(t)dt \quad (f(t), g(t) \in L^2_{[-\pi,\pi]}),$$

则

$$\frac{1}{\sqrt{2\pi}}, \frac{1}{\sqrt{\pi}}\cos t, \frac{1}{\sqrt{\pi}}\sin t, \cdots, \frac{1}{\sqrt{\pi}}\cos nt, \frac{1}{\sqrt{\pi}}\sin nt, \cdots$$

亦为规范正交系.

3. 规范正交化定理 (Gram-Schmidt 定理)

H 空间中任一组线性无关元素系都可以规范正交化.

证明 设 $\{g_1, g_2, \cdots\}$ 为 H 空间中的一组线性无关元素系.

令 $e_1 = \dfrac{g_1}{\|g_1\|}$, 作 $h_2 = g_2 - c_{21}e_1$, 求 c_{21}, 使 $h_2 \perp e_1$, 即

$$(h_2, e_1) = (g_2, e_1) - (c_{21}e_1, e_1) = 0,$$

$$c_{21} = (g_2, e_1);$$

令 $e_2 = \dfrac{h_2}{\|h_2\|}$, 作 $h_3 = g_3 - (c_{31}e_1 + c_{32}e_2)$, 求 c_{31}, c_{32}, 使 $h_2 \perp e_1, h_3 \perp e_2$, 可求得

$$c_{31} = (g_3, e_1), \quad c_{32} = (g_3, e_2);$$

令 $e_3 = \dfrac{h_3}{\|h_3\|}, \cdots$.

以此类推.

设 e_{n-1} 已得. 作

$$h_n = g_n - \sum_{i=1}^{n-1} c_{ni}e_i, \tag{4.19}$$

使 $h_n \perp e_1, h_n \perp e_2, \cdots, h_n \perp e_{n-1}$, 求得

$$c_{n1} = (g_n, e_1), c_{n2} = (g_n, e_2), \cdots, c_{n,n-1} = (g_n, e_{n-1}).$$

令 $e_n = \dfrac{h_n}{\|h_n\|}, \cdots$.

由此而得 $\{e_1, e_2, \cdots\}$ 即为 $\{g_1, g_2, \cdots\}$ 规范正交化而得到的规范正交系.

4.3.2 H 空间中的广义 Fourier 级数

因为 H 空间是完备的内积空间, 所以 H 空间中的范数由内积导出

$$\|x\| = \sqrt{(x, x)}.$$

1. 定义

设 $\{e_1, e_2, \cdots\}$ 为 H 空间中的完全规范正交系, 则对任意 $x \in H$, 称

$$x = \sum_{i=1}^{n} (x, e_i)e_i \tag{4.20}$$

为 x 关于 $\{e_i\}$ 的广义 Fourier 级数, 称 (x, e_i) 为 x 关于 $\{e_i\}$ 的广义 Fourier 系数. 从向量、空间的几何观点看, (4.20) 式说明 x 等于它的各分量 $(x, e_i)e_i$ 的向量和.

2. H 空间中的投影

在 (4.20) 式中, 当 $n \to \infty$ 时是一个无穷级数, 计算机无法计算, 我们要设法转化为

$$\sum_{i=1}^{\infty} = \sum_{i=1}^{n} + \sum_{i=n+1}^{\infty} .$$

真正计算的是第一个和式 (投影), n 的大小取决于计算精度的要求. 在收敛条件下, 第二个和式 (余项) $\sum\limits_{i=n+1}^{\infty} \to 0$.

设 $\{e_1, e_2, \cdots, e_n\}$ 为 H 空间中的规范正交系. 令 $M = \mathrm{span}\{e_1, e_2, \cdots, e_n\}$ 为 H 的 n 维子空间, 则对任意 $x \in H$ 在 M 上的投影为

$$x_0 = \sum_{i=1}^{n} (x, e_i) e_i \tag{4.21}$$

且

$$\|x_0\|^2 = \sum_{i=1}^{n} |(x, e_i)|^2, \tag{4.22}$$

并满足 Bessel 不等式

$$\|x_0\|^2 = \sum_{i=1}^{n} |(x, e_i)|^2 \leqslant \|x\|^2. \tag{4.23}$$

3. 最佳逼近定理

设 $\{e_1, e_2, \cdots, e_n\}$ 为 H 空间中的规范正交系, $x \in H$, 令 $M = \mathrm{span}\{e_1, e_2, \cdots, e_n\}$, 则对任何的一组数 $\{\alpha_1, \alpha_2, \cdots, \alpha_n\}$, 恒有

$$\|x - x_0\| = \left\| x - \sum_{i=1}^{n} (x, e_i) e_i \right\| \leqslant \left\| x - \sum_{i=1}^{n} \alpha_i e_i \right\|. \tag{4.24}$$

定理说明, 在 H 空间中用规范正交系 $\{e_1, e_2, \cdots, e_n\}$ 作有限维线性组合去逼近 H 中的元素 x, 以 $\sum\limits_{i=1}^{n} (x, e_i) e_i$ 为最好, 即线性组合中的系数应取为 x 的前 n 项 Fourier 系数 $(x, e_i)_{i=1,2,\cdots,n}$. 若令 $M = \mathrm{span}\{e_1, e_2, \cdots, e_n\}$, 由于 $\{\alpha_i\}_{i=1,2,\cdots,n}$ 的任意性, (4.24) 式中右端 $\sum\limits_{i=1}^{n} \alpha_i e_i$ 代表了 M 中的任一元素, 等号只在 $\alpha_i = (x, e_i)$ 时成立. 也就是说 x 在 M 上的最佳逼近就是 x 在 M 上的投影 $x_0 = \sum\limits_{i=1}^{n} (x, e_i) e_i$.

4. 例

(1) 在 R^∞ 中, 取

$$e_1=(1,0,0,\cdots),\quad e_2=(0,1,0,\cdots),\quad \cdots,$$

则对任意的 $x\in R^\infty$,

$$x=\sum_{i=1}^{\infty}(x,e_i)e_i=x_1e_1+x_2e_2+\cdots+x_ne_n+\cdots$$

就是 R^∞ 中的一个广义 Fourier 级数, 其中广义 Fourier 系数 $x_i=(x,e_i)e_i$ 正是 x 的第 i 个分量坐标, $i=1,2,\cdots,n,\cdots$.

(2) 在 $L^2_{[0,2\pi]}$ 中, 规定内积为 $(f,g)=\dfrac{1}{\pi}\displaystyle\int_0^{2\pi}f(t)g(t)dt$, 取规范正交系为

$$\frac{1}{\sqrt{2}},\cos t,\sin t,\cdots,\cos nt,\sin nt,\cdots,$$

可以证明, 它们构成一组完全规范正交系.

对任意的 $x(t)\in L^2_{[0,2\pi]}$, 有

$$x(t)=\frac{a_0}{2}+\sum_{n=1}^{\infty}(a_n\cos nt+b_n\sin nt),$$

其中

$$\frac{a_0}{2}=\frac{1}{\sqrt{2}}\left(x(t),\frac{1}{\sqrt{2}}\right)=\frac{1}{\sqrt{2}\pi}\int_0^{2\pi}\frac{1}{\sqrt{2}}x(t)dt,$$

$$\cdots\cdots$$

$$a_n=(x(t),\cos nt)=\frac{1}{\pi}\int_0^{2\pi}x(t)\cos ntdt,$$

$$b_n=(x(t),\sin nt)=\frac{1}{\pi}\int_0^{2\pi}x(t)\sin ntdt,$$

$$\cdots\cdots$$

此即通常意义下的 Fourier 级数——三角级数. 在给定的规范正交系下, $x(t)$ 的 n 维最佳逼近就是 Fourier 级数中的前 n 项部分和.

4.4 函数空间中的最佳逼近

函数逼近的基本问题就是用有限个简单函数的线性组合去逼近一个待研究的函数.

在广义 Fourier 分析中, 我们讨论了在抽象的 H 空间中求元素的线性逼近问题. 只要找出 H 的规范正交系 $\{e_1, e_2, \cdots, e_n\}$, 构造子空间 $M = \mathrm{span}\{e_1, e_2, \cdots, e_n\}$, 则任一 $x \in H$, 在 M 中的最佳逼近元就是 x 在 M 上的投影

$$x_0 = \sum_{i=1}^{n} \alpha_i e_i = \sum_{i=1}^{n} (x, e_i) e_i,$$

只要求出组合系数 $\alpha_i = (x, e_i)$ 就可得到.

但在抽象的 H 空间中, 基是抽象的, 内积运算 $(\cdot,\cdot)$ 也是抽象的, 所以广义 Fourier 分析是从理论上探讨出普通的规律和方法.

下面, 我们在常用的函数空间中来讨论上述逼近问题.

4.4.1　函数空间中的投影定理

设 $L^2(R) \subset H$ 中的线性无关函数为 $\varphi_1, \varphi_2, \cdots, \varphi_n$, $M_n = \mathrm{span}\{\varphi_1, \varphi_2, \cdots, \varphi_n\}$ 为 $L^2(R)$ 的 n 维线性子空间, 则对任一 $f \in L^2(R)$, 存在唯一的 $f^* \in M_n$, $f_1 \in M_n^{\perp}$, 使

$$f = f^* + f_1$$

且有

$$\|f - f^*\| \leqslant \|f - y\|, \quad y \in M_n$$

且

$$f^* = \sum_{i=1}^{n} (f, \varphi_i) \varphi_i,$$

当 $n \to \infty$, $M_n \to L^2(R)$ 时, 则有 $f^* \to f$.

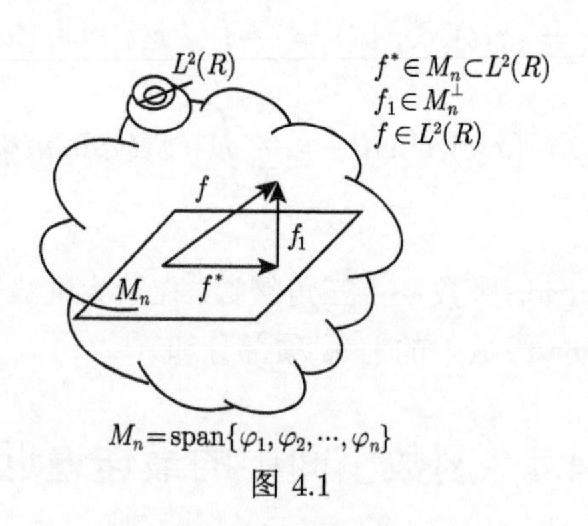

图 4.1

定理告诉我们, $f \in L^2(R)$ 在 M_n 中的最好的逼近 f^* 就是 f 在 M_n 上的投影. 一般来说, 投影 f^* 与 M_n 有关, 不同的基 $\varphi_1, \varphi_2, \cdots, \varphi_n$ 张成不同的子空

间 M_n, 然后在 M_n 上找出投影 f^* 来. 这一系列过程构成了不同的数值分析方法, 投影 f^* 也就有不同的表示方式. 不同的研究对象有不同的特性, 可以选用不同的基张成不同的子空间, 也就是用不同的数值逼近方法, 尽量使计算和分析能简单、正确.

4.4.2 函数逼近的算例

对照上述投影定理, 在下面的算例中, 就要给出具体的基函数 $\{\varphi_i\}_{i=1,2,\cdots,n}$, 范数运算 $\|\cdot\|$ 是由内积导出的定积分算子.

前面讨论了函数空间中的最佳逼近的一般概念以及它与投影的关系, 并指出了逼近子空间的不同构造以及范数的不同选取, 可以导致不同的数值逼近方法. 下面来讨论函数空间中最常用也是最基本的最佳平方逼近的算例.

1. 函数的最佳平方逼近

设 $M=\text{span}\{\varphi_1,\varphi_2,\cdots,\varphi_n\}$ 为 $L^2_{[a,b]}$ 的线性子空间, $p(x)$ 为 $L^2_{[a,b]}$ 中的非负函数. 求 $f(x)\in L^2_{[a,b]}$ 在 M 中的带权 $p(x)$ 的最佳平方逼近, 是指在 M 上找一函数

$$s^*(x)=\sum_{i=1}^{n}\alpha_i^*\varphi_i(x), \tag{4.25}$$

使对 M 中任一函数 $s(x)=\sum\limits_{i=1}^{n}\alpha_i\varphi_i(x)$ 恒有

$$\int_a^b p(x)[f(x)-s^*(x)]^2dx\leqslant\int_a^b p(x)[f(x)-s(x)]^2dx. \tag{4.26}$$

于是在 M 上求 $f(x)$ 带权 $p(x)$ 的最佳平方逼近函数, 就是求出 α_i^* 满足 (4.26) 式, 然后由 α_i^* 求得 $f(x)$ 的带权最佳平方逼近函数 (4.25).

将 (4.26) 式与 (4.17) 式对照一下, 可以看出, 满足 (4.26) 式的 $s^*(x)$ 实际上就是 $f(x)$ 在 M 上的投影, 只是这里取的范数 (由内积导出) 是带权的积分. 于是根据投影与最佳平方逼近元的关系, 可求出 α_i^*.

$$\sum_{i=1}^{n}(\varphi_j,\varphi_i)\alpha_i^*=(f,\varphi_j)\quad(j=1,2,\cdots,n), \tag{4.27}$$

其中

$$(\varphi_j,\varphi_i)=\int_a^b p(x)\varphi_j(x)\varphi_i(x)dx,$$

$$(f,\varphi_j)=\int_a^b p(x)f(x)\varphi_j(x)dx,$$

特别地, 当 $\varphi_1,\varphi_2,\cdots,\varphi_n$ 是规范正交系时,

$$\alpha_i^*=(\varphi_i,f)=\int_a^b p(x)\varphi_i(x)f(x)dx. \tag{4.28}$$

例 4.1　在空间 $M=L^2_{[\frac{1}{4},1]}$ 中, 给定函数 $f(x)=\sqrt{x}$, 线性子集 $M=\operatorname{span}\{1,x\}$, 并在 $M=L^2_{[\frac{1}{4},1]}$ 中定义内积运算和范数分别为

$$(f_1,f_2)=\int_{\frac{1}{4}}^1 f_1(x)f_2(x)dx, \tag{4.29}$$

$$\|f\|=\left(\int_{\frac{1}{4}}^1 f^2(x)dx\right)^{\frac{1}{2}}.$$

试在 M 中求一线性函数为 $\sqrt{x}$ 的最佳平方逼近. 这里, 权函数 $p(x)=1$.

解　设 $\varphi_1=1,\varphi_2=x$, 求出

$$\begin{aligned}
(\varphi_1,\varphi_1)&=\int_{\frac{1}{4}}^1 1^2dx=\frac{3}{4},\\
(\varphi_1,\varphi_2)=(\varphi_2,\varphi_1)&=\int_{\frac{1}{4}}^1 1\cdot xdx=\frac{15}{32},\\
(\varphi_2,\varphi_2)&=\int_{\frac{1}{4}}^1 x^2dx=\frac{21}{64},\\
(f,\varphi_1)&=\int_{\frac{1}{4}}^1 \sqrt{x}\cdot 1dx=\frac{7}{12},\\
(f,\varphi_2)&=\int_{\frac{1}{4}}^1 \sqrt{x}\cdot xdx=\frac{31}{80},
\end{aligned}$$

代入 (4.27) 式, 即得

$$\begin{cases}\dfrac{3}{4}\alpha_1^*+\dfrac{15}{32}\alpha_2^*=\dfrac{7}{12},\\[2mm] \dfrac{15}{32}\alpha_1^*+\dfrac{21}{64}\alpha_2^*=\dfrac{31}{80}.\end{cases}$$

求解方程组可得

$$\alpha_1^*=\frac{10}{27},\quad \alpha_2^*=\frac{88}{135}.$$

作线性函数

$$s^*(x)=\frac{88}{135}x+\frac{10}{27},$$

即函数为 $\sqrt{x}$ 的最佳平方逼近函数, 也就是 $\sqrt{x}$ 在 M 上的投影.

例 4.2 在 $L^2_{[0,1]}$ 上, 定义 $(f,g)=\int_0^1 fgdx$, 并令 $M=\text{span}\{1,x,x^2,x^3\}$, 求 $f(x)=e^x$ 在 M 上的最佳平方逼近元.

解 根据 (4.27) 式, 先求出系数矩阵

$$\begin{pmatrix} (1,1) & (x,1) & (x^2,1) & (x^2,1) \\ (1,x) & (x,x) & (x^2,x) & (x^3,x) \\ (1,x^2) & (x,x^2) & (x^2,x^2) & (x^3,x^2) \\ (1,x^3) & (x,x^3) & (x^2,x^3) & (x^3,x^3) \end{pmatrix} = \begin{pmatrix} 1 & \frac{1}{2} & \frac{1}{3} & \frac{1}{4} \\ \frac{1}{2} & \frac{1}{3} & \frac{1}{4} & \frac{1}{5} \\ \frac{1}{3} & \frac{1}{4} & \frac{1}{5} & \frac{1}{6} \\ \frac{1}{4} & \frac{1}{5} & \frac{1}{6} & \frac{1}{7} \end{pmatrix}.$$

再求出 (4.27) 式中的右端项

$$\begin{pmatrix} (e^x,1) \\ (e^x,x) \\ (e^x,x^2) \\ (e^x,x^3) \end{pmatrix} = \begin{pmatrix} 1.71828 \\ 1 \\ 0.71828 \\ 0.56344 \end{pmatrix}.$$

就可以根据 (4.28) 式求得

$$\alpha_1^*=0.99808,\quad \alpha_2^*=1.02965,\quad \alpha_3^*=0.39348,\quad \alpha_4^*=0.29688.$$

于是求得 $f(x)=e^x$ 在 M 上的最佳平方逼近

$$f(x)=0.99808+1.02965x+0.39348x^2+0.29688x^3.$$

当 $M=\text{span}\{1,x,x^2,\cdots,x^n\}$ 时, (4.27) 式中的系数矩阵为

$$\begin{pmatrix} 1 & \frac{1}{2} & \cdots & \frac{1}{n+1} \\ \frac{1}{2} & \frac{1}{3} & \cdots & \frac{1}{n+2} \\ \vdots & \vdots & & \vdots \\ \frac{1}{n+1} & \frac{1}{n+2} & \cdots & \frac{1}{2n+1} \end{pmatrix}.$$

这个矩阵称为 Hilbert 矩阵.

2. 最佳平方逼近中的 Chebyshev 多项式

在常用的多项式中, Chebyshev 多项式在函数逼近论中具有特殊的地位. 这里只讨论它在最佳平方逼近中的应用.

我们称

$$T_n(x) = \cos(n \arccos x) \quad (-1 \leqslant x \leqslant 1)$$

为 Chebyshev 多项式, 它是一个 n 次代数多项式, 并在 $[-1,1]$ 上成为带权 $(1-x^2)^{\frac{1}{2}}$ 的正交多项式. 我们将前面几个常用的 Chebyshev 多项式以及它们与 x^n 之间的关系列于表 4.1 中.

表 4.1

$T_0 = 1$
$T_1 = x$
$T_2 = 2x^2 - 1$
$T_3 = 4x^3 - 3x$
$T_4 = 8x^4 - 8x^2 + 1$
$T_5 = 16x^5 - 20x^3 + 5x$
$T_6 = 32x^6 - 48x^4 + 18x^2 - 1$
$T_7 = 64x^7 - 112x^5 + 56x^3 - 7x$
$T_8 = 128x^8 - 256x^6 + 160x^4 - 32x^2 + 1$
$T_9 = 256x^9 - 576x^7 + 432x^5 - 120x^3 + 9x$
$T_{10} = 512x^{10} - 1280x^8 + 1120x^6 - 400x^4 + 50x^2 - 1$
$T_{11} = 1024x^{11} - 2816x^9 + 2816x^7 - 1232x^5 + 220x^3 - 11x$
$T_{12} = 2048x^{12} - 6144x^{10} + 6912x^8 - 3584x^6 + 840x^4 - 72x^2 + 1$

反过来, 也可将 x^n $(n = 1, 2, \cdots)$ 用 $T_0, T_1, \cdots, T_n$ 来线性表出. 现列于表 4.2 中.

现在, 在空间 $L^2_{[-1,1]}$ 上定义内积运算及范数分别为

$$(f, g) = \int_{-1}^{1} \frac{f(x)g(x)}{\sqrt{1-x^2}} dx,$$

$$\|f\|^2 = \int_{-1}^{1} \frac{f^2(x)}{\sqrt{1-x^2}} dx.$$

设 $M = \text{span}\{T_0, T_1, \cdots, T_n\}$ 为次数不超过 n 的 Chebyshev 多项式的集合, 为线性空间 $L^2_{[-1,1]}$ 的线性子空间. 于是, M 中任一函数都可写成

$$s_n^*(x) = \frac{\alpha_0 T_0}{2} + \sum_{j=1}^{n} \alpha_j T_j(x).$$

现在要对任一 $f(x) \in L^2_{[-1,1]}$ 寻找一组特定的系数 α_j^*, 使

$$s_n^*(x) = \frac{\alpha_0^* T_0}{2} + \sum_{j=1}^{n} \alpha_j^* T_j(x) \tag{4.30}$$

成为 $f(x)$ 的最佳平方逼近多项式.

表 4.2

$$1 = T_0$$

$$x = T_1$$

$$x^2 = \frac{1}{2}(T_0 + T_1)$$

$$x^3 = \frac{1}{4}(3T_1 + T_3)$$

$$x^4 = \frac{1}{8}(3T_0 + 4T_2 + T_4)$$

$$x^5 = \frac{1}{16}(10T_1 + 5T_3 + T_5)$$

$$x^6 = \frac{1}{32}(10T_0 + 15T_2 + 6T_4 + T_6)$$

$$x^7 = \frac{1}{64}(35T_1 + 21T_3 + 7T_5 + T_7)$$

$$x^8 = \frac{1}{128}(35T_0 + 56T_2 + 28T_4 + 8T_6 + T_8)$$

$$x^9 = \frac{1}{256}(126T_1 + 64T_3 + 36T_5 + 9T_7 + T_9)$$

$$x^{10} = \frac{1}{512}(126T_0 + 210T_2 + 120T_4 + 45T_6 + 10T_8 + T_{10})$$

$$x^{11} = \frac{1}{1024}(462T_1 + 330T_3 + 165T_5 + 55T_7 + 11T_9 + T_{11})$$

$$x^{12} = \frac{1}{2048}(462T_0 + 792T_2 + 495T_4 + 220T_6 + 66T_8 + 12T_{10} + T_{12})$$

根据最佳平方逼近元素的投影性质, 系数 α_j^* 应满足 (4.27) 式, 只是将式中的 φ_j 换成 T_j $(j = 1, 2, \cdots, n)$.

于是对给定的 $f(x)$, 可以求得

$$\alpha_j^* = \frac{(f, T_j)}{(T_j, T_j)} = \frac{2}{\pi}\int_{-1}^{1} \frac{f(x)T_j(x)}{\sqrt{1-x^2}}dx \quad (j = 0, 1, \cdots, n).$$

将它们代入 (4.30) 式, 得到的 $s_n^*(x)$ 即为 $f(x)$ 在 M 中的最佳平方逼近函数, 也是 $f(x)$ 在 Chebyshev 多项式子空间上的投影, 为 Chebyshev 级数的部分和式.

例 4.3 将函数 $f(x) = \arcsin x$ 在 $[-1, 1]$ 上展开为 Chebyshev 级数, 也就是求 $f(x)$ 在 $M = \mathrm{span}\{T_0, T_1, \cdots, T_n\}$ 中的最佳平方逼近多项式.

解 因 $f(x) = \arcsin x$ 为奇函数, 故在 (4.30) 式中

$$\alpha_{2l}^* = 0,$$

而

$$\alpha_{2l+1}^{*}=\frac{2}{\pi}\int_{-1}^{1}\arcsin x\cdot\cos(2l+1)\cdot\arccos x\frac{dx}{\sqrt{1-x^{2}}},$$

令 $x=\cos\varphi$, 有

$$\alpha_{2l+1}^{*}=\frac{2}{\pi}\int_{0}^{\pi}\left(\frac{\pi}{2}-\varphi\right)\cos(2l+1)\varphi d\varphi=\frac{4}{\pi}\,\frac{1}{(2l+1)^{2}}.$$

于是

$$\arcsin x=\frac{4}{\pi}\left[T_{1}(x)+\frac{T_{3}(x)}{9}+\frac{T_{5}(x)}{25}+\frac{T_{7}(x)}{49}+\cdots\right],$$

即为 Chebyshev 展开式.

函数 $f(x)=\arcsin x$ 在 $[-1,1]$ 上的 Taylor 展开式为

$$\arcsin x=\sum_{i=0}^{\infty}\alpha_{2l+1}x^{2l+1},$$

其中

$$\alpha_{2l+1}=\frac{1\cdot3\cdot5\cdot\ \cdots\ \cdot(2l-1)}{2\cdot4\cdot6\cdot\ \cdots\ \cdot(2l)}\cdot\frac{1}{2l+1},$$

将它与 (4.30) 式相比, 显然有

$$\frac{\alpha_{2l+1}^{*}}{\alpha_{2l+1}}=\frac{4}{\pi}\frac{2\cdot4\cdot6\cdot\ \cdots\ \cdot(2l)}{1\cdot3\cdot5\cdot\ \cdots\ \cdot(2l-1)}\cdot\frac{1}{2l+1}\xrightarrow[l\to\infty]{}0.$$

由此可看出, 对 $\arcsin x$ 来说, 为达到同样的精度, 用 Chebyshev 多项式逼近比 Taylor 多项式逼近所用项数少. 如例 4.2 中, 要达到 10 位有效数字的精度, 用 Chebyshev 展开只需要 10 项, 而用 Taylor 展开则需要 25 项.

以上说明, 利用 Chebyshev 多项式来构造逼近子空间, 对某些问题具有独特的效果.

3. 最佳逼近中的样条插值

在内积空间中, 元素在子空间上的投影是根据子空间的不同而不同的. 同理, 在函数最佳平方逼近理论中, 函数的最佳逼近元也是与选取的子空间有关的. 因此, 为了求函数 $f(x)$ 的逼近函数, 我们首先要确定线性无关函数 φ_i 所构成的子空间 $M=\operatorname{span}\{\varphi_1,\varphi_2,\cdots,\varphi_n\}$. 对一个给定的函数 $f(x)$, 如何选取适当的 φ_i, 使逼近的效果更好呢? 这是一个很重要的问题.

实践证明, 由于样条函数是分片多项式, 便于灵活处理各种问题, 且二、三次样条具有某些几何特性, 因此选取它们作为子集 M 的线性无关基函数, 具有良好的效果.

在 $L^2_{[a,b]}$ 中, 令内积运算和范数分别为

$$(f,g)=\int_a^b f(x)g(x)dx,$$

$$\|f\|^2=\int_a^b f^2(x)dx.$$

下面通过一个具体的例子来说明如何选取 B 样条函数作为子集 M 的基.

例 4.4 在 $L^2_{\left[\frac{1}{4},1\right]}$ 中, 仍取 $f(x)=\sqrt{x}$. 现求一次样条来作为 $f(x)$ 的最佳平方逼近. 令一次样条函数的节点为区间 $\left[\dfrac{1}{4},1\right]$ 的端点及中点, 即

$$x_0=\frac{1}{4},\quad x_1=\frac{5}{8},\quad x_2=1.$$

解 选一次样条基函数为

$$\varphi_i(x)=\Omega_1\left(\frac{x-x_i}{h}\right)\quad\left(i=0,1,2;\ h=\frac{3}{8}\right).$$

显然, $\varphi_i(x)(i=0,1,2)$ 线性无关, 且

$$s^*(x)=\sum_{i=0}^{2}\alpha_i^*\varphi_i(x) \tag{4.31}$$

为一次样条, 样条节点正好是 $\dfrac{1}{4}$, $\dfrac{5}{8}$, 1.

现在, 我们要来求出 α_i^* $(i=0,1,2)$, 使 (4.31) 式中的 $s^*(x)$ 成为 $\sqrt{x}$ 的最佳平方逼近函数.

$$(\varphi_0,\varphi_0)=\int_{\frac{1}{4}}^{1}\Omega_1^2\left(\frac{x-x_0}{h}\right)dx=\frac{1}{8}.$$

由对称性得

$$(\varphi_2,\varphi_2)=\frac{1}{8},$$

$$(\varphi_1,\varphi_1)=\frac{1}{4}.$$

又

$$(\varphi_0,\varphi_1)=\int_{\frac{1}{4}}^{\frac{5}{8}}\left(\frac{-x+\frac{5}{8}}{\frac{3}{8}}\right)\left(\frac{x-\frac{1}{4}}{\frac{3}{8}}\right)dx=\frac{1}{16},$$

显然

$$
\begin{aligned}
&(\varphi_1,\varphi_2)=(\varphi_0,\varphi_1)=\frac{1}{16},\\
&(\varphi_0,\varphi_2)=0,\\
&(f,\varphi_0)=\int_{\frac{1}{4}}^{\frac{5}{8}}\sqrt{x}\left(\frac{-x+\frac{5}{8}}{\frac{3}{8}}\right)dx=\frac{25\sqrt{10}-38}{360},\\
&(f,\varphi_1)=\int_{\frac{1}{4}}^{\frac{5}{8}}\sqrt{x}\left(\frac{x-\frac{1}{4}}{\frac{3}{8}}\right)dx=\frac{132-25\sqrt{10}}{180},\\
&(f,\varphi_2)=\int_{\frac{5}{8}}^{1}\sqrt{x}\left(\frac{x-\frac{5}{8}}{\frac{3}{8}}\right)dx=\frac{25\sqrt{10}-16}{360}.
\end{aligned}
$$

代入 (4.27) 式可得

$$
\begin{cases}
\dfrac{1}{8}\alpha_0^*+\dfrac{1}{16}\alpha_1^*=\dfrac{25\sqrt{10}-38}{360},\\
\dfrac{1}{16}\alpha_0^*+\dfrac{1}{4}\alpha_1^*+\dfrac{1}{16}\alpha_2^*=\dfrac{132-25\sqrt{10}}{180},\\
\dfrac{1}{16}\alpha_0^*+\dfrac{1}{8}\alpha_2^*=\dfrac{25\sqrt{10}-16}{360}.
\end{cases}
\tag{4.32}
$$

解方程组 (4.32) 可得

$$
\begin{cases}
\alpha_0^*\approx 0.51364189,\\
\alpha_1^*\approx 0.79746922,\\
\alpha_2^*\approx 1.0025308,
\end{cases}
$$

于是求得最佳平方逼近的一次样条为

$$
\begin{aligned}
s^*(x)=&\sum_{j=0}^{2}\alpha_j^*\Omega_1\left(\frac{x-x_j}{h}\right)\\
=&0.51364189\Omega_1\left(\frac{8x-2}{3}\right)+0.79746922\Omega_1\left(\frac{8x-5}{3}\right)\\
&+1.0025308\Omega_1\left(\frac{8x-8}{3}\right),
\end{aligned}
$$

其中

$$\Omega_1\left(\frac{8x-2}{3}\right)=\begin{cases}1-\dfrac{8x-2}{3}, & x\in\left[\dfrac{1}{4},\dfrac{5}{8}\right],\\[2ex] 0, & x\in\left[\dfrac{5}{8},1\right],\end{cases}$$

$$\Omega_1\left(\frac{8x-5}{3}\right)=\begin{cases}1+\dfrac{8x-5}{3}, & x\in\left[\dfrac{1}{4},\dfrac{5}{8}\right],\\[2ex] 1-\dfrac{8x-5}{3}, & x\in\left[\dfrac{5}{8},1\right],\end{cases}$$

$$\Omega_1\left(\frac{8x-8}{3}\right)=\begin{cases}0, & x\in\left[\dfrac{1}{4},\dfrac{5}{8}\right],\\[2ex] 1+\dfrac{8x-8}{3}, & x\in\left[\dfrac{5}{8},1\right].\end{cases}$$

最后得最佳平方逼近的一次样条为

$$s^*(x)=\begin{cases}0.75687288x+0.32442367, & x\in\left[\dfrac{1}{4},\dfrac{5}{8}\right],\\[2ex] 0.54683088x+0.45569992, & x\in\left[\dfrac{5}{8},1\right].\end{cases}$$

与前面计算相比, 这里取样条函数作为 M 的线性无关基来作最佳平方逼近效果更好. 由于样条函数具有分段光滑的特点, 在应用中灵活方便, 因而, 样条函数已经成为函数逼近的一个重要工具.

4.5 各种数值逼近的泛函背景

工程科学中研究、计算的对象 (如信号、图像、力场、热场、几何变形等) 实际上都是在无穷维空间中连续变化的问题. 但是, 我们的研究和计算都要通过计算机来实现, 所以, 有两个首先要解决的问题：一是要把工程科学中各种连续变化的物理特征通过一定的手段进行量化, 离散成 “数”; 二是要把无穷维空间中的问题近似地转化为有限维空间中的逼近问题.

这两个问题在泛函分析中给出了理论上的普遍方法和框架.

4.5.1 坐标、空间与量化

感谢笛卡儿 (1596—1650) 给了我们 “坐标”, 也就给了我们 “基”, 给了我们由基张成的 “空间”, 让我们把许多问题都可放到空间中来研究讨论, 既清晰又明了.

当然也感谢 Hilbert (1862—1943) 把内积、正交等概念加以抽象推广和完备化，给了我们一个极其重要、极其形象的 H 空间.

有了坐标，有了基，有了空间，空间中的元素就可量化对应成“数”. 例如，在向量空间 R^n 中，通过基向量立刻就可把向量空间中的任一向量转化为“数”. 取基向量

$$e_1 = (1, 0, 0, \cdots, 0), e_2 = (0, 1, 0, \cdots, 0), \cdots, e_n = (0, \cdots, 0, 1)$$

张成 n 维向量空间，则此向量空间中任一向量 x 就可转化成数组

$$x = x_1 e_1 + x_2 e_2 + \cdots + x_n e_n,$$

$$x \leftrightarrow \{x_1, x_2, \cdots, x_n\},$$

由数组就可以分析出 x 的大小、方向等状态.

又如，在函数空间中，若取定了规范正交的基函数 $\{\varphi_i\}_{i=1,2,\cdots,n}$ 张成函数空间，则此空间中任一函数 f 就可量化离散成“数”

$$f = \alpha_1 \varphi_1 + \alpha_2 \varphi_2 + \cdots + \alpha_n \varphi_n,$$

$$f \leftrightarrow \{\alpha_1, \alpha_2, \cdots, \alpha_n\}.$$

于是，就可从数组 $\{\alpha_1, \alpha_2, \cdots, \alpha_n\}$ 来分析 f 的变化状态.

所以，坐标 → 基 → 空间 → 量化 (从而也离散)→ 分析，这是一个非常规范，也是非常漂亮的过程.

4.5.2 转化与逼近

前面说过，工程科学中研究的对象大多是在无穷维空间中连续变化的问题，有关基和空间的讨论解决了将连续问题离散为数字化的问题. 但是计算机不可能计算无穷维的数组，所以要把无穷维空间中的问题近似地转化为有限维子空间中的逼近问题. $\sum\limits_{i=1}^{\infty} = \sum\limits_{i=1}^{n} + \sum\limits_{i=n+1}^{\infty}$，真正需要计算的是 $\sum\limits_{i=1}^{n}$, $\sum\limits_{i=n+1}^{\infty}$ 作为误差项舍去. n 取值的大小由计算精度的要求决定.

现在我们简单总结一下，在广义 Fourier 分析中，有关逼近、投影的框架如下：

设 $x \in H$, $\{e_1, e_2, \cdots, e_n, \cdots\}$ 为 H 空间中的规范正交基，取 n 个 $e_i(i = 1, 2, \cdots, n)$ 张成子空间 $M = \mathrm{span}\{e_1, e_2, \cdots, e_n\}$. 任取数组 $\{\alpha_1, \alpha_2, \cdots, \alpha_n\}$，则

$$\left\| x - \sum_{i=1}^{n} (x, e_i) e_i \right\| \leqslant \left\| x - \sum_{i=1}^{n} \alpha_i e_i \right\|,$$

即, 用 M 中的线性组合 $\sum\limits_{i=1}^{n}\alpha_i e_i$ 去近似代替 H 中的 x, 线性组合系数取 $\alpha_i = (x, e_i)$ $(i = 1, 2, \cdots, n)$ 时, 逼近效果最好. 由投影定理知道, 这个逼近效果最好的线性组合 $\sum\limits_{i=1}^{n}(x, e_i)e_i = x_0$, 就是 x 在 M 上的投影, 也就是 x 的广义 Fourier 级数中的前 n 项的部分和. 当 $n \to \infty$ 时, $M \to H$, $x \to x_0$.

现在我们把上面的广义 Fourier 分析中有关逼近、投影的框架移植到函数空间中：

设 $f \in L$, $\{\varphi_1, \varphi_2, \cdots, \varphi_n, \cdots\}$ 为 L 的规范正交基, 取 n 个 $\varphi_i(i = 1, 2, \cdots, n)$ 张成子空间 $M = \mathrm{span}\{\varphi_1, \varphi_2, \cdots, \varphi_n\}$. 任取数组 $\{\alpha_1, \alpha_2, \cdots, \alpha_n\}$, 作线性组合 $\alpha_1\varphi_1 + \alpha_2\varphi_2 + \cdots + \alpha_n\varphi_n = \sum\limits_{i=1}^{n}\alpha_i\varphi_i$, 由于 $\{\alpha_i\}_{i=1,2,\cdots,n}$ 的任意性, 该线性组合代表了 M 中的任意函数, 则恒有

$$\left\|f - \sum_{i=1}^{n}(x, \varphi_i)\varphi_i\right\| \leqslant \left\|x - \sum_{i=1}^{n}\alpha_i\varphi_i\right\|.$$

令

$$f_0 = \sum_{i=1}^{n}(x, \varphi_i)\varphi_i,$$

f_0 是 M 内所有线性组合 $\sum\limits_{i=1}^{n}\alpha_i\varphi_i$ 中去近似代替 L 中的 f 的最佳逼近, 也是 f 在 M 上的投影. 当 $n \to \infty$ 时, $M \to L$, $f \to f_0$.

根据上面的讨论, 只要能找出基函数 $\{\varphi_i\}_{i=1,2,\cdots,n}$, 就可把无穷维函数空间中的问题转化为有限维子空间中的问题, 然后通过投影、逼近找到函数 $f \in L$ 的最佳逼近的线性组合. 根据精度的要求, 可以决定线性组合的维数 n 的大小.

4.5.3 基的选取和构造

在前面讲的广义 Fourier 分析中, 因为讨论的是抽象的 H 空间, 那里的元素 x、基 $\{e_i\}_{i=1,2,\cdots}$, 以及内积运算 $(\cdot,\cdot)$, 都是抽象的, 但那里讨论的投影逼近的理论却可以广泛地应用到各种具体空间中. 只要根据研究对象的不同特性, 恰当地选择 (或构造) 合适的基, 就能张成我们需要的不同的空间. 这给我们如何构造正交基提供了发挥和创新的依据.

在 H 空间中, 正交性是通过内积为零来定义的, 从而定义出规范正交系 $\to$ 规范正交基, 然后引申出广义 Fourier 级数, 进一步建立起投影与逼近理论. 现在我们的计算领域主要是函数空间, 如何利用 H 空间中内积、正交、投影、逼近这

一系列理论和框架, 移植到函数空间中, 首先要构造出正交的函数系. 我们曾在函数空间 $L^2_{[-\pi,\pi]}$ 中定义内积

$$(x(t),y(t))=\int_{-\pi}^{\pi}x(t)y(t)dt,$$

求出函数系

$$\frac{1}{\sqrt{2\pi}},\frac{1}{\sqrt{\pi}}\cos t,\frac{1}{\sqrt{\pi}}\sin t,\cdots,\frac{1}{\sqrt{\pi}}\cos nt,\frac{1}{\sqrt{\pi}}\sin nt,\cdots$$

为规范正交系.

在函数空间构造规范正交基, 要做到规范比较容易, 要正交就是要使基函数两两内积为零, 采用两个函数乘积的定积分算子. 作为内积, 利用三角函数在 $[-\pi,\pi]$ 上定积分的性质, 找到了三角基.

如果函数空间的定义域足够大, 则我们也可以联想到利用一个支集 (使函数非零的定义域) 很小的函数, 作为一个基函数, 然后经过平移使任何两个基函数没有共同的支集, 则它们的乘积的定积分都为零, 就保证了它们两两之间的正交性, 如图 4.2 所示.

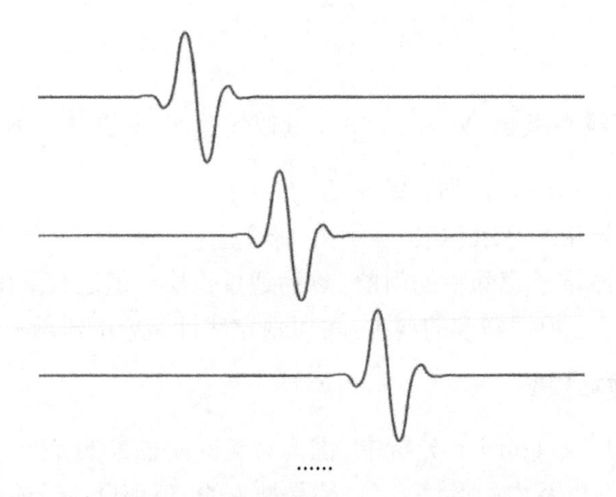

图 4.2

根据研究对象的不同物理特性, 我们可以构造一个小支集的基函数, 然后经过平移构造正交基, 再张成子空间来研究逼近和分析问题. 这也可以说是小波基之所以采用平移和伸缩的思想背景.

4.5.4 常用的子空间

下面列举几个现代数值分析中常用的子空间.

(1) R^n, 基是 $(1,0,0,\cdots),(0,1,0,\cdots),\cdots,(0,0,\cdots,1)$.

(2) 在 Fourier 分析中, 取前 $2n$ 个三角基 $\cos t,\sin t,\cdots,\cos nt,\sin nt$ 张成 $2n$ 维 Fourier 子空间 M_{2n}, 则函数 f 在子空间上的投影 f^* 就是 f 的 Fourier 级数中前 $2n$ 项的部分和, 当 $n\to\infty$ 时, $f^*\to f$. 这里引出了一系列的 Fourier 分析理论, 并进一步引申出频谱分析等理论.

(3) 在有限元分析中, 取 $g_1,g_2,\cdots,g_n$ 为分片插值构造的有限元基, 则由它们张成的 M_n 为有限元子空间. 通常, 解方程求得的有限元解就是方程在 $L^2(R)$ 中的真解 f 在有限元子空间上的投影 f^*. 当 $n\to\infty$ 时, 有限元子空间 $M_n\to L^2(R)$, 有限元解 $f^*\to f$.

针对如何分片插值求基、构造有限元子空间, 以及如何求有限元近似解 f^* 等等, 建立了一系列的有限元分析理论和各种算法理论.

(4) 在 Chebyshev 逼近中, 取 $g_1,g_2,\cdots,g_n$ 为 Chebyshev 基函数, 可以张成 Chebyshev 子空间. 函数 f 的 Chebyshev 级数中, 前 n 项的部分和就是 f 在 n 维 Chebyshev 子空间上的投影 f^*, 也就是 f 在该子空间中具 Chebyshev 意义的最佳逼近元, 它在电子科学的计算和分析中有特殊的效果和广泛应用.

(5) 在近 30 年发展起来的小波分析中, 通过特殊的方法 (利用平移和伸缩) 巧妙地构造了小波基, 张成小波子空间序列, 然后把研究对象投影到不同分辨率的小波子空间序列上进行分析和研究, 形成了一系列的多分辨分析理论, 但它们也同样都是在投影与逼近的构架下.

近些年来, 在小波基的基础上, 发展出各种多小波和后小波 (或称超小波) 基, 从而派生出一系列后小波的分析理论和应用.

我们说过, 不同的研究对象有不同的物理特性, 可以选用不同的基函数来张成不同的子空间, 这就构成了不同的数值逼近和数值分析方法. 但它们共同的理论背景和框架都是泛函分析中的广义 Fourier 分析及投影定理.

后面几章介绍的各种数值分析方法及应用中, 所采用的不同的基和子空间都是广义 Fourier 分析的一个个特例. 在这个共同的泛函背景下, 读者还可以创造更多的基来构造不同的子空间逼近.

第 5 章　Fourier 分析及其应用

5.1　三角基的正交性

在科学实验与工程技术的某些现象中, 常会碰到一种周期运动. 最简单的周期运动, 可用正弦函数

$$y = A\sin(\omega x + \varphi) \tag{5.1}$$

来描写. 由 (5.1) 式所表达的周期运动也称为简谐振动, 其中 A 为振幅, φ 为初相角, ω 为角频率, 于是简谐振动 y 的周期是 $T = \dfrac{2\pi}{\omega}$. 较为复杂的周期运动, 则常是几个简谐振动

$$y_k = A_k \sin(k\omega x + \varphi_k)$$

的叠加

$$y = \sum_{k=1}^{n} y_k = \sum_{k=1}^{n} A_k \sin(k\omega x + \varphi_k). \tag{5.2}$$

由于简谐振动 y_k 的周期为 $\dfrac{T}{k}\left(T = \dfrac{2\pi}{\omega}\right)$, $k = 1, 2, \cdots, n$, 所以函数 (5.2) 的周期为 T. 对无穷多个简谐振动进行叠加就得到函数项级数为

$$A_0 + \sum_{n=1}^{\infty} A_n \sin(n\omega x + \varphi_n). \tag{5.3}$$

若级数 (5.3) 收敛, 则它所描述的是更一般的周期运动现象. 对于级数 (5.3), 我们只讨论 $\omega = 1$ (如果 $\omega \neq 1$, 可用 ωx 代替 x) 的情形. 由于

$$\sin(n\omega x + \varphi_n) = \sin\varphi_n \cos nx + \cos\varphi_n \sin nx,$$

所以

$$\begin{aligned} &A_0 + \sum_{n=1}^{\infty} A_n \sin(n\omega x + \varphi_n) \\ =& A_0 + \sum_{n=1}^{\infty} (A_n \sin\varphi_n \cos nx + A_n \cos\varphi_n \sin nx). \end{aligned} \tag{5.3$'$}$$

记 $A_0 = \dfrac{a_0}{2}$, $A_n \sin\varphi_n = a_n$, $A_n \cos\varphi_n = b_n$, $n = 1, 2, 3, \cdots$, 则级数 (5.3′) 可写成

$$\frac{a_0}{2} + \sum_{n=1}^{\infty} (a_n \cos nx + b_n \sin nx). \tag{5.4}$$

它是三角函数列 (也称为三角函数系)

$$1,\ \cos x,\ \sin x,\ \cos 2x,\ \sin 2x, \cdots,\ \cos nx,\ \sin nx, \cdots \tag{5.5}$$

所产生的一般形式的三角级数.

容易验证, 三角级数 (5.4) 收敛, 则它的和是一个以 2π 为周期的函数. 在三角函数系 (5.5) 中, 任何两个不同的函数的乘积在 $[-\pi, \pi]$ 上的积分都等于零, 即

$$\int_{-\pi}^{\pi} \cos nx dx = \int_{-\pi}^{\pi} \sin nx dx = 0, \tag{5.6}$$

$$\begin{cases} \displaystyle\int_{-\pi}^{\pi} \cos mx \cos nx dx = 0 \quad (m \neq n), \\ \displaystyle\int_{-\pi}^{\pi} \sin mx \sin nx dx = 0 \quad (m \neq n), \\ \displaystyle\int_{-\pi}^{\pi} \cos mx \sin nx dx = 0. \end{cases} \tag{5.7}$$

通常把两个函数 φ 与 ψ 在 $[a, b]$ 上可积, 且

$$\int_a^b \varphi(x) \psi(x) dx = 0$$

的函数 φ 与 ψ 称为在 $[a, b]$ 上是正交的. 由此, 三函数系 (5.5) 在 $[-\pi, \pi]$ 上具有正交性.

5.2 Fourier 级数和 Fourier 积分

5.2.1 Fourier 级数

一个以 T 为周期的函数 $f(t)$, 若在区间 $\left[-\dfrac{T}{2}, \dfrac{T}{2}\right]$ 上满足狄氏条件, 即函数在 $\left[-\dfrac{T}{2}, \dfrac{T}{2}\right]$ 上满足:

(1) 连续或只有有限个第一类间断点;

(2) 只有有限个极值点,

则

$$f(t)=\frac{a_0}{2}+\sum_{n=1}^{\infty}(a_n\cos n\omega t+b_n\sin n\omega t),\tag{5.8}$$

其中

$$\omega=\frac{2\pi}{T},$$

$$a_0=\frac{2}{T}\int_{-\frac{T}{2}}^{\frac{T}{2}}f(t)\,dt,$$

$$a_n=\frac{2}{T}\int_{-\frac{T}{2}}^{\frac{T}{2}}f(t)\cos n\omega tdt\quad(n=1,2,3,\cdots),$$

$$b_n=\frac{2}{T}\int_{-\frac{T}{2}}^{\frac{T}{2}}f(t)\sin n\omega tdt\quad(n=1,2,3,\cdots).$$

(5.8) 式的意义在于, 任何一个满足狄氏条件的周期函数都可展为 Fourier 级数. 其中, 三角函数的圆周频率 $n\omega=\frac{2n\pi}{T}$ 即 $\omega=\frac{2\pi}{T}$ 的倍数. 如果将这些圆周频率用数轴上的点来表示, 则可以将它们排成无穷多个等距离散的点. 我们称它们构建了一个 "离散的频率谱".

为了应用上的方便, 常把 (5.8) 式的三角形式转化为复指数形式. 利用 Euler 公式

$$\cos t=\frac{e^{it}+e^{-it}}{2},$$

$$\sin t=\frac{e^{it}-e^{-it}}{2i}=-i\frac{e^{it}-e^{-it}}{2},$$

将其代入 (5.8) 式, 则有

$$\begin{aligned}f(t)&=\frac{a_0}{2}+\sum_{n=1}^{\infty}\left(a_n\frac{e^{in\omega t}+e^{-in\omega t}}{2}+b_n\frac{e^{in\omega t}-e^{-in\omega t}}{2i}\right)\\&=\frac{a_0}{2}+\sum_{n=1}^{\infty}\left(\frac{a_n-ib_n}{2}e^{in\omega t}+\frac{a_n+ib_n}{2}e^{-in\omega t}\right).\end{aligned}$$

令

$$c_0=\frac{a_0}{2}=\frac{1}{T}\int_{-T}^{T}f(t)dt,$$

$$c_n=\frac{a_n-ib_n}{2}=\frac{1}{T}\left[\int_{-\frac{T}{2}}^{\frac{T}{2}}f(x)\cos n\omega tdt-i\int_{-\frac{T}{2}}^{\frac{T}{2}}f(x)\sin n\omega tdt\right]$$

$$= \frac{1}{T} \int_{-\frac{T}{2}}^{\frac{T}{2}} f(t)\, e^{-in\omega t} dt,$$

$$c_{-n} = \frac{a_n + ib_n}{2} = \frac{1}{T} \int_{-\frac{T}{2}}^{\frac{T}{2}} f(t)\, e^{in\omega t} dt.$$

将 c_n 与 c_{-n} 合写成

$$c_n = \frac{1}{T} \int_{-\frac{T}{2}}^{\frac{T}{2}} f(t)\, e^{-in\omega t} dt \quad (n = 1, 2, 3, \cdots).$$

于是, (5.8) 式成为

$$f(t) = \sum_{n=-\infty}^{\infty} c_n e^{in\omega t} = \frac{1}{T} \sum_{n=-\infty}^{\infty} \left[\int_{-\frac{T}{2}}^{\frac{T}{2}} f(\tau)\, e^{-in\omega \tau} d\tau \right] e^{in\omega t}, \tag{5.9}$$

这就是复指数形式的 Fourier 级数.

5.2.2 Fourier 积分

设 $f(t)$ 为定义域 $(-\infty, \infty)$ 上的非周期函数, 在任何有限区间 $\left[-\frac{T}{2}, \frac{T}{2}\right]$ 上满足狄氏条件, 且 $\int_{-\infty}^{\infty} |f(t)| dt$ 存在, 在这些条件下, 可以把 $f(t)$ 看成周期无限大的函数. 这里略去严格的推导, 直接给出 Fourier 积分定理的结果, 在上述条件下, 则有

$$\begin{aligned} f(t) &= \lim_{T\to\infty} \frac{1}{T} \sum_{n=-\infty}^{\infty} \left[\int_{-\frac{T}{2}}^{\frac{T}{2}} f(\tau) e^{-in\omega\tau} d\tau \right] e^{in\omega t} \\ &= \frac{1}{2\pi} \int_{-\infty}^{\infty} \left[\int_{-\infty}^{\infty} f(\tau) e^{-i\omega\tau} d\tau \right] e^{i\omega t} d\omega. \end{aligned} \tag{5.10}$$

(5.10) 式即为非周期函数 $f(t)$ 在上述条件下的 Fourier 积分公式. 而 $f(t)$ 在它的间断点处, 则取

$$f(t) = \frac{f(t+0) + f(t-0)}{2}.$$

(5.10) 式是复指数形式. 利用 Euler 公式, 可以将它转化为三角形式

$$\begin{aligned} f(t) &= \frac{1}{2\pi} \int_{-\infty}^{\infty} \left[\int_{-\infty}^{\infty} f(\tau) e^{-i\omega\tau} d\tau \right] e^{i\omega t} d\omega \\ &= \frac{1}{2\pi} \int_{-\infty}^{\infty} \left[\int_{-\infty}^{\infty} f(\tau) e^{i\omega(t-\tau)} d\tau \right] d\omega \end{aligned}$$

$$= \frac{1}{2\pi}\int_{-\infty}^{\infty}\left[\int_{-\infty}^{\infty} f(\tau)\cos\omega(t-\tau)d\tau + i\int_{-\infty}^{\infty} f(\tau)\sin\omega(t-\tau)d\tau\right]d\omega.$$

因为积分

$$\int_{-\infty}^{\infty}\int_{-\infty}^{\infty} f(\tau)\sin\omega(t-\tau)d\tau d\omega$$

是 ω 的奇函数, 于是有

$$\int_{-\infty}^{\infty}\left[\int_{-\infty}^{\infty} f(\tau)\sin\omega(t-\tau)d\tau\right]d\omega = 0,$$

从而

$$\begin{aligned} f(t) &= \frac{1}{2\pi}\int_{-\infty}^{\infty}\int_{-\infty}^{\infty} f(\tau)\cos\omega(t-\tau)d\tau d\omega \\ &= \frac{1}{\pi}\int_{0}^{\infty}\left[\int_{-\infty}^{\infty} f(\tau)\cos\omega(t-\tau)d\tau\right]d\omega. \end{aligned} \tag{5.11}$$

这就是 $f(t)$ 的三角形式的 Fourier 积分公式, 将它与 (5.8) 式相比, 这里的积分变量 ω 可以取 $(0, \infty)$ 上的任何数, 因而非周期函数的 Fourier 积分公式中, 频率 ω 组成一个连续的频率谱.

若 $f(t)$ 为奇函数, 则可以展开为 Fourier 正弦积分

$$f(t) = \frac{2}{\pi}\int_{0}^{\infty}\left[\int_{0}^{\infty} f(\tau)\sin\omega\tau d\tau\right]\sin\omega t d\omega.$$

若 $f(t)$ 为偶函数, 则可以展开为 Fourier 余弦积分

$$f(t) = \frac{2}{\pi}\int_{0}^{\infty}\left[\int_{0}^{\infty} f(\tau)\cos\omega\tau d\tau\right]\cos\omega t d\omega.$$

例 5.1　求偶函数

$$f(t) = \begin{cases} 1, & |t| \leqslant 1, \\ 0, & |t| > 1 \end{cases}$$

的 Fourier 积分.

解　因 $f(t)$ 为偶函数, 故

$$\begin{aligned} f(t) &= \frac{2}{\pi}\int_{0}^{\infty}\left[\int_{0}^{\infty} f(\tau)\cos\omega\tau d\tau\right]\cos\omega t d\omega \\ &= \frac{2}{\pi}\int_{0}^{\infty}\frac{\sin\omega\cos\omega t}{\omega}d\omega. \end{aligned}$$

此式表示一个强度为 1、持续时间为 2 的矩形脉冲的分解.

如果我们只考虑低频 $(\omega < \omega_0)$ 成分, 则可得 $f(t)$ 的近似表达式为

$$
\begin{aligned}
f(t) &\approx \frac{2}{\pi}\int_0^{\omega_0}\frac{\sin\omega\cos\omega t}{\omega}d\omega \\
&= \frac{1}{\pi}\int_0^{\omega_0}\frac{\sin\omega(t+1)}{\omega}d\omega - \frac{1}{\pi}\int_0^{\omega_0}\frac{\sin\omega(t-1)}{\omega}d\omega \\
&= \frac{1}{\pi}\int_0^{\omega_0(t+1)}\frac{\sin x}{x}dx - \frac{1}{\pi}\int_0^{\omega_0(t-1)}\frac{\sin x}{x}dx,
\end{aligned}
$$

其中, $\int_0^x \frac{\sin x}{x}dx$ 称为正弦积分函数, 一般记为 $si(x)$. 其数值可从函数表查出, 于是 $f(t)$ 可近似地表示为

$$
\frac{1}{\pi}si(\omega_0(t+1)) - \frac{1}{\pi}si(\omega_0(t-1)).
$$

图 5.1 表示 $w_0 = 8$, $w_0 = 16$, $w_0 = 32$ 的情形.

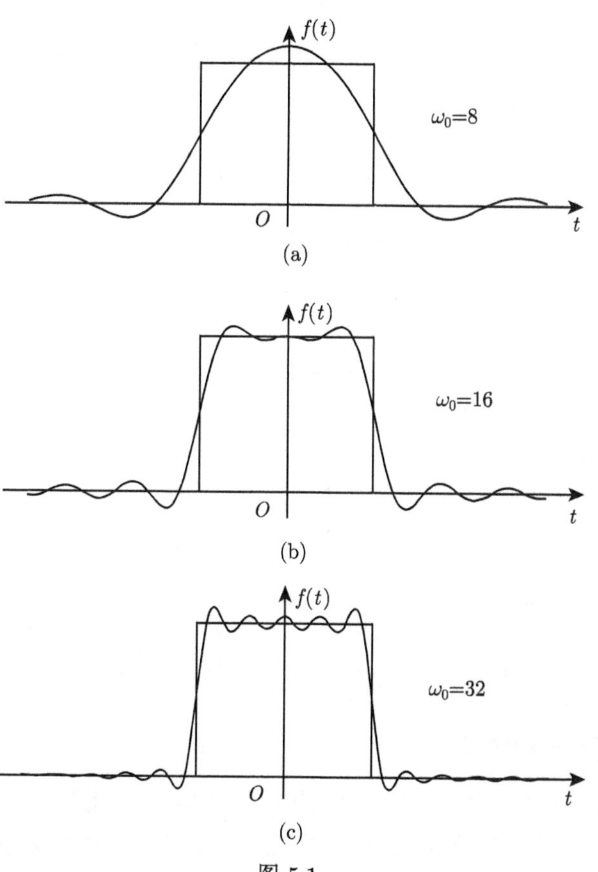

图 5.1

5.3 Fourier 变换和非周期函数的频谱

5.3.1 Fourier 变换

根据前面的讨论, 当 $f(t)$ 满足 Fourier 积分的条件时, 则 $f(t)$ 在连续点处可展开为 Fourier 积分

$$f(t)=\frac{1}{2\pi}\int_{-\infty}^{\infty}\left[\int_{-\infty}^{\infty}f(\tau)e^{-i\omega\tau}d\tau\right]e^{i\omega\tau}d\omega.$$

令

$$\hat{f}(\omega)=\int_{-\infty}^{\infty}f(t)e^{-i\omega t}dt, \tag{5.12}$$

则

$$f(t)=\frac{1}{2\pi}\int_{-\infty}^{\infty}\hat{f}(\omega)e^{i\omega\tau}d\omega. \tag{5.13}$$

从 (5.12) 式、(5.13) 式可以看出, $f(t)$ 与 $\hat{f}(\omega)$ 通过积分运算可以相互表达. 我们称 (5.12) 式为 $f(t)$ 的 Fourier 变换, 记为

$$\hat{f}(\omega)=F\left[f(t)\right].$$

称 (5.13) 式为 $\hat{f}(\omega)$ 的 Fourier 反变换, 记为

$$f(t)=F^{-1}\left[\hat{f}(\omega)\right].$$

称 $\hat{f}(\omega)$ 为 $f(t)$ 的像函数, 称 $f(t)$ 为 $\hat{f}(\omega)$ 的原函数. 像函数 $\hat{f}(\omega)$ 与原函数 $f(t)$ 构成了一个 Fourier 变换对.

在例 5.1 中,

$$f(t)=\begin{cases}1, & |t|\leqslant 1,\\ 0, & |t|>1,\end{cases}$$

则 $f(t)$ 的 Fourier 变换

$$\hat{f}(\omega)=\int_{-\infty}^{\infty}f(t)e^{-i\omega t}dt=2\int_{0}^{\infty}f(t)e^{-i\omega t}dt=2\int_{0}^{1}\cos\omega t dt=\frac{2}{\omega}\sin\omega.$$

5.3.2 非周期函数的频谱

Fourier 变换与频谱概念有着密切的关系. 随着无线电技术、声学、振动学的发展, 频谱理论也相应得到了发展, 其应用越来越广泛. 所谓频谱图, 通常是指频率和振幅的关系图, 它描述了振幅频域变化的分布情况.

对于非周期函数 $f(t)$, 它的 Fourier 变换

$$\hat{f}(\omega)=\int_{-\infty}^{\infty} f(t)e^{-i\omega t}dt$$

在频谱分析中又称为 $f(t)$ 的频谱函数. 频谱函数的模 $\left|\hat{f}(\omega)\right|$ 称为 $f(t)$ 的振幅频谱. 由于 ω 是连续变化的, 故 $\left|\hat{f}(\omega)\right|$ 称为连续频谱. 对于一个时间函数作 Fourier 变换, 就是求这个函数的频谱, 作出频谱图, 就可以进行频谱分析. 但这时已没有时间因素, 因此, Fourier 变换只有作频域分析, 不能同时作时域分析.

例 5.2 作图 5.2 所示的单个矩阵脉冲的频谱图.

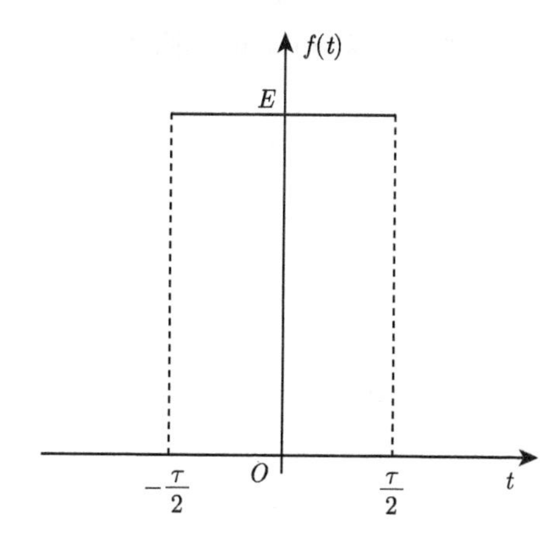

图 5.2 单个矩形脉冲示意图

解 根据前面的讨论, 单个矩阵脉冲的频谱函数为

$$\hat{f}(\omega)=\int_{-\infty}^{\infty} f(t)e^{-i\omega t}dt=\int_{-\tau/2}^{\tau/2} Ee^{-i\omega t}dt=\frac{2E}{\omega}\sin\frac{\omega}{2}.$$

然后, 根据振幅频谱

$$\left|\hat{f}(\omega)\right|=2E\left|\frac{\sin\frac{\omega}{2}}{\omega}\right|$$

作出频谱图如图 5.3 所示 (这里只是 $\omega\geqslant 0$ 的一半图形).

例 5.3 作指数衰减函数

$$f(t)=\begin{cases}0, & t<0,\\ e^{-\beta t}, & t\geqslant 0,\beta>0\end{cases}$$

的频谱图.

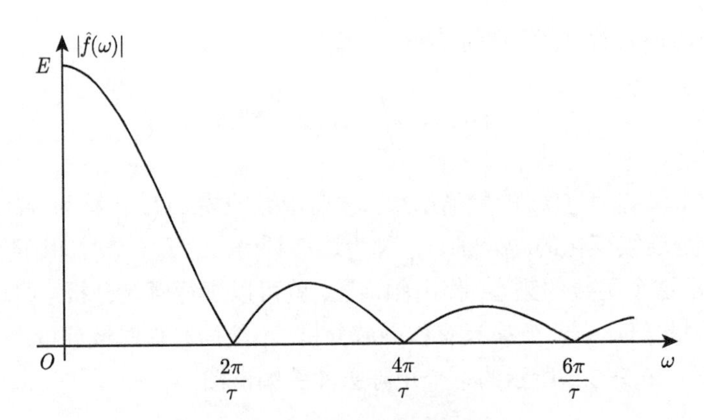

图 5.3　单个矩形脉冲频谱图

解　$$\hat{f}(\omega) = \int_{-\infty}^{\infty} f(t)e^{-i\omega t}dt = \int_{0}^{\infty} e^{-\beta t}e^{-i\omega t}dt$$

$$= \int_{0}^{\infty} e^{-(\beta+i\omega)t}dt = \frac{1}{\beta + i\omega},$$

$$\left|\hat{f}(\omega)\right| = \left|\frac{1}{\beta + i\omega}\right| = \frac{1}{\sqrt{\beta^2 + \omega^2}}.$$

指数衰减函数与频谱图如图 5.4 所示.

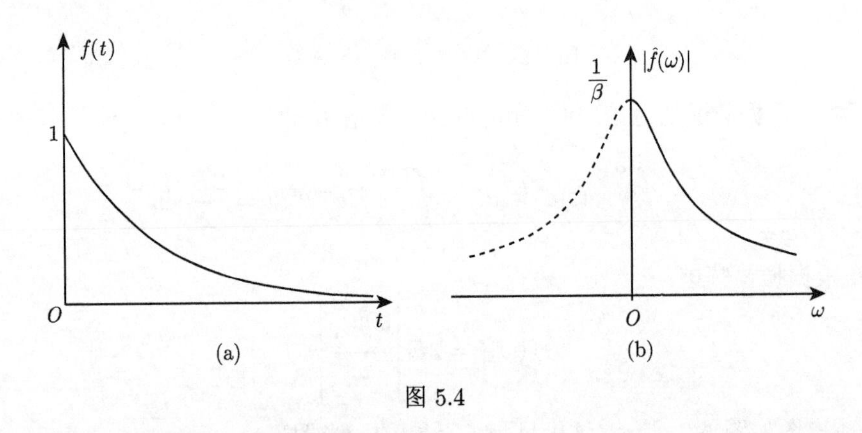

图 5.4

例 5.4　作偶双边指数信号函数

$$f(t) = e^{-\alpha|t|}, \quad \alpha > 0$$

的频谱图.

解 $\hat{f}(\omega)=\int_{-\infty}^{\infty} f(t)e^{-i\omega t}dt=\int_{-\infty}^{0} e^{\alpha t}e^{-i\omega t}dt+\int_{0}^{\infty} e^{-\alpha t}e^{-i\omega t}dt$

$$=\int_{-\infty}^{0} e^{(\alpha-i\omega)t}dt+\int_{0}^{\infty} e^{-(\alpha+i\omega)t}dt=\frac{1}{\alpha-i\omega}+\frac{1}{\alpha+i\omega},$$

$$\left|\hat{f}(\omega)\right|=\left|\frac{1}{\alpha-i\omega}+\frac{1}{\alpha+i\omega}\right|=\frac{2\alpha}{\alpha^2+\omega^2}.$$

偶双边指数函数与频谱图如图 5.5 所示.

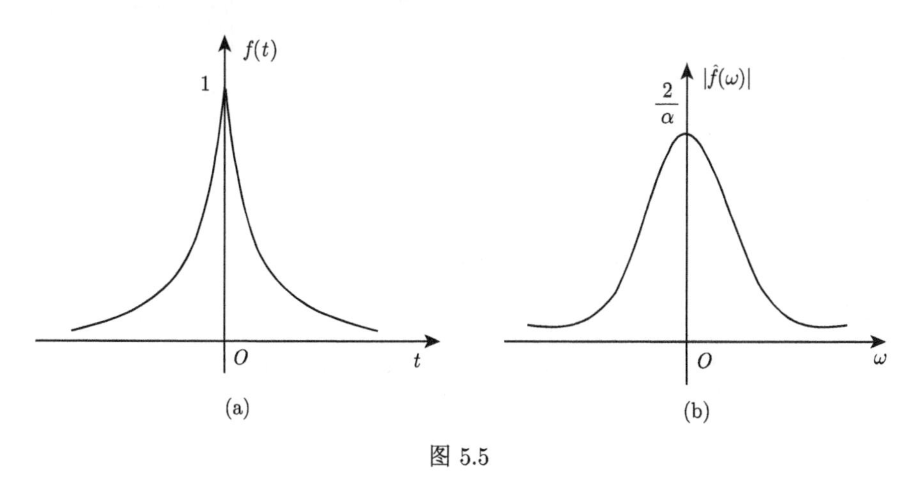

图 5.5

例 5.5 作奇双边指数信号函数

$$f(t)=\begin{cases} e^{-at}, & t>0, \\ -e^{at}, & t<0, \end{cases} \quad a>0$$

的频谱图.

解 $\hat{f}(\omega)=\int_{-\infty}^{\infty} f(t)e^{-i\omega t}dt=\int_{-\infty}^{0} -e^{\alpha t}e^{-i\omega t}dt+\int_{0}^{\infty} e^{-\alpha t}e^{-i\omega t}dt$

$$=-\int_{-\infty}^{0} e^{(\alpha-i\omega)t}dt+\int_{0}^{\infty} e^{-(\alpha+i\omega)t}dt$$

$$=\frac{-1}{\alpha-i\omega}+\frac{1}{\alpha+i\omega}=\frac{-2i\omega}{\alpha^2+\omega^2},$$

$$\left|\hat{f}(\omega)\right|=\left|\frac{-2i\omega}{\alpha^2+\omega^2}\right|=\frac{2\left|\omega\right|}{\alpha^2+\omega^2}.$$

奇双边指数函数与频谱图如图 5.6 所示.

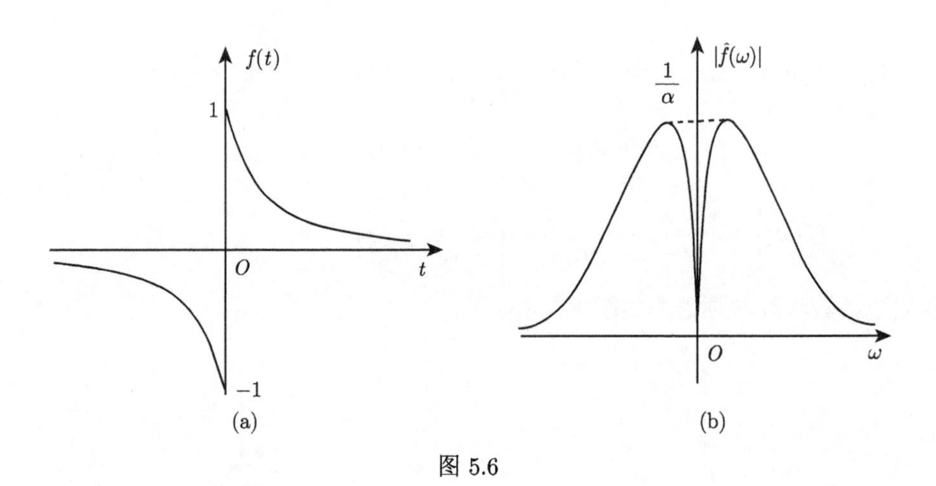

图 5.6

例 5.6　作冲激信号函数

$$f(t) = \delta(t)$$

的频谱图.

解　$\hat{f}(\omega) = \int_{-\infty}^{\infty} f(t)e^{-i\omega t}dt = \int_{-\infty}^{\infty} \delta(t)\, e^{-i\omega t}dt = 1,$

$$\left|\hat{f}(\omega)\right| = 1.$$

在时域中变化异常剧烈的冲激信号函数的频谱等于常数 1, 即在整个频率范围内频谱是均匀分布的, 因此称此频谱为 “均匀谱” 或 “白色谱”, 冲激信号函数与频谱图如图 5.7 所示.

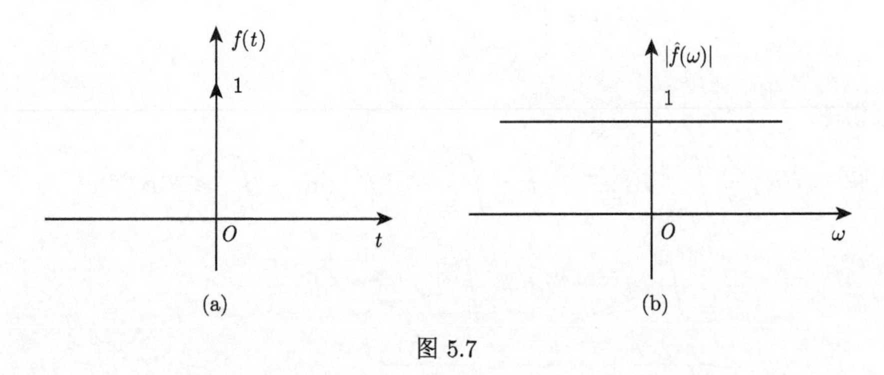

图 5.7

例 5.7　作常数信号函数

$$f(t) = E$$

的频谱图.

解 $\hat{f}(\omega)=\int_{-\infty}^{\infty}f(t)e^{-i\omega t}dt=\int_{-\infty}^{\infty}Ee^{-i\omega t}dt=2\pi E\delta(\omega)$,

$\left|\hat{f}(\omega)\right|=2\pi E\delta(\omega)$.

常数函数与频谱图如图 5.8 所示.

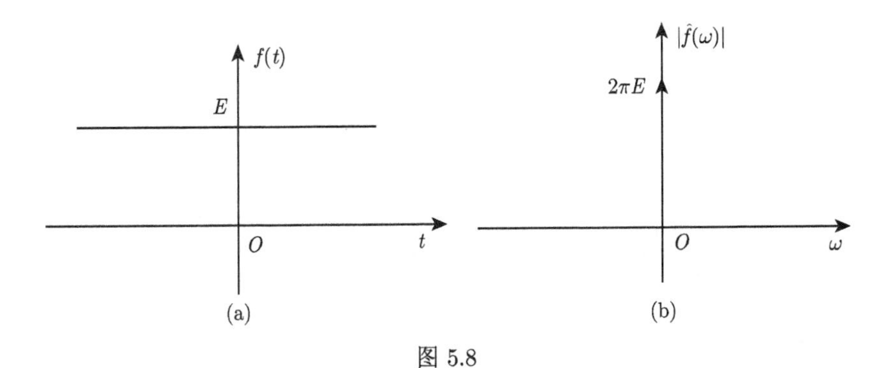

图 5.8

例 5.8 作符号函数

$$f(t)=\mathrm{sgn}(t)=\begin{cases}1, & t>0,\\ 0, & t=0,\\ -1, & t<0\end{cases}$$

的频谱图.

解 利用符号函数与奇双边指数的关系

$$f(t)=\mathrm{sgn}(t)=\lim_{\alpha\to 0}\begin{cases}e^{-\alpha t}, & t>0,\\ -e^{\alpha t}, & t<0,\end{cases}$$

结合例 5.5 结论得

$$\begin{aligned}\hat{f}(\omega)&=\lim_{\alpha\to 0}\int_{-\infty}^{0}-e^{\alpha t}e^{-i\omega t}dt+\int_{0}^{\infty}e^{-\alpha t}e^{-i\omega t}dt\\ &=\lim_{\alpha\to 0}\frac{-2i\omega}{\alpha^2+\omega^2}=\frac{-2i}{\omega},\\ \left|\hat{f}(\omega)\right|&=\left|\frac{-2i}{\omega}\right|=\frac{2}{|\omega|}.\end{aligned}$$

符号函数与频谱图如图 5.9 所示.

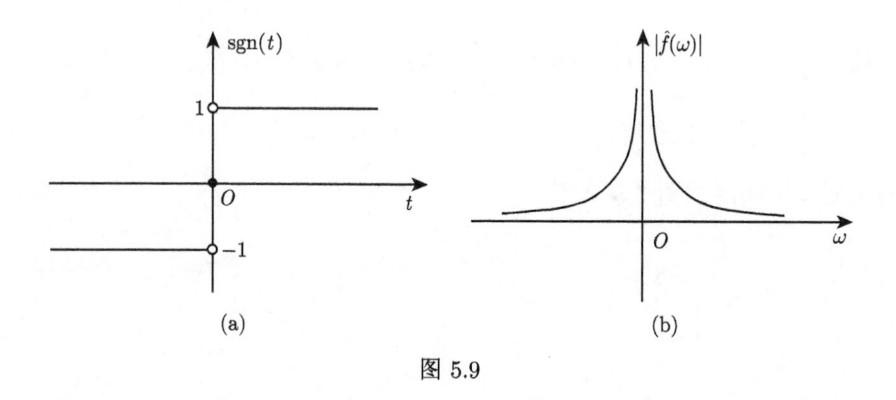

(a) (b)

图 5.9

5.4 离散 Fourier 变换和快速 Fourier 变换

5.4.1 离散 Fourier 变换

Fourier 变换是许多工程技术领域中的重要数学工具, 随着计算机的出现和发展, 许多数学方法相应采取了离散的手段, 把解析问题转化为代数问题, 以便使用计算加以处理. Fourier 变换也有相应的离散 Fourier 变换.

在 Fourier 变换公式

$$\hat{f}(\omega) = \int_{-\infty}^{\infty} f(t)e^{-i\omega t}dt,$$

$$f(t) = \int_{-\infty}^{\infty} \hat{f}(\omega)e^{i\omega t}d\omega$$

中, 取离散 (等距) 数据

$$f_0,\ f_1,\ f_2,\ \cdots,\ f_{N-1},$$

则有如下离散的 Fourier 变换与 Fourier 逆变公式

$$\hat{f}_k = \frac{1}{\sqrt{N}} \sum_{n=0}^{N-1} f_n \cdot e^{-i\omega nk}, \quad k = 0,\ 1,\ \cdots,\ N-1, \tag{5.14}$$

$$f_n = \frac{1}{\sqrt{N}} \sum_{k=0}^{N-1} \hat{f}_k \cdot e^{i\omega kn}, \quad k = 0, 1,\ \cdots,\ N-1, \tag{5.15}$$

其中 $\omega = \dfrac{2\pi}{N}$.

从另一角度来看, 离散 Fourier 变换 (5.14) 式实际上把向量 $f=(f_0,f_1,f_2,\cdots,f_{N-1})$ 变成向量 $\hat{f}=(\hat{f}_0,\hat{f}_1,\hat{f}_2,\cdots,\hat{f}_{N-1})$ 的一种离散线性变换

$$\hat{f}_k=\sum_{n=0}^{N-1}a_{kn}f_n,\quad k=0,\ 1,\cdots,\ N-1 \tag{5.16}$$

从形式上看, 从 N 维向量 f 出发计算 N 维向量 $\hat{f}$ 的每个分量 $\hat{f}_k,k=0,\ 1,\cdots,\ N-1$, 需要 N 个运算单位 (一个计算单位指的是一个复数乘法和一个复数加法), 因此计算 $\hat{f}$ 的全部 N 个分量的工作量为 N^2. 但由于这里的系数矩阵具有特别的形式:

$$a_{kn}=e^{-i\omega kn}=e^{-i\frac{2\pi}{N}kn}, \tag{5.17}$$

其中 $e^{i\frac{2\pi}{N}kn}$ 为 1 的 N 次原根, 因此它的幂次都是模量为 1 的复数, 并且具有周期性. 利用系数的这种特殊性质来减少工作量, 便引出了快速 Fourier 变换.

5.4.2 快速 Fourier 变换

在 (5.17) 式中, 令

$$\omega_N=e^{i\frac{2\pi}{N}},\quad a_{kn}=\omega_N^{-nk},$$

其中 ω_N 为 1 的 N 次原根, ω_N 的幂次都是模为 1 的复数, 它具有周期性

$$\omega_N^{l+N}=\omega_N^l,\quad l=0,\ \pm1,\ \pm2,\ \cdots.$$

因此, 在 N^2 个系数 $\omega_N^{-nk}\,(n,\ k=0,\ 1,\cdots,\ N-1)$ 中含有 N 个不同的数:

$$\omega_N^0,\ \omega_N^1,\cdots,\ \omega_N^{N-1}.$$

于是可以利用这个特性来减少计算量, 从而得到计算离散 Fourier 变换的快速算法, 称为 (5.16) 式的快速 Fourier 变换

$$\hat{f}_k=\sum_{n=0}^{N-1}a_{kn}f_n=\sum_{n=0}^{n-1}\omega_N^{-nk}f_n,\quad k=0,\ 1,\cdots,\ N-1$$

(这里略去了非本质的规范因子 $1/\sqrt{N}$ 的计算量). 在快速 Fourier 变换中, 把变换 $f\to\hat{f}_k$ 分为 $\log_2 N$ 级变换, 在每一级变换中, 每个分量的产生只需要一个复数乘加运算, 故每级变换的计算量为 N, 共有 $\log_2 N$ 级, 因此总计算量为 $N\log_2 N$. 这样, 它比传统算法的计算量 N^2 提高效率 $N^2/(N\log_2 N)=N/\log_2 N$ 倍. N 越大, 效率越高. 如 $N=2^4=16$, 则效率是原来的 $16/\log_2 16=4$ 倍; 若取

$N = 2^{10}$, 则效率是原来的 $1024/\log_2 2^{10} = 102.4$ 倍, 若取 $N = 2^{20}$, 则效率是原来的 $2^{20}/\log_2 2^{20} = 524288$ 倍.

快速 Fourier 变换实质上是一个数学运算上的技巧. 快速算法最早见于 20 世纪初, 但是由于在计算机出现之前, N 取得很小, 效果不显著, 故未受到重视, 实际问题多采取模拟办法. 自 20 世纪 60 年代中期以来, 由于计算机技术的发展, 快速算法获得了新的生命, 快速 Fourier 变换的研究领域大为发展, 出现了很多快速算法, 但它的基本思想仍然类同.

快速 Fourier 变换从根本上解决了时域与频域之间相应转换的计算障碍, 为 Fourier 变换的工程应用创造了更为优越的条件.

例 5.9 设包含 50Hz, 150Hz 和 300Hz 正弦信号的复合信号 $S(t)$ 为

$$S(t) = 0.5 \cdot \sin(2\pi 50t) + \sin(2\pi 150t) + 1.5 \cdot \sin(2\pi 300t),$$

求出该复合信号的快速 Fourier 变换.

解 调用 MATLAB 软件相应的命令函数, 实现复合信号与其快速 Fourier 变换如图 5.10 所示.

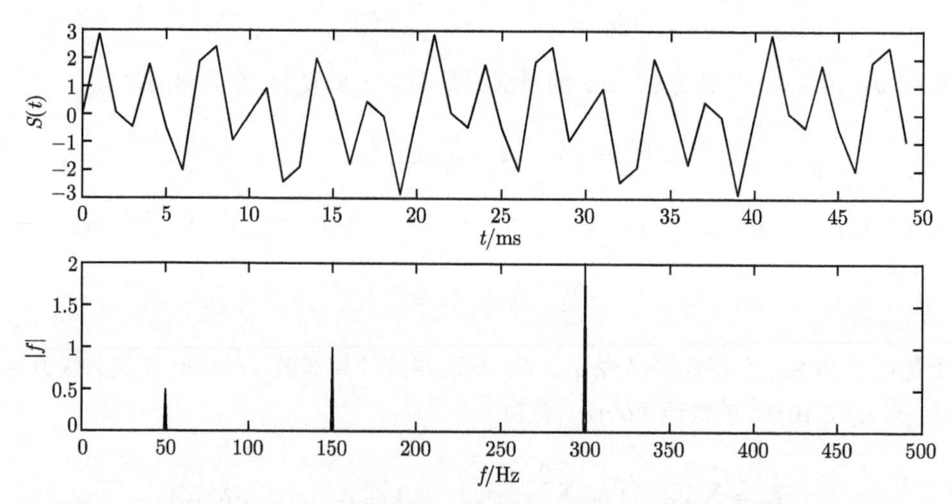

图 5.10 包含 50Hz, 150 Hz 和 300Hz 正弦信号的复合信号与其快速 Fourier 变换

5.5 应用算例

5.5.1 信号频率确定

例 5.10 对例 5.9 中的复合信号添加方差为 4、均值为零的高斯随机噪声

得到含噪声信号

$$x(t) = s(t) + n(t),$$

求出该含噪信号的快速 Fourier 变换.

解 调用 MATLAB 软件相应的命令函数, 实现含噪信号及其快速 Fourier 变换如图 5.11 所示.

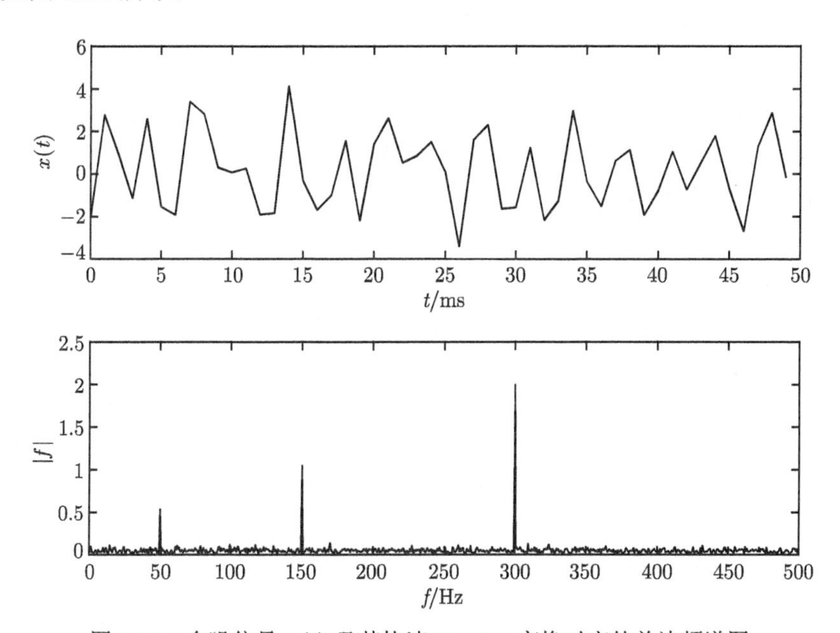

图 5.11 含噪信号 $x(t)$ 及其快速 Fourier 变换对应的单边频谱图

例 5.10 表明高斯随机噪声的快速 Fourier 变换频谱的幅度比较均匀而且较小, 这启示我们可以利用 Fourier 变换对含噪声信号进行去噪.

5.5.2 ECG 信号去噪

从工程的角度看, 噪声是指一切有干扰性的信号, 如由外部原因 (如工业干扰等) 或内部原因 (如元件、器件内部的热骚动等) 引起的妨碍电信接收的电干扰. 信号在传输或存储的时候经常收到噪声的干扰, 噪声通常意义下可理解为对原信号的变化, 一个加性噪声的模型可以写成如下形式:

$$x(t) = s(t) + n(t), \tag{5.18}$$

其中 $x(t)$ 是含噪信号, $s(t)$ 是原纯净信号, $n(t)$ 是噪声信号.

本章采用均方根误差 (root mean square error, RMSE) 量化信号去噪的有效

性, 含噪声信号 $x(t)$ 对原纯净信号 $s(t)$ 的均方根误差可定义如下:

$$\mathrm{RMSE}=\sqrt{\frac{(x_1-s_1)^2+(x_2-s_2)^2+\cdots+(x_N-s_N)^2}{N}}. \tag{5.19}$$

由 (5.18) 式知 $n(t)=x(t)-s(t)$, 则噪声信号的值是含噪声信号与原纯净信号的差, 所以相应的均方根误差可改写如下:

$$\mathrm{RMSE}=\sqrt{\frac{n_1^2+n_2^2+\cdots+n_N^2}{N}}. \tag{5.20}$$

利用 Fourier 变换进行信号去噪的主要步骤是: ① 对带噪信号进行 Fourier 变换; ② 将含噪声信号经 Fourier 变换变换到频域, 在频域用滤波器去除信号中的噪声信号; ③ 利用 Fourier 逆变换将步骤②所得信号还原得到纯净信号的近似信号.

心电图 (electrocardiogram, ECG) 是指心脏在每个心动周期中伴随着生物电的变化, 通过心电描记器从体表引出多种形式的电位变化的图形. 图 5.12 显示了一段 2000 个采样点的 ECG 信号及对其添加加性噪声的带噪 ECG 信号, 如 (5.18) 式所示, 其中噪声的强度是 0.1, 从而计算出带噪 ECG 信号的均方根误差为

$$\mathrm{RMSE}=0.1.$$

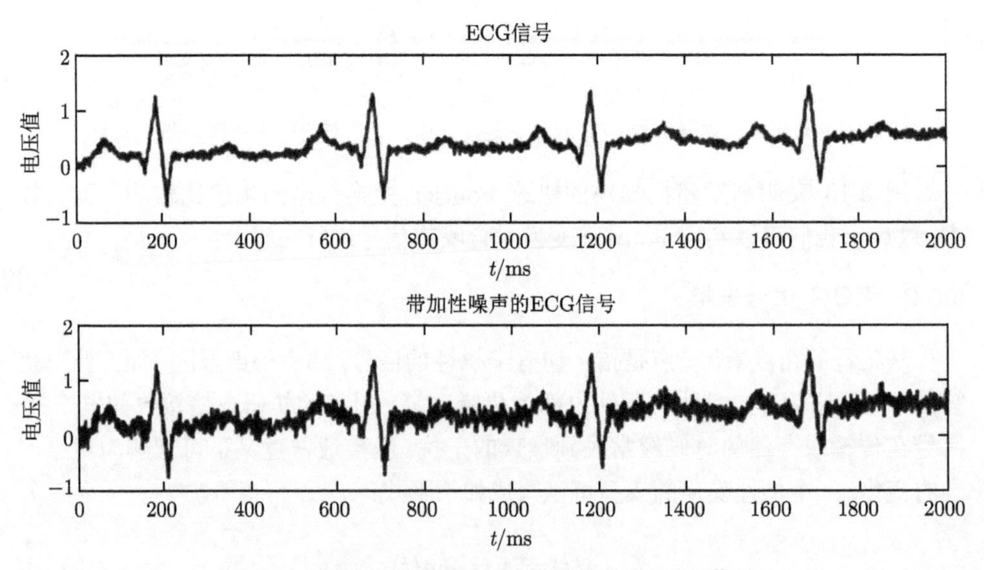

图 5.12 纯净 ECG 信号与带加性噪声的 ECG 信号

经 Fourier 变换将带噪信号变换到频域去除信号中的噪声, 并利用 Fourier 逆变换将信号还原得到纯净信号的近似信号如图 5.13 所示. 还原得到纯净信号的近

似信号的均方根误差为

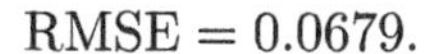

$$\mathrm{RMSE} = 0.0679.$$

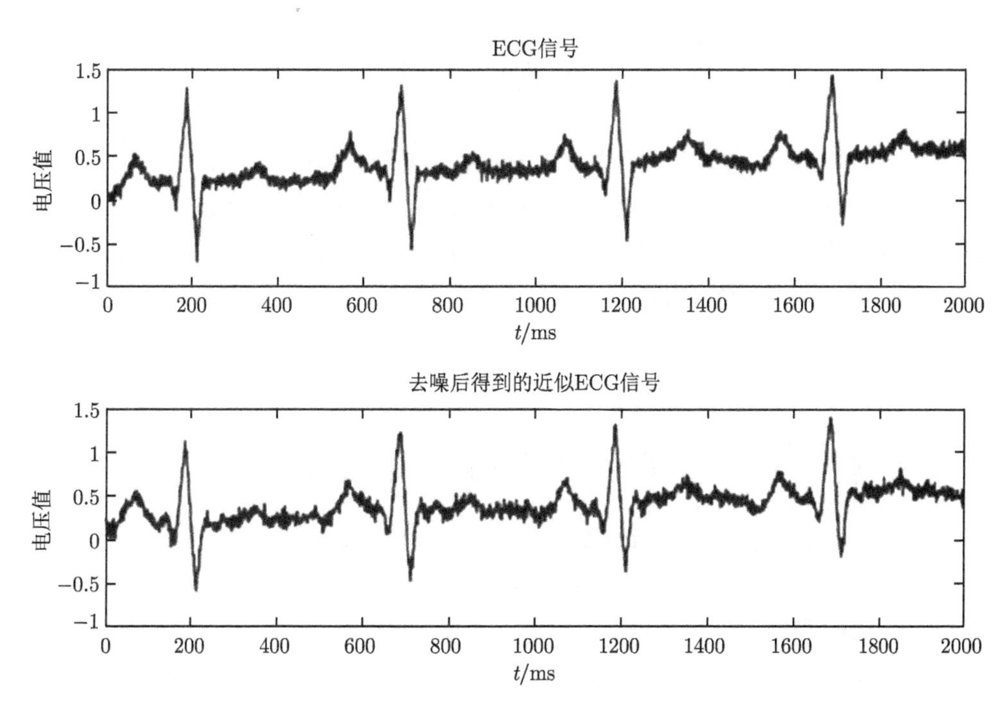

图 5.13 纯净 ECG 信号与利用 Fourier 逆变换还原得到的近似信号

比较图 5.12 和图 5.13 发现, 带噪 ECG 信号经过 Fourier 变换变换到频域进行处理后在一定程度上得到了降噪, 其对应信号的均方误差由 0.1000 降到了 0.0679. 这些表明 Fourier 变换对信号降噪的效果不是很明显, 而且通过图 5.13 也发现近似信号对原纯净信号也有一定的损伤, 但是利用 Fourier 变换对信号进行降噪的基本思想和步骤值得其他算法借鉴.

第 6 章　变分理论及其应用

众所周知, 对各种方程, 如代数方程、超越方程、微分方程以及积分方程等, 只有在极少数的情况下才能求得它们的精确解, 尤其在工程领域, 寻求各种近似的数值解法具有很大的现实意义. 根据泛函分析的观点, 各种方程都可统一归结为算子方程. 这里主要讨论用泛函求极值的变分理论和偏微分方程方法来研究算子方程的近似解.

除特别说明外, 我们这里限定在 Hilbert 空间 H 内来讨论.

6.1　变分问题简介

凡有关求泛函的极值问题都称为变分问题. 泛函求极值的方法称为变分法.

在分析学产生的初期, 在多元函数极值问题产生的同时, 出现了几何、力学上求泛函极值的问题.

例 6.1　要求在所有连接两定点 $A(x_0, y_0)$, $B(x_1, y_1)$ 的平面曲线中长度最小的曲线, 也就是要在所有满足

$$y_0 = y(x_0), \quad y_1 = y(x_1)$$

的可微函数类 $y = y(x)$ 中, 求出使泛函

$$J[y] = \int_{x_0}^{x_1} \sqrt{1 + y'^2} dx \tag{6.1}$$

取最小值的那个函数. 这就是泛函求极值的问题, 也就是变分问题.

对于这个简单的例子, 显然我们知道, 长度最小的曲线就是连接 A, B 两点的直线

$$y - y_0 = k(x - x_0),$$

其中

$$k = \frac{y_1 - y_0}{x_1 - x_0}.$$

将它们代入 (6.1) 式, 可使泛函 (6.1) 达到最小值.

例 6.2 最速降线问题

在同一垂直面上, 设有位置不同的两点 $M_1(x_1, y_1), M_2(x_2, y_2)$, 要在这两点所有相连的光滑曲线中, 求一条曲线, 使小球沿此曲线轨道 (图 6.1) 从 M_1 滑到 M_2 所用时间最少, 这就是有名的最速降线问题.

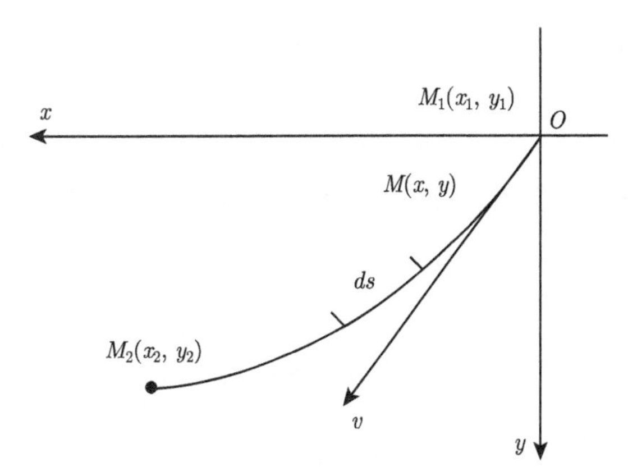

图 6.1 最速降线问题示意图

设过 M_1, M_2 的光滑曲线

$$y = y(x) \quad (0 \leqslant x \leqslant x_2)$$

条件为

$$\begin{cases} y(0) = 0, \\ y(x_2) = y_2. \end{cases}$$

设曲线上任意质点 $M(x, y)$ 的滑动速度为 v, 则与下降坐标 y 的关系式为

$$\frac{1}{2}v^2 = gy \quad (g \text{ 为重力加速度}),$$

$$v = \sqrt{2gy}.$$

显然, y 为 t 的函数, 质点 M 下降一段弧长 ds 所需的时间关系为

$$dt = \frac{ds}{v} = \frac{1}{v}\sqrt{1 + y'^2}dx = \frac{\sqrt{1 + y'^2}}{\sqrt{2gy}}dx,$$

$$t = \int_0^{x_2} \frac{\sqrt{1 + y'^2}}{\sqrt{2gy}}dx = \frac{1}{\sqrt{2g}}\int_0^{x_2} \frac{\sqrt{1 + y^2}}{\sqrt{y}}dx.$$

由质点 M 的任意性, 要使 $t=\min$, 即在条件 $\begin{cases} y(0)=0, \\ y(x_2)=y_2 \end{cases}$ 下要找出曲线 $y(x)$ 使积分泛函

$$\int_0^{x_2} \frac{\sqrt{1+y'^2}}{\sqrt{y}} dx = \min,$$

这就是一个带条件的泛函取极值的问题, 即条件变分问题.

例 6.3 短程线问题

已知光滑曲面 $F(x,y,z)=0$, 曲面上两定点 $A(x_1,y_1,z_1)$, $B(x_2,y_2,z_2)$, 求在曲面上连接此两定点的所有曲线中长度最短的曲线. 三维空间如图 6.2 所示.

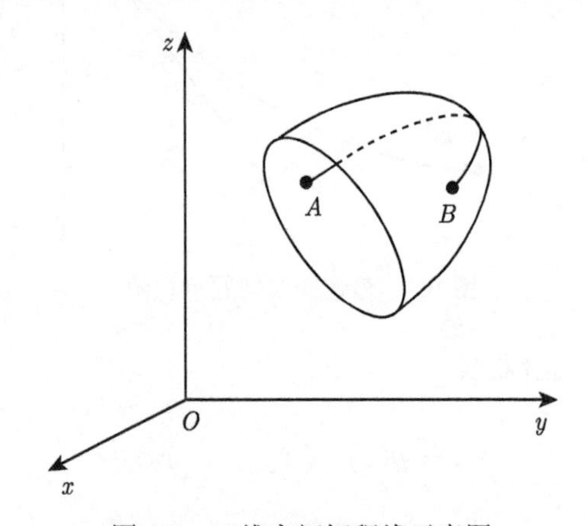

图 6.2 三维空间短程线示意图

曲面上连接的光滑曲线可用方程

$$\begin{cases} y=y(x), \\ z=z(x) \end{cases} \quad (x_1 \leqslant x \leqslant x_2)$$

表示, 且满足条件 $F(x,y(x),z(x))=0$, 使 AB 长度 $=\displaystyle\int_{x_1}^{x_2} \sqrt{1+y'^2+z'^2}dx=$ min, 这也是一个条件变分问题.

以上这些都是比较简单的变分问题. 一般的变分问题就更为广泛和复杂. 变分法就是专门研究如何确定泛函极值的普遍方法.

6.2 变分原理

在微积分学中, 将函数增量的线性主部定义为微分. 如 $y=f(x)$ 的微分 $df(x)=f'(x)dx$, 若函数 $f(x)$ 在 x_0 有极值, 其必要条件是 $f'(x_0)=0$.

在泛函分析中也有相应的变分概念，泛函的变分即泛函增量的线性主部，通常记为 $\delta J[y]$. 类似于函数存在极值的必要条件，相应地有下述定理.

定理 6.1 如果具有变分的泛函 $J[y(x)]$ 在 $y=y_0(x)$ 上达到极值，则有

$$\delta J[y_0(x)]=0. \tag{6.2}$$

对某些具体函数类，更有 Euler 定理.

Euler 定理 若曲线 $y=y(x)$ 给泛函

$$J[y(x)]=\int_{x_0}^{x_1}F(x,y,y')dx \tag{6.3}$$

以极值，则代表此曲线的函数 $y=y(x)$ 必满足微分方程

$$F_y-\frac{d}{dx}F'_y=0, \tag{6.4}$$

其展开式为

$$F_y-F_{xy'}-F_{yy'}y'-F_{y'y'}y''=0.$$

通常称 (6.4) 式为泛函 (6.3) 的 Euler 方程. 意即只有在 Euler 方程解函数所代表的积分曲线上，相应的泛函才能达到极值.

对前面所举泛函 (6.1) 式的例子，就可以求解它的 Euler 方程，求得相应的直线函数，作为 (6.1) 式的极值函数，从而求得泛函的极值.

泛函的 Euler 方程都是微分方程 (更多的是偏微分方程)，不同的泛函对应着不同的微分方程；反之，不同的微分方程也对应着不同的泛函. 古典的变分法是通过求解相应的微分方程的解函数作为泛函的极值函数，从而求得泛函的极值. 但是变分问题的微分方程仅在少数情况下才能积分成有限形式. 因此，人们还得寻求另外的途径，直接去求得泛函的极值函数和极值，称为变分问题的直接法. 但由于变分与微分方程之间的对应关系，变分问题的直接法反过来又成为求解微分方程的间接法，即从求解的微分方程中找出对应的泛函，把问题转化为变分问题，通过变分直接法求得极值函数作为微分方程的解函数，这就是所谓变分与解微分方程之间的变分原理.

关于变分原理，有以下定理.

定理 6.2 设有算子方程

$$Tu=f, \tag{6.5}$$

其中 T 为 H 空间的正定算子[①], u 为待求函数, f 为给定的已知函数元素. 若方程 (6.5) 在 $D(T) \subset H$ 上必有解, 且此解必使泛函

$$J[u] = (Tu, u) - 2(f, u) \tag{6.6}$$

取极小; 反之, 在 $D(T)$ 上使泛函 (6.6) 式取极小的函数, 必是算子方程 (6.5) 的解.

如果此极小值在 $D(T)$ 上达到, 则相应的极小函数就是算子方程 (6.5) 的真解; 如果使泛函 (6.6) 式取极小值的极小函数不在 $D(T)$ 上, 而是在扩大了的函数类 (仍在 H 中) 中, 则称它为方程 (6.5) 的广义解, 又称弱解.

基于上述变分原理, 我们可以把微分方程的问题转化为等价的变分问题来求解.

如 Poisson 方程

$$\Omega : -\Delta u = f \tag{6.7}$$

的三类边值问题 (Γ 为 Ω 边界):

(1) $u|r = 0$;

(2) $\left(\dfrac{\partial u}{\partial n} + \sigma u\right)_\Gamma = 0$;

(3) $\left.\dfrac{\partial u}{\partial n}\right|_\Gamma = 0$,

可分别转化为下列泛函的极值问题:

(1) $\displaystyle\int_\Omega [(\nabla u)^2 - 2uf]d\Omega = \min$;

(2) $\displaystyle\int_\Omega [(\nabla u)^2 - 2uf]d\Omega + \int_\Gamma \sigma u^2 ds = \min$;

(3) $\displaystyle\int_\Omega [(\nabla u)^2 - 2uf]d\Omega = \min$.

又如, 对于边界条件及方程系数较为复杂的情形:

$$\begin{cases} \Omega : -\left[\dfrac{\partial}{\partial x}\left(\beta\dfrac{\partial u}{\partial x}\right) + \dfrac{\partial}{\partial y}\left(\beta\dfrac{\partial u}{\partial y}\right)\right] = f, \\ T_1 : \beta\dfrac{\partial u}{\partial n} + \eta u = g, \\ T_2 : u = \bar{u}, \end{cases}$$

其中 $\beta = \beta(x, y) > 0$ 为方程的变系数, $\bar{u}, \eta, g$ 为给定在边界上的分布函数, $\partial u/\partial n$ 为外法向导数, $T_1 + T_2 = T$ 为 Ω 的边界, 其求解问题也归结为变分问题:

---

① 定义在内积空间中的算子 T, 若对空间中的 T 的可取函数集内任一函数 u, 有 $(Tu, u) > 0$, 则称 T 为正定算子.

$$
\begin{cases}
\Omega := J[u] = \displaystyle\iint_{\Omega} \left\{ \frac{1}{2} \left[\beta \left(\frac{\partial u}{\partial x} \right)^2 + \beta \left(\frac{\partial u}{\partial y} \right)^2 \right] - fu \right\} d\Omega \\
\qquad\qquad + \displaystyle\int_{T_1} \left(\frac{1}{2} \eta u^2 - gu \right) ds = \min, \\
T_2 : u = \bar{u}.
\end{cases}
$$

原来方程中 T_1 上的自然边界条件已被自动吸收在变分中, 当变分达到极值时, 它自动满足, 所以在变分问题中无须作为定解条件列出.

其他还有很多边界问题与变分问题之间的对应, 这里不再一一列举.

下面问题是如何直接求变分问题的极值函数, 即所谓变分直接法.

6.3 变分直接法

6.3.1 泛函的极小化序列

1. 定义

元素序列 $u_n(n = 1, 2, \cdots)$ 称为泛函 $J[u]$ 的极小化序列, 是指它满足

$$
J(u_n) \to \min J[u] \quad (n \to \infty).
$$

2. 性质

若 T 为正定算子, 则泛函 (6.6) 的任何极小化序列 u_n 都收敛到泛函 (6.6) 的极值函数, 根据变分原理, 此极值函数即为方程 (6.5) 的解. 所以, 我们可以利用泛函的极小化序列 (也就是变分直接法) 来求解微分方程.

6.3.2 Ritz 法

利用极小化序列求解微分方程最典型的就是 Ritz 法.

利用 Ritz 法求解算子方程的解题过程如下:

(1) 利用变分原理, 将求解方程的问题转化成变分问题.

求 u 使 $Tu = f \Leftrightarrow$ 求 u 使

$$
J[u] = (Tu, u) - 2(f, u) = \min .
$$

(2) 把无穷维空间中的变分问题, 经过极小化序列的构造, 近似地转化为多元函数的极值问题.

在 H 中找到 n 个线性无关的函数 $\{\varphi_1, \varphi_2, \cdots, \varphi_n\}$ 作为基函数, 张成 n 维 Ritz 子空间

$$H_n = \mathrm{span}\{\varphi_1, \varphi_2, \cdots, \varphi_n\}.$$

令

$$u_n = \sum_{i=1}^{n} \alpha_i \varphi_i, \tag{6.8}$$

当 $n = 1, 2, \cdots$ 时, 即构成极小化序列 u_n.

将 u_n 代入泛函 (6.6) 式, 取 n 为有限数, 得

$$\begin{aligned} J[u] \approx J[u_n] &= (Tu_n, u_n) - 2(f, u_n) \\ &= \left(T\sum_{i=1}^{n} \alpha_i\varphi_i, \sum_{i=1}^{n} \alpha_i\varphi_i\right) - 2\left(f, \sum_{i=1}^{n} \alpha_i\varphi_i\right) \\ &= \sum_{i,j=1}^{n} \alpha_i\alpha_j(T\varphi_i, \varphi_j) - 2\sum_{i=1}^{n} \alpha_i(f, \varphi_i) \\ &= I(\alpha_1, \alpha_2, \cdots, \alpha_n). \end{aligned}$$

因为 $\{\varphi_i\}$, $i = 1, 2, \cdots, n$ 是设定的已知函数, 经过一系列的内积运算一般为积分运算, 至此已成为 $\alpha_1, \alpha_2, \cdots, \alpha_n$ 的多元函数.

(3) 根据多元函数极值理论, 求出法方程组

$$\left.\begin{array}{l} \dfrac{\partial I}{\partial \alpha_1} = 0, \\ \dfrac{\partial I}{\partial \alpha_2} = 0, \\ \cdots\cdots \\ \dfrac{\partial I}{\partial \alpha_n} = 0, \end{array}\right\}$$

即

$$\begin{pmatrix} (T\varphi_1, \varphi_1) & (T\varphi_1, \varphi_2) & \cdots & (T\varphi_1, \varphi_n) \\ (T\varphi_2, \varphi_1) & (T\varphi_2, \varphi_2) & \cdots & (T\varphi_2, \varphi_n) \\ \vdots & \vdots & & \vdots \\ (T\varphi_n, \varphi_1) & (T\varphi_n, \varphi_2) & \cdots & (T\varphi_n, \varphi_n) \end{pmatrix} \begin{pmatrix} \alpha_1 \\ \alpha_2 \\ \vdots \\ \alpha_n \end{pmatrix} = \begin{pmatrix} (f, \varphi_1) \\ (f, \varphi_2) \\ \vdots \\ (f, \varphi_n) \end{pmatrix}. \tag{6.9}$$

(4) 求解方程组 (6.9), 求出的 $\alpha_1, \alpha_2, \cdots, \alpha_n$ 代入 (6.8) 式, 得到的 $\sum\limits_{i=1}^{n} \alpha_1\varphi_i$ 即为泛函 (6.6) 式的近似极值函数, 也是方程 (6.5) 的近似解. n 的取值根据求解精度的要求.

例 6.4 利用 Ritz 法求解 Poisson 方程.

$$\begin{cases} \Omega: \dfrac{\partial^2 u}{\partial x^2}+\dfrac{\partial^2 u}{\partial y^2}=-2, \\ T: u=0, \end{cases}$$

其中 $\Omega:\{|x|<a,|y|<a\}$, $T:\Omega$ 的边界.

解 取 $n=2, u_2=\alpha_1\varphi_1+\alpha_2\varphi_2$, 并取线性无关的基函数

$$\begin{aligned} \varphi_1(x)&=(a^2-x^2)(a^2-y^2), \\ \varphi_2(x)&=(a^2-x^2)(a^2-y^2)(x^2+y^2), \end{aligned}$$

将它们直接代入方程组 (6.9) 求解 α_1, α_2. 先求出

$$(T\varphi_1,\varphi_1)=\iint\limits_{\Omega}\varphi_1\Delta\varphi_1 d\Omega=\frac{16\times 16}{5\times 3\times 3}a^8,$$

$$(T\varphi_1,\varphi_2)=\iint\limits_{\Omega}\varphi_2\Delta\varphi_1 d\Omega=\frac{12\times 16\times 16}{35\times 5\times 3\times 3}a^{10},$$

$$(T\varphi_2,\varphi_1)=\iint\limits_{\Omega}\varphi_1\Delta\varphi_2 d\Omega=\frac{8\times 128}{35\times 5\times 3}a^{10},$$

$$(T\varphi_2,\varphi_2)=\iint\limits_{\Omega}\varphi_2\Delta\varphi_2 d\Omega=\frac{22\times 32\times 8\times 2}{7\times 5\times 5\times 27}a^{12},$$

$$(f,\varphi_1)=\iint\limits_{\Omega}-2\varphi_1 d\Omega=-\frac{32}{9}a^6,$$

$$(f,\varphi_2)=\iint\limits_{\Omega}-2\varphi_2 d\Omega=-\frac{16\times 4}{5\times 9}a^8,$$

代入 (6.9) 式后, 可解得

$$\alpha_1=\frac{1}{a^2}\frac{5\times 7\times 37}{8\times 277}, \quad \alpha_2=\frac{1}{a^4}\frac{15\times 35}{16\times 277}$$

最后得方程的近似解

$$\begin{aligned} u\approx u_2&=\alpha_1\varphi_1+\alpha_2\varphi_2 \\ &=\frac{1}{a^2}\frac{35}{16\times 277}(a^2-x^2)(a^2-y^2)\times\left[74+\frac{15}{a^2}(x^2+y^2)\right]. \end{aligned}$$

这里, 实际上极小化序列只取到两项. 理论上, 当 $n\to\infty$ 时, $u_n\to u$, 即极小化序列 u_n 收敛到方程的真解 u, n 决定于计算精度的要求.

6.3.3 Galerkin 法

利用 Ritz 法中极小化序列 $\sum\limits_{i=1}^{n} \alpha_i \varphi_i$ 的形式介绍一种较为直接的 Galerkin 法, 解题步骤为:

(1) 设在 H 空间中求解算子方程

$$Tu = f, \tag{6.10}$$

在 H 中找一组线性无关的函数 $\varphi_1, \varphi_2, \cdots, \varphi_n$, 令 $H_n = \operatorname{span}\{\varphi_1, \varphi_2, \cdots, \varphi_n\}$.

(2) 在子空间 H_n 中令

$$u_n = \sum_{k=1}^{n} \alpha_k \varphi_k, \tag{6.11}$$

其中 $\alpha_1, \alpha_2, \cdots, \alpha_n$ 为待定系数.

将 (6.10) 式代入 (6.11) 式, 则 u_n 不能完全精确满足方程, 因此有误差, 称为余量 R, $Tu_n - f = R \neq 0$.

(3) Galerkin 法的思想是使余量 R 在子空间 H_n 上的投影为零来确定系数 $\alpha_1, \alpha_2, \cdots, \alpha_n$, 则 $(R, \varphi_i) = 0\ (i = 1, 2, \cdots, n)$, 即

$$(Tu_n - f, \varphi_i) = 0, \tag{6.12}$$

$$\left(T \sum_{k=1}^{n} \alpha_k g_k - f, \varphi_i\right) = 0 \quad (i = 1, 2, \cdots, n). \tag{6.13}$$

把 (6.13) 式展开即为形如 (6.9) 式的方程组.

对 (6.9) 式经过一系列的运算, 内积为积分运算, T 为微分运算. 最后 (6.9) 式就成为含未知量 $\alpha_1, \alpha_2, \cdots, \alpha_n$ 的线性方程组. 解此方程组可求得组合系数 $\alpha_1, \alpha_2, \cdots, \alpha_n$, 即可求得方程 (6.10) 的近似解 $u_n = \sum\limits_{i=1}^{n} \alpha_i \varphi_i$, 它就是微分方程真解 u 在 H_n 上的投影: $u_n \approx u$.

例 6.5　用 Galerkin 法求解

$$\begin{cases} -\dfrac{\partial^2 u}{\partial x^2} = 1 + 2x, \\ u(0) = u(1) = 0, \end{cases} \qquad x \in [0, 1]. \tag{6.14}$$

解　选 $n = 2$ (称二次近似), $u_2 = \alpha_1 \varphi_1 + \alpha_2 \varphi_2$, 并选 $\begin{cases} \varphi_1(x) = x(1-x), \\ \varphi_2(x) = x(1-x^2), \end{cases}$

显然满足边界条件, 这里 $f(x)=1+2x$, $T:\dfrac{\partial^2}{\partial x^2}$ 代入 (6.13) 式即为

$$\begin{bmatrix} (T\varphi_1,\varphi_1) & (T\varphi_2,\varphi_1) \\ (T\varphi_1,\varphi_2) & (T\varphi_2,\varphi_2) \end{bmatrix}\begin{bmatrix} \alpha_1 \\ \alpha_2 \end{bmatrix}=\begin{bmatrix} (f,\varphi_1) \\ (f,\varphi_2) \end{bmatrix}. \tag{6.15}$$

这里 $f(x)=1+2x$, $T:\dfrac{\partial^2}{\partial x^2}$, 取内积为 $[0,1]$ 上的定积分, 再将 φ_1, φ_2 代入 (6.15) 式, 经过一系列的积分运算和微分运算, 于是 (6.15) 就成为方程组

$$\begin{bmatrix} \dfrac{1}{3} & \dfrac{1}{2} \\ \dfrac{1}{2} & \dfrac{4}{5} \end{bmatrix}\begin{bmatrix} \alpha_1 \\ \alpha_2 \end{bmatrix}=\begin{bmatrix} \dfrac{1}{3} \\ \dfrac{31}{60} \end{bmatrix}. \tag{6.16}$$

求解方程组 (6.16), 可得 $\alpha_1=\dfrac{1}{2}$, $\alpha_2=\dfrac{1}{3}$.

于是求得方程组 (6.14) 的二次近似解:

$$u_2=\frac{1}{2}x(1-x)+\frac{1}{3}x(1-x^2)=\frac{5}{6}x-\frac{x^2}{2}-\frac{x^3}{3},$$

这个例子, 因方程的真解 u 所在的空间或子空间 $H_2=\operatorname{span}\{\varphi_1,\varphi_2\}$ 相同, 所以求得的二次近似解 u_2 与 u 一致 (在同一空间中, 真解与投影一致), 可以看出 Galerkin 法也有一个选取基函数的过程.

6.3.4 基函数的选取

从上面可以看出, 无论是 Ritz 法还是 Galerkin 法, 最关键的一步是选取一组基函数 $\varphi_1,\varphi_2,\cdots,\varphi_n$, 它们既要满足线性无关, 还要全域上解析满足可微条件, 且要满足边界条件.

下面就一些典型的情况做些介绍.

有定理保证, 在 $[0,1]$ 上给定的连续导数的任意函数 $f(x)$ 必定存在最佳逼近的多项式或三角多项式. 在没有边界条件下, 基函数可取为

$$\varphi_k(x)=x^k \quad (k=1,2,\cdots)$$

或

$$1,\ \cos\pi x,\ \sin\pi x,\ \cos 2\pi x,\ \sin 2\pi x,\cdots,\ \cos n\pi x,\ \sin n\pi x,\cdots.$$

如果待求函数需满足一定边界条件, 就要在上述基函数中作一些改造.

例如, 边界条件 $f(0)=f(1)=0$, 则上述基函数就可取为

$$x(1-x), x^2(1-x), x^3(1-x), \cdots, x^n(1-x), \cdots$$

或

$$\sin\pi x,\ \ \sin 2\pi x,\ \ \cdots,\ \ \sin n\pi x, \cdots.$$

又如, 若边界条件为 $f'(0)=f'(1)=0$, 则上述基函数又可改变为

$$1,\ \ 2x^3-3x^2,\ \ (1-x)^2x^2, \cdots,\ \ (1-x)^2x^n, \cdots,$$

等等.

对于偏微分方程对应的泛函为重积分的, 在大多情况下可取基函数为多项式.

例 6.6　$\Gamma[u(x,y)]=\iint\limits_B\left[\left(\dfrac{\partial u}{\partial x}\right)^2+\left(\dfrac{\partial u}{\partial y}\right)^2+2uf\right]dxdy$, 边界条件为

$$u(x,y)=\begin{cases} u(x,y)\in C_B^{(1)}, \\ u(x,y)|_\Gamma, \end{cases}$$

其中 Γ 为区域 B 的边界.

当 B 的边界 Γ 为矩形域时 (a,b 为边界), 如图 6.3 所示, 基函数可取为

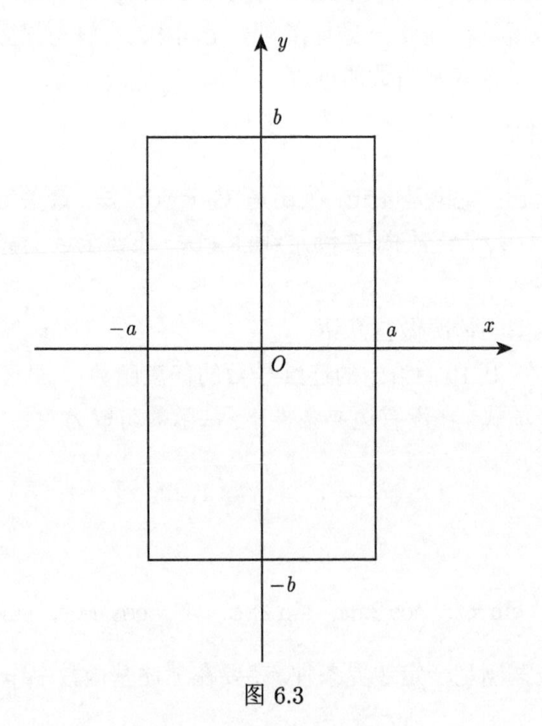

图 6.3

$$(x^2-a^2)(y^2-b^2), (x^2-a^2)(y^2-b^2)x, (x^2-a^2)(y^2-b^2)y,$$

$$(x^2-a^2)(y^2-b^2)x^2, (x^2-a^2)(y^2-b^2)y^2,$$

$$(x^2-a^2)(y^2-b^2)x^3, (x^2-a^2)(y^2-b^2)y^3, \cdots.$$

当 Γ 为图形 $x^2+y^2=a^2$ 时, 令上式 $(x^2-a^2)(y^2-b^2)=W$, 则基函数可取为 $W, Wx, Wy, Wx^2, Wxy, Wy^2, Wx^3, Wx^2y, Wxy^2, Wy^3, \cdots$.

更复杂的边界情况基函数也就要选得更复杂, 这里不再一一列举.

6.4 变分法的革新和前景

综前面所述, Ritz 法 (古典变分法的代表) 因有变分原理的保证, 收敛性较好, 在理论分析上很有价值. 但是由于 Ritz 子空间中的基函数很难选择, 它们既要线性无关, 又要满足强加的边界条件, 还要在全域解析, 因此 Ritz 法在实用中很不方便. 20 世纪 50 年代计算机出现以后, 人们的兴趣转向了灵活通用的差分法. 70 年代后, 经典的变分法与新的离散化技术相结合, 给变分理论的应用带来了新的生命.

6.4.1 变分与有限元

变分直接法也确实解决了数学、物理及其他工程中很多问题, 但正如前面所说, 变分直接法最大的困难是寻找满足各种条件的基函数, 为解决这个问题, 早在 1943 年, Courant 就设法将求微分方程的定义域分割成三角形单元的组合, 并利用最小位能原理 (即能量变分极小化原理). 在三角单元上分片引进线性函数转化成一个线性代数方程组, 求得微分方程的近似解, 这就是有限元方程的思想起源. 但因为计算量大, 受到当时计算技术的限制, 他的这个方法没有引起人们的重视. 到 20 世纪 60 年代, 由于计算机的发展和计算方法的提高, 有限元方法很快发展起来, 最先在研究航空结构中得到有效的应用.

有限元法在变分原理的基础上发展起来, 一方面把求解微分方程的问题转化为变分问题; 另一方面在选取基函数的问题上, 通过离散、分片插值简单函数等合成有限元函数来代替变分法中那些难以寻找的基函数.

有限元法可以说是变分理论与新的离散化计算技术巧妙的结合, 解决了古典变分法中求基函数的困难. 又由于基函数的特殊处理, 最后求出的是原微分方程的近似数值解, 在工程中有广泛的应用, 也使变分理论有了新的生命力.

关于有限元的求解过程和应用放到第 7 章专门讨论.

6.4.2　变分 PDE 与图像处理

由于变分模型往往可以导出偏微分方程 (partial differential equation, PDE), 而图像处理中的偏微分方程也往往可以找到对应的变分泛函, 所以变分 PDE 方法是当前图像处理中的一个重要方法. 常用的模型是能量泛函极小化的变分模型. 一般形式为

$$\int_{\Omega}\left[\varphi\left(|\nabla u|\right)+\frac{1}{2}\lambda(u-u_0)^2\right]dxdy,$$

其中第一项为光滑项, 第二项为逼近原图像的忠诚项, λ 为控制输入图像忠诚度的常数.

上述模型中, 引进随梯度模变化的函数 φ,

$$\int_{\Omega}\left[\varphi\left(|\nabla u|\right)+\frac{1}{2}\lambda(u-u_0)^2\right]dxdy,$$

则此能量泛函的 Euler 方程为

$$-\mathrm{div}\left(\frac{\varphi'\left(|\nabla u|\right)}{|\nabla u|}\right)+\lambda(u-u_0)=0.$$

再引进图像的噪声方差为 σ, 则上述问题转化为

$$\begin{cases}\min\displaystyle\int_{\Omega}\varphi\left(|\nabla u|\right)dxdy,\\ \dfrac{1}{\Omega}\displaystyle\int_{\Omega}(u-u_0)^2dxdy=\sigma^2\quad(\Omega\subset R^2).\end{cases}$$

通过上述变分 PDE 的去噪处理, 最终的解更接近于输入的图像, 能较好地保留原图像中的纹理和细节信息.

在能量泛函极小化变分模型的基础上, 根据对图像信息不同的获取方式及不同的分析角度, 又提出了各种改进的变分模型及直接的 PDE 模型等. 这些都是在古典变分的基础上结合现代先进的计算技术所作的创新, 为古典变分理论开拓了新的应用前景.

6.5　TV 变分模型的改进及应用

有界变差空间 (bounded variation, BV 空间) 的基本理论, 是基于变分 PDE 图像处理低层视觉分析的理论基础. BV 空间被认为是非纹理图像较为合理的函数空间, 而全变差 (TV-total variation) 变分模型 (首称 BV 变分模型) 是 BV 空

间理论应用于图像处理的经典模型. 其模型的改进及求解具有重要的理论意义和实用价值.

本节以图像恢复为应用背景, 探讨了 TV 变分模型和各向异性扩散方程的有机结合, 针对 PDE 去噪方法中非线性扩散方程与变分法的关系, 导出了一个基于 TV 变分和各向异性扩散方程的新的图像恢复模型, 并给出了求解算法.

6.5.1　TV 变分模型在图像恢复中的研究现状

在图像恢复的计算中, 通常未知图像 u 与观测数据 f 的关系可描述为

$$f = u + v,$$

其中 f 定义于 $\Omega(R^2$ 上有界子集), v 为附加高斯白噪声.

在图像重构中, 能有效恢复图像的边缘, 比较成功的方法是 TV 正则化模型 (又称 Rudin-Osher-Fatemi 模型)

$$u = \underset{u\in(\Omega)}{\arg\inf}\left\{|u|_{\mathrm{BV}} + \lambda\left\|f-u\right\|_{L^2}^2\right\}, \tag{6.17}$$

其中 $\lambda > 0$ 为尺度参数, BV 空间的范数通常取为

$$|u|_{\mathrm{BV}} = \int_\Omega |\nabla u| dxdy.$$

此范数善于协调图像滤噪与边缘处理. 但是对于图像中的纹理特征以及不能用边缘刻画的大尺度细节特征, ROF 模型往往会造成重要视觉细节的丢失, 因此作为补救, Guy Gilboa 等曾提出带有自适应逼近项的广义 TV 变分法 (简称 G 模型).

$$u = \underset{u\in\mathrm{BV}(\Omega)}{\arg\inf}\left\{\int_\Omega \left(\phi\left(|\nabla u|\right) + \frac{1}{2}\lambda(x,y)P_z(x,y))dxdy\right)\right\}, \tag{6.18}$$

其中, $P_z(x,y)$ 为局部方差, 即 $P_z(x,y) = \dfrac{1}{|\Omega|}\displaystyle\int_\Omega (u_z - \eta[u_z])^2\omega(\tilde{x}-x,\tilde{y}-y)d\tilde{x}d\tilde{y}$, ω 为窗函数, $\eta[\cdot]$ 是期望值, $u_z = u - f - C$, C 是常数.

另一方面, 通过分析 ROF 模型, Meyer 认为图像处理中的纹理 (也称振荡模式 (oscillatory patterns)) 是属于 BV 对偶空间的元素. 于是, 他提出了用基于 TV 极小化框架下的振荡函数建模理论来保持图像处理中的纹理信息. 其修正变分模型为

$$u = \underset{u\in\mathrm{BV}(\Omega)}{\arg\inf}\left\{|u|_{\mathrm{BV}} + \lambda\left\|f-u\right\|_*\right\},$$

其中, $\|\cdot\|_*$ 表示 BV 对偶空间的弱范数.

由于 Meyer 变分模型中涉及两个非光滑项, 因此在实际中很难通过 Euler-Lagrange 方程方法直接求解. 2003 年, Vese-Osher 首次提出用基于 L^p 范数的松弛模型 (简称 VO 模型) 来逼近 Meyer 变分模型. 其具体表示形式为

$$(u, \vec{\varsigma}\,) = \underset{(u,\vec{\varsigma}\,)}{\arg\inf}\left\{ |u|_{\mathrm{BV}} + \lambda \|f - u - \nabla\cdot\vec{\varsigma}\,\|_{L^2}^2 + \mu\left(\int_\Omega |\vec{\varsigma}\,|^p\right)^{\frac{1}{p}} \right\},$$

其中, $v = \nabla\cdot\vec{\varsigma}, p \geqslant 1, \lambda, \mu > 0$. 当 $\lambda, p \to \infty$ 时, VO 模型趋近 Meyer 变分模型. 同时, Osher-Sole-Vese 建议考虑 $p = 2$ 情况下的 VO 模型. 于是, 本章提出一个基于 TV 和 H^{-1} 范数的变分模型 (简称 OSV 模型):

$$u = \underset{u\in\mathrm{BV}(\Omega)}{\arg\inf}\left\{ |u|_{\mathrm{BV}} + \lambda\left\|\nabla(\Delta^{-1}(f-u))\right\|_{L^2}^2 \right\},$$

其中 $\|f-u\|_{H^{-1}(\Omega)}^2 = \|\nabla(\Delta^{-1}(f-u))\|_{L^2}^2$, 其相应的方程为

$$\frac{1}{2\lambda}\Delta\left(\nabla\cdot\frac{\nabla u}{|\nabla u|}\right) = f - u.$$

6.5.2　基于 TV 和各向异性扩散方程的图像恢复模型

TV 变分法和各向异性扩散方程是基于 PDE 图像恢复的两类具体的数学方法. 它们相互影响、相互作用, 彼此之间存在着紧密的联系. 针对这些联系, 本节在 ROF 模型 (6.17) 和 G 模型 (6.18) 的基础上, 将 TV 变分模型和 “纯粹的” 各向异性扩散方程有机结合, 提出了一种新的图像恢复模型.

6.5.3　“纯粹的” 各向异性扩散方程

Alvarez 和 Morel 发展了 Perona-Malik 扩散的思想, 提出了 “纯粹的” 各向异性扩散方程

$$\begin{aligned} &u_t = |\nabla u|\,\mathrm{div}\left(\frac{\nabla u}{|\nabla u|}\right), \quad (x,y)\in\Omega, \quad t>0, \\ &u(x,y,0) = f(x,y), \qquad (x,y)\in\Omega, \end{aligned} \tag{6.19}$$

其中, $f(x,y)$ 为初始的灰度图像, $u(x,y,t)$ 为尺度 t 下 $f(x,y)$ 的平滑版本.

这时, (6.19) 式右端的扩散项可以转化为图像灰度曲面梯度正交方向 ξ 上的扩散项, 即

$$\begin{aligned} \nabla u\mathrm{div}\left(\frac{\nabla u}{|\nabla u|}\right) &= |\nabla u|\left(\frac{\nabla u}{|\nabla u|} - \frac{1}{|\nabla u|^2}\frac{\nabla^2 u(\nabla u, \nabla u)}{|\nabla u|}\right) \\ &= \Delta u - \frac{\nabla^2 u(\nabla u, \nabla u)}{|\nabla u|^2} = u_{\xi\xi}, \end{aligned} \tag{6.20}$$

其中, $u_{\xi\xi}=\dfrac{u_{xx}u_y^2-2u_{xy}u_xu_y+u_{yy}u_x^2}{u_x^2+u_y^2},\xi=\dfrac{(-u_y,u_x)}{\sqrt{u_x^2+u_y^2}}$.

在数值计算中, 为避免图像平坦区域梯度为零的情况, 一般都采取参数提升梯度, 即 $|\nabla u|=\sqrt{|\nabla u|^2+\varepsilon}(\varepsilon>0)$.

6.5.4 新模型的提出

在 G 模型 (6.18) 中的光滑项 $\phi(|\nabla I|)$ 为前后的 TV 范数, 即

$$\int_\Omega \phi(|\nabla u|)dxdy=\int_\Omega |\nabla u|\,dxdy.$$

于是 G 模型对应的 PDE 为

$$u_t=\bar{\lambda}(x,y)(u-f-C)-\operatorname{div}\left(\frac{\nabla u}{|\nabla u|_\varepsilon}\right), \tag{6.21}$$

其中, $\bar{\lambda}(x,y)=\displaystyle\int_\Omega \lambda(\tilde{x},\tilde{y})\omega_{x,y}(\tilde{x},\tilde{y})d\tilde{x}d\tilde{y}$.

在离散 (6.21) 式时, 如果 $|\nabla u|=0$, 那么由扩散项 $\operatorname{div}\left(\dfrac{\nabla u}{|\nabla u|_\varepsilon}\right)$ 所提供的扩散可能会很大. 即当 $|\nabla u|=0$ 时,

$$\frac{1}{|\nabla u|_\varepsilon}=\frac{1}{(u_x^2+u_y^2+\varepsilon^2)^{1/2}}\approx\frac{1}{\varepsilon}\Rightarrow \operatorname{div}\left(\frac{\nabla u}{|\nabla u|_\varepsilon}\right)\approx\frac{1}{\varepsilon}\Delta u. \tag{6.22}$$

这时, (6.22) 式就等价于各向同性的热扩散. 它意味着 (6.21) 式会在图像相对平坦的区域内形成一种强扩散, 从而使得图像在这些区域中局部地变成常数. 另外, 不难发现 (6.21) 式仍把图像看成 BV 空间中分片连续的函数, 因此在扩散的过程中依然会造成图像纹理特征的丢失. 然而, 对于 "纯粹的" 各向异性扩散方程 (6.19) 来讲情形就不大一样: 首先, 扩散项 (6.20) 在 $|\nabla u|=0$ 时不会形成如 (6.22) 那样的强扩散; 其次, 该方程最大的优势就是使 u 的扩散仅发生在图像灰度梯度 $|\nabla u|$ 的正交方向上, 能够在保持图像轮廓精确位置和清晰度的同时沿轮廓进行平滑和滤噪. 这样就使得图像在边缘两侧及区域内部得到充分的平滑, 从而使得图像的细节特征得到较好的保持.

因此, 我们把 "纯粹的" 各向异性扩散方程的扩散项 (6.20) 引入 G 模型, 从而使得新模型避免了这种强扩散, 同时发挥了 "纯粹的" 各向异性扩散方程的优势. 数值实验结果表明, 这种结合可以提高 G 模型的去噪性能, 改善恢复图像的视觉质量.

用 (6.20) 式中的扩散项 $|\nabla u|\operatorname{div}\left(\frac{\nabla u}{|\nabla u|_\varepsilon}\right)$ 代替 (6.21) 式中的 $\operatorname{div}\left(\frac{\nabla u}{|\nabla u|_\varepsilon}\right)$, 得到新的 PDE 方程为

$$u_t = \bar{\lambda}(x,y)(u-f-C) - |\nabla u|\operatorname{div}\left(\frac{\nabla u}{|\nabla u|_\varepsilon}\right). \tag{6.23}$$

由于方程 (6.23) 中的 $\bar{\lambda}(x,y)$ 参数依赖于 $\lambda(x,y)$, 因此需要先计算 $\lambda(x,y)$ 的取值. 在 (6.23) 式两边同乘以 $(u-f-C)$, 并在整个图像区间 Ω 上积分, 当方程 (6.23) 达到稳态解时, (6.23) 式子左边消失, 简化方程得

$$0 = \int_\Omega \left(\lambda(x,y)P_z(x,y) - (u-f-C)\,|\nabla u|\operatorname{div}\left(\frac{\nabla u}{|\nabla u|_\varepsilon}\right)\right)dxdy. \tag{6.24}$$

这时, (6.24) 式成立的充分条件为

$$\lambda(x,y) = \frac{(u-f-C)\,|\nabla u|\operatorname{div}\left(\frac{\nabla u}{|\nabla u|_\varepsilon}\right)}{P_z(x,y)}. \tag{6.25}$$

由于图像中所加噪声是方差为 σ^2 的高斯白噪声, 所以局部方差 $P_z(x,y) \approx \sigma^2$. 然后, 根据梯度最速下降法, 方程 (6.23) 就可以计算出重构图像 $u(x,y)$.

6.5.5 新模型的离散格式

PDE 模型 (6.23) 可以有不同的数值求解方案. 但是, 针对这类具有 Neumann 边界条件的方程, 通常采用有限差分方案.

假设 $h>0$ 为抽样间隔, (ih,jh) 表示离散点, 其中, $0\leqslant i,j\leqslant N$, $u(ih,jh)\approx u_{i,j}$, $t_n = n\Delta t$ $(n=0,1,\cdots)$, Δt 为时间步长, $u(ih,jh,t_n)\approx u_{i,j}^n$ 表示第 n 次迭代的值. (6.23) 中扩散项基于中心差分的逼近形式为

$$\left[|\nabla u|\operatorname{div}\left(\frac{\nabla u}{|\nabla u|_\varepsilon}\right)\right]_{i,j} = \frac{(u_{xx})_{i,j}(u_y)_{i,j}^2 - 2(u_{xy})_{i,j}(u_x)_{i,j}(u_y)_{i,j} + (u_{yy})_{i,j}(u_x)_{i,j}^2}{(u_x)_{i,j}^2 + (u_y)_{i,j}^2 + \varepsilon^2}, \tag{6.26}$$

其中,

$$(u_x)_{i,j} = \frac{u_{i+1,j}-u_{i-1,j}}{2h}, \quad (u_y)_{i,j} = \frac{u_{i,j+1}-u_{i,j-1}}{2h},$$

$$(u_{xx})_{i,j} = \frac{u_{i+1,j}-2u_{i,j}+u_{i-1,j}}{h^2}, \quad (u_{yy})_{i,j} = \frac{u_{i,j+1}-2u_{i,j}+u_{i,j-1}}{h^2},$$

$$(u_{xy})_{i,j} = \frac{u_{i+1,j+1}-u_{i-1,j+1}-u_{i+1,j-1}+u_{i-1,j-1}}{4h^2}.$$

因此, (6.23) 式的计算迭代格式为

$$u_{i,j}^{n+1} = u_{i,j}^{n} + \Delta t \left[\bar{\lambda}_{i,j}^{n}(u_{i,j}^{n} - f_{i,j} - C) + L(u_{i,j}^{n})\right], \tag{6.27}$$

其中, $L(u_{i,j}^{n}) = \left[|\nabla u| \operatorname{div}\left(\dfrac{\nabla u}{|\nabla u|_{\varepsilon}}\right)\right]_{i,j}^{n}$, 边界条件为 $u_{0,j}^{n} = u_{1,j}^{n}, u_{N,j}^{n} = u_{N-1,j}^{n}$ 和 $u_{i,0}^{n} = u_{i,N}^{n} = u_{i,N-1}^{n}$.

6.5.6 应用仿真

针对不同种类的测试图像, 本仿真给出 ROF 模型 (6.17)、G 模型 (6.18) 和新 PDE 模型 (6.23) 对带噪声图形恢复的结果. 在仿真过程中, 所加的噪声均为标准偏差 σ 不同的高斯白噪声, 并且将 $\bar{\lambda}(x,y)$ 中所用的窗函数 $\omega(x,y)$ 取为通常的高斯函数. 为了计算的方便, 令 (6.23) 式中的 $C=0$, 梯度提升参数 $\varepsilon = 1$. 同时, 用峰值信噪比 (PSNR) 和均方误差 (MSE) 来衡量恢复结果的好坏. 设大小为 $M \times N$ 的原始图像为 $u(x,y)$, 经过噪声污染后的图像为 $\bar{u}(x,y)$, 则图像 $u(x,y)$ 与 $\bar{u}(x,y)$ 之间的均方误差和峰值信噪比分别定义为

$$\mathrm{MSE} = \frac{1}{MN}\sum_{x=1}^{M}\sum_{y=1}^{N}\left[\bar{u}(x,y) - u(x,y)\right]^2 \tag{6.28}$$

和

$$\mathrm{PSNR} = 10\lg\left[255^2/\mathrm{MSE}\right].$$

首先, 选取纹理比较丰富的 Barbara 截取图 (128×128) 作为代表来观察各方法的处理结果, 见图 6.4. 其峰值信噪比 (PSNR) 和均方误差 (MSE) 分别见表 6.1. 仿真结果表明, 新模型 (6.23) 比 ROF 模型和 G 模型能更好地平滑平坦区域并保持有意义的纹理, 如 Barbara 头巾上的条纹、椅子上的条纹等, 从视觉上看改善了图像恢复质量.

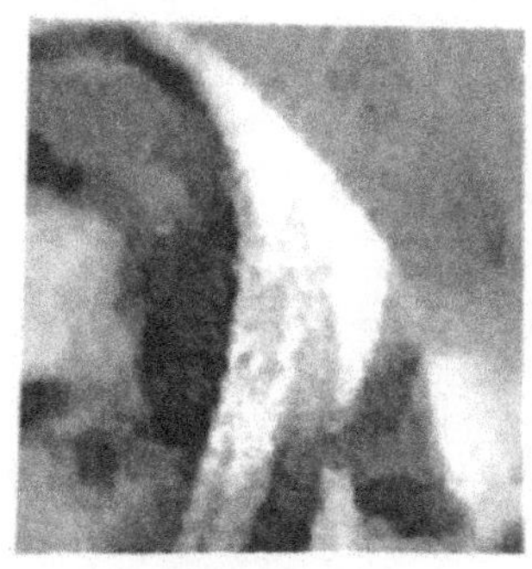

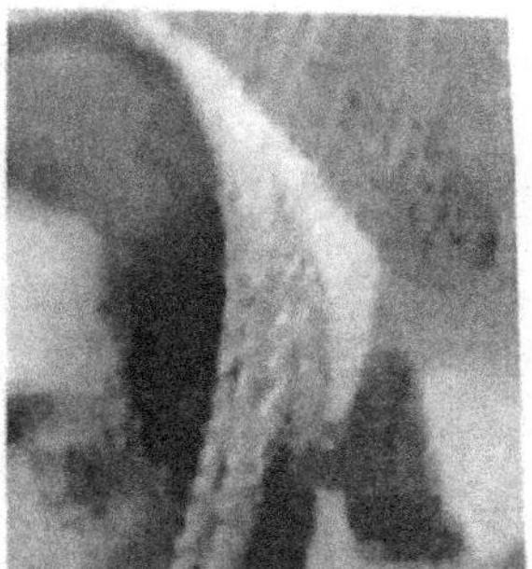

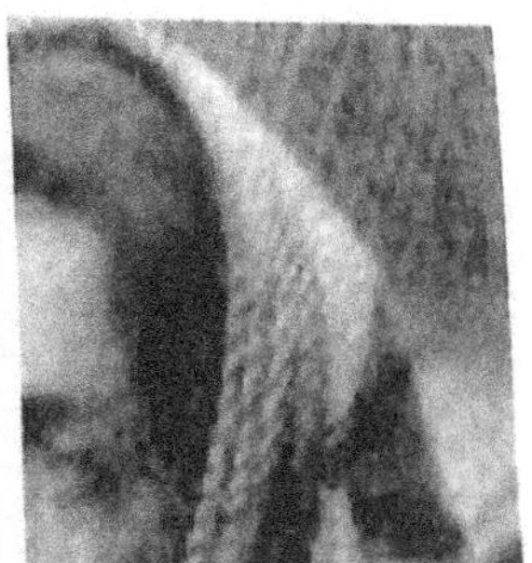

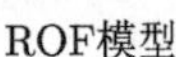

ROF模型　　G模型　　新模型

图 6.4 三种方法对含噪 Barbara 截取图恢复的结果比较

其次, 以 256×256 大小、边缘丰富的 Lena 和 Plane 灰度图作为测试图像. 这里只给出各方法处理 Lena 后的残差图 (即 $v = f - u$), 见图 6.5. 其峰值信噪比 (PSNR) 和均方误差 (MSE) 分别见表 6.1. 从各项测试数据不难发现, 新方法 (6.23) 不仅提高了去噪的能力, 而且很好地保持了图像中包括边缘在内的各种细节特征, 如新方法处理后的残差图中看不到 Lena 帽子上的饰物细节; 眼睛和嘴巴的几何轮廓也没有 ROF 模型和 G 模型那么明显. 由此可知, 本节所建议的方法比 ROF 模型和 G 模型都能更好地保持图像的几何特征, 使得恢复图像看起来更加真实、自然.

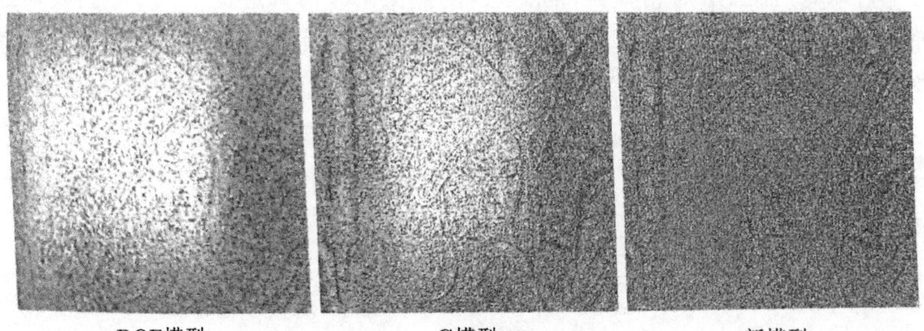

ROF模型　　G模型　　新模型

图 6.5　三种方法对含噪 Lena 恢复后残差图的结果比较

表 6.1　三种方法处理图像后 MSE 和 PSNR 的比较

图像名称	σ	噪声图像		ROF 模型		G 模型		新方法	
		MSE	PSNR	MSE	PSNR	MSE	PSNR	MSE	PSNR
Lena	15	226.3	24.58	64.07	30.07	62.36	30.18	50.59	31.09
Barbara	20	919.76	18.49	175.27	25.69	174.49	25.71	156.71	26.47
Plane	30	915.21	18.56	128.87	27.03	128.57	27.04	117.29	27.44

第 7 章　有限元分析及其应用

7.1　有限元法简介

7.1.1　有限元的思想起源和发展

第 6 章提到了变分直接法中寻找满足各种条件的变分子空间的基函数比较困难, 尤其对一些复杂的边界条件, 基函数更加复杂又难找. 早在 1943 年, Corant 就提出了将待求解的微分方程的连续场定义域离散成有限个三角形单元组合体. 在离散的单元上分片插值线性函数, 再利用位能变分最小原理, 把问题转化为代数方程组求得 Saint-Venant 扭转问题的近似解, 这就是有限元法的思想起源. 但由于计算量比较大, 限于当时计算技术条件的限制, 它的方法未得到发展. 直到 20 世纪 60 年代, 计算机的发展和计算方法的推广, 使上述方法得到了迅速发展. 1960 年, Clough 把这个方法应用于航空结构分析中, 并首次提出 "Finite element method" 这个名字. 中文译成 "有限元法" 或 "有限单元法" "有限元素法" 等. 早期有限元法的应用主要在结构分析方面, 但由于方法的普遍性, 在其他连续场领域也得到广泛应用.

7.1.2　有限元的变分原理

20 世纪 60 年代末到 70 年代, 有限元法进入理论研究的高潮, 越来越多的数学家进入了研究有限元法的行列. 有限元法从单纯的工程应用的局限中解脱出来, 给予了统一的框架与严格的数学描述. 在这方面, 我国的冯康教授建立了有限方法的数学理论基础.

从数学上看, 有限元法是以变分法为理论基础的, 首先把要求解的微分方程转化为对应的泛函求极值的问题.

求 u 使 $Tu = f$ 转化为

$$求\ u\ 使\ J[u] = \min,$$

其中 $J[u] = (Tu, u) - 2(f, u)$.

在第 6 章中我们知道, 当 T 满足一定条件时, 必存在 u 使 $J[u]$ 取极值, 且满足方程 $Tu = f$, 反之满足 $Tu = f$ 的 u 必使 $J[u]$ 取得极值. 这也是有限元法的变分原理．但由第 6 章的讨论，我们知道，用变分直接法 (Ritz 法) 求解，找满足条件的全域基比较困难．在有限元法中运用网格离散和分片插值求基，构造了有限元子空间，克服了变分法中寻找基函数的困难．把微分方程对应的原来是无穷维空间中的变分问题转化为有限元子空间中多元函数的极值问题，再通过求解多元函数极值方程组 (一般为线性代数方程组) 求得微分方程的近似解．又由于有限元基函数的特殊构造，得到的近似解为数值解，所以有限元法是变分法与离散化计算技术相结合，既有变分原理又有计算技巧的一种有效的数值方法．

7.1.3 Galerkin 有限元

上面所说的有限元是建立在变分原理基础上的．求解微分方程首先要找到微分方程所对应的变分问题 (即方程对应的泛函)，但有些比较复杂的微分方程，对应的泛函不易找到，为了克服这个困难，又出现了 Galerkin 有限元法，Galerkin 有限元法的解题思想如下：

设在 H 空间中求解方程

$$Tu = f, \tag{7.1}$$

将要求的函数 u 的定义域离散成有限个单元的集合，设有 n 个离散点，利用分片插值求出 n 个有限元的基

$$N_1, N_2, \cdots, N_n.$$

令有限元子空间为

$$H_n = \text{span}\{N_1, N_2, \cdots, N_n\}.$$

设近似解 $u_n = \sum\limits_{i=1}^{n} \alpha_i N_i$，其中 $\alpha_i (i = 1, 2, \cdots, n)$ 为待求系数．一般来说，将 u_n 代入 (7.1) 后，不能精确满足方程．设有误差量，称为余量 R：

$$R = Tu_n - f \neq 0. \tag{7.2}$$

于是 Galerkin 有限元法的思想是使余量 R 在有限元子空间 H_n 上的投影为零来确定系数 $\alpha_i (i = 1, 2, \cdots, n)$：

$$(R, N_i) = 0 \quad (i = 1, 2, \cdots, n), \quad J[y] = \int_{x_0}^{x_1} \sqrt{1 + y'^2} dx$$

或写为

$$(Tu_n - f, N_j) = \left(T \sum_{i=1}^{n} \alpha_i N_i - f, N_j \right) = 0 \quad (j = 1, 2, \cdots, n). \tag{7.3}$$

在 (7.3) 式中, f 为原方程中已知函数. $N_i(i=1,2,\cdots,n)$ 为分片插值求出的有限元基函数, 也是确定的. 一般取内积为积分算子, T 为原方程 (7.1) 已知的微分算子, 于是通过一系列的积分运算、微分运算后, 当 $j=1,2,\cdots,n$ 时, (7.3) 式就成为待求系数 $\alpha_1,\alpha_2,\cdots,\alpha_n$ 的方程组:

$$\begin{bmatrix} (TN_1,N_1) & \cdots & (TN_n,N_1) \\ (TN_1,N_2) & \cdots & (TN_n,N_2) \\ \vdots & \ddots & \vdots \\ (TN_1,N_n) & \cdots & (TN_n,N_n) \end{bmatrix} \begin{bmatrix} \alpha_1 \\ \alpha_2 \\ \vdots \\ \alpha_n \end{bmatrix} = \begin{bmatrix} (f,N_1) \\ (f,N_2) \\ \vdots \\ (f,N_n) \end{bmatrix}. \tag{7.4}$$

方程组 (7.4) 就成了以 $\alpha_1,\alpha_2,\cdots,\alpha_n$ 为未知量的线性代数方程组. 解此代数方程组, 求出 $\alpha_1,\alpha_2,\cdots,\alpha_n$, 代入 $u_n=\sum\limits_{i=1}^{n}\alpha_iN_i$, 就是方程组 (7.1) 的近似数值解.

通过方程组 (7.4) 求出的 u_n 也是方程组的真解 u 在有限元子空间 H_n 上的投影. 如果方程有相应的泛函, 则由变分法获得的解与 Galerkin 法获得的解是一致的.

7.2 有限元基的几何描述

我们主要从几何上对有限元子空间进行描述. 为了图形简明, 以待求函数是一元函数为例进行讨论.

设算子方程 $Tu=f$ 的待求函数 $u(x)$ 定义于区间 $[a,b]$ 上 ($u(x)$ 为一元函数), 任取离散点

$$a=x_1<x_2<\cdots<x_i<x_{i+1}<\cdots<x_n=b,$$

节点数为 n, 单位数为 k.

对应于每一个节点 x_i, 构造基函数 (线性):

$$N_i=\begin{cases} 1, & x=x_i, \\ \text{线性}, & x\in(x_{i-1},x_{i+1}), \\ 0, & \text{其他}. \end{cases} \tag{7.5}$$

这样, 对应于每一个节点 x_i, 都有一个基函数 N_i, 全域上共有 n 个离散节点, 则共有 n 个基函数:

$$N_1,N_2,\cdots,N_n,$$

如图 7.1 所示.

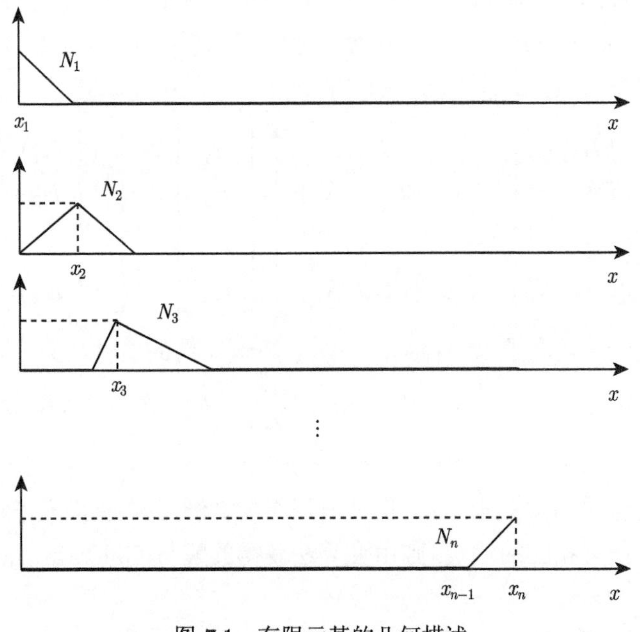

图 7.1　有限元基的几何描述

由于 $N_i(i=1,2,\cdots,n)$ 线性无关, 因而可以它们为基张成有限元子空间. 令

$$H_n=\mathrm{span}\{N_1,N_2,\cdots,N_n\},$$

于是, H_n 中任一元素都可用 $N_i(i=1,2,\cdots,n)$ 来线性表出. 有限元方法的思想, 是在 H_n 中找一个元素

$$u_n(x)=\sum_{i=1}^{n}\alpha_i N_i \tag{7.6}$$

作为方程 $Tu=f$ 在无穷维函数空间中的真解 $u(x)$ 的近似解, 即要找到一组恰当的系数 $\alpha_1,\alpha_2,\cdots,\alpha_n$ 使 (7.6) 式是 H_n 中对 $u(x)$ 逼近最好的元素. 根据第 6 章的讨论可以知道, $u_n(x)$ 是 $u(x)$ 在 H_n 上的投影.

由于有限元基函数的特殊构造 (见 (7.5) 式), 每个基函数在对应节点上的值为 1, 而在其他节点上为零, 故在近似解表达式 (7.6) 中的系数 $\alpha_1,\alpha_2,\cdots,\alpha_n$ 正好就是近似解 $u_n(x)$ 在各离散点上的函数值. 于是 $\alpha_i(i=1,2,\cdots,n)$ 构成了待求函数 $u(x)$ 的近似数值解.

关于 $\alpha_i(i=1,2,\cdots,n)$ 的求解, 在经典有限元中, 是根据变分原理, 将方程转化为等价的变分问题, 然后将泛函求极小的问题近似地转化为有限元子空间中多元函数求极值的问题, 再通过求解极值方程组而完成的. 这其中也体现了 Ritz 法中极小化序列的思想.

由于有限元基函数的另一特性 (见 (7.5) 式), 即每个 $N_i(i=1,2,\cdots,n)$ 的支集很小, 因此, 方程组的系数矩阵很稀疏, 计算量小且便于求解.

从泛函极小化的性质可以证明, 有限元 $u_n(x)$ 的确是真解 $u(x)$ 在有限元子空间上的投影.

上面讨论的是待求函数为一元函数的情形, 它的思想可以推广到多元函数. 若 $u(x)$ 为二元函数, 定义域为平面场, 若作三角形单元离散, 则对应于每个节点的线性插值基函数可由图 7.2 表示出来, 基函数为四面体.

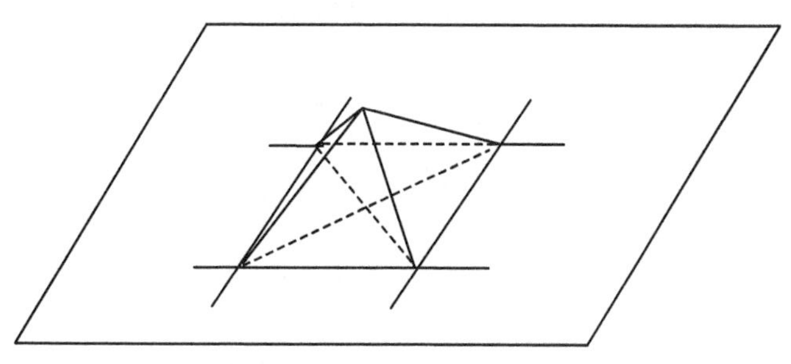

图 7.2 基函数为四面体情形

7.3 有限元法的解题步骤

(1) 根据变分原理, 将求解的方程转化为变分问题

$$\text{求 } u \text{ 使 } Tu=f \Leftrightarrow \text{求 } u \text{ 使 } J[u]=[Tu,u]-2(f,u)=\min.$$

(2) 对方程的定义域进行有限剖分, 将全域离散成有限个单元的集合. 图 7.3 所示为平面域三角剖分的情形.

设全域离散成 k 个单元, n 个节点, 则全域上的泛函可离散成 k 个单元上的泛函之和:

$$J[u]=\sum_{e=1}^{k}J^e.$$

(3) 分片插值求基. 下面以平面域三角形单元上作线性插值为例说明分片插值求基的思想和过程.

在图 7.3 中任取一个 e 单元, 如图 7.4 所示.

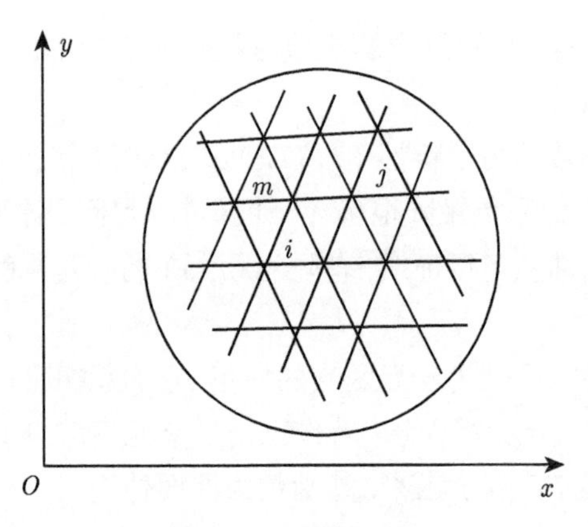

图 7.3　三角剖分图

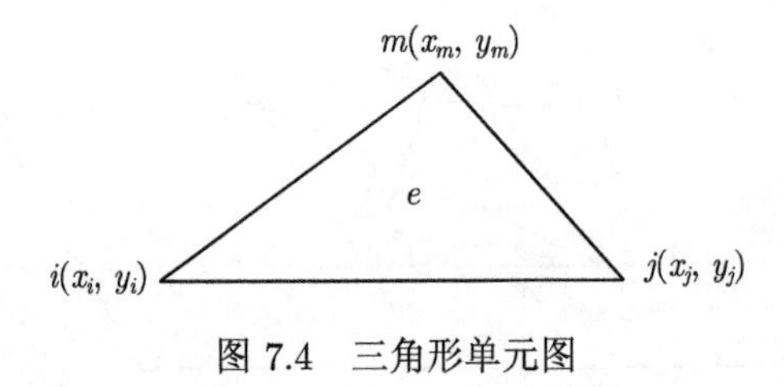

图 7.4　三角形单元图

在 e 单元上作线性插值. 令

$$u^e(x,y) = a_1 + a_2 x + a_3 y, \tag{7.7}$$

其中 a_1, a_2, a_3 为待定系数, 用 $i(x_i, y_i), j(x_j, y_j), m(x_m, y_m)$ 表示单元上三顶点, 则 u^e 在三顶点上的线性函数值应为

$$\begin{cases} u_i = \alpha_1 + \alpha_2 x_i + \alpha_3 y_i, \\ u_j = \alpha_1 + \alpha_2 x_j + \alpha_3 y_j, \\ u_m = \alpha_1 + \alpha_2 x_m + \alpha_3 y_m, \end{cases} \tag{7.8}$$

从方程组 (7.8) 解出系数 $\alpha_1, \alpha_2, \alpha_3$, 分别用 u_i, u_j, u_m 来表示:

$$\alpha_1 = \frac{\begin{vmatrix} u_i & x_i & y_i \\ u_j & x_j & y_j \\ u_m & x_m & y_m \end{vmatrix}}{\begin{vmatrix} 1 & x_i & y_i \\ 1 & x_j & y_j \\ 1 & x_m & y_m \end{vmatrix}} = \frac{1}{2\Delta}(a_i u_i + a_j u_j + a_m u_m),$$

$$\alpha_2 = \frac{\begin{vmatrix} 1 & u_i & y_i \\ 1 & u_j & y_j \\ 1 & u_m & y_m \end{vmatrix}}{\begin{vmatrix} 1 & x_i & y_i \\ 1 & x_j & y_j \\ 1 & x_m & y_m \end{vmatrix}} = \frac{1}{2\Delta}(b_i u_i + b_j u_j + b_m u_m), \tag{7.9}$$

$$\alpha_3 = \frac{\begin{vmatrix} 1 & x_i & y_i \\ 1 & x_j & y_j \\ 1 & x_m & y_m \end{vmatrix}}{\begin{vmatrix} 1 & x_i & y_i \\ 1 & x_j & y_j \\ 1 & x_m & y_m \end{vmatrix}} = \frac{1}{2\Delta}(c_i u_i + c_j u_j + c_m u_m),$$

其中, Δ 为 e 单元的面积,

$$2\Delta = \begin{vmatrix} 1 & x_i & y_i \\ 1 & x_j & y_j \\ 1 & x_m & y_m \end{vmatrix},$$

$$\begin{cases} a_i = x_j y_m - x_m y_j, \\ a_j = x_m y_i - x_i y_m, \\ a_m = x_i y_j - x_j y_i, \end{cases}$$

$$\begin{cases} b_i = y_j - y_m, \\ b_j = y_m - y_i, \\ b_m = y_i - y_j, \end{cases}$$

$$\begin{cases} c_i = x_m - x_j, \\ c_j = x_i - x_m, \\ c_m = x_j - x_i. \end{cases}$$

将 (7.9) 式中的 $\alpha_1, \alpha_2, \alpha_3$ 的表示式代入 (7.7) 式, 就可得到

$$u^e(x,y) = \frac{a_i + b_i x + c_i y}{2\Delta} u_i + \frac{a_j + b_j x + c_j y}{2\Delta} u_j + \frac{a_m + b_m x + c_m y}{2\Delta} u_m.$$

令

$$\begin{cases} N_i^e = \dfrac{a_i + b_i x + c_i y}{2\Delta}, \\ N_j^e = \dfrac{a_j + b_j x + c_j y}{2\Delta}, \\ N_m^e = \dfrac{a_m + b_m x + c_m y}{2\Delta}, \end{cases} \tag{7.10}$$

则

$$u^e(x,y) = \alpha_1 + \alpha_2 x + \alpha_3 y = N_i^e \mu_i^e + N_j^e \mu_j^e + N_m^e \mu_m^e,$$

写成矩阵形式为

$$u^e(x,y) = [N_i^e, N_j^e, N_m^e] \begin{bmatrix} u_i \\ u_j \\ u_m \end{bmatrix}. \tag{7.11}$$

于是由 (7.10) 式表示的 N_i^e, N_j^e, N_m^e 即为 e 单元上的基函数, 它们是全域上基函数落在 e 单元上的那一部分.

按上述同样的过程, 可将 k 个单元的基函数都求出来, 然后将它们按公共节点的相邻单元基函数拼装, 便可以得到每个节点对应的基函数, 如图 7.2 一样, 是一个四面体.

(4) 单元分析. 在有限单元法的实际解题过程中, 从求基函数到求极值方程都是按单元进行的. 将 (7.11) 式代入泛函 $J^e[u]$:

$$J^e[u^e] = J^e[u_i, u_j, u_m], \tag{7.12}$$

然后在 e 单元上, 将 (7.12) 式分别对 u_i, u_j, u_m 求导:

$$\begin{bmatrix} \dfrac{\partial J^e}{\partial u_i} \\ \dfrac{\partial J^e}{\partial u_j} \\ \dfrac{\partial J^e}{\partial u_m} \end{bmatrix} = [k_{ij}]^e \begin{bmatrix} u_i \\ u_j \\ u_m \end{bmatrix}, \tag{7.13}$$

这就是单元导数式, 通常称为单元特征式. 当 $J[u]$ 是二次泛函时, (7.13) 式为 u_i, u_j, u_m 的线性方程组. $[k_{ij}]^e$ 为单元导数式的系数矩阵, 在三角形单元, 它就是一个 3 阶方阵.

下面, 我们以第一类边界条件的 Laplace 方程为例导出一个单元导数式.

设

$$\begin{cases} \Omega: \dfrac{\partial^2 u}{\partial x^2}+\dfrac{\partial^2 u}{\partial y^2}=0, \\ \Gamma: u=u_0, \end{cases}$$

则在 Ω 上相应的泛函为

$$J[u]=\frac{1}{2}\int_{\Omega}\left[\frac{\partial^2 u}{\partial x^2}+\frac{\partial^2 u}{\partial y^2}\right]d\Omega=\frac{1}{2}\sum_{e=1}^{k}\int_{\Omega}\left[\frac{\partial^2 u}{\partial x^2}+\frac{\partial^2 u}{\partial y^2}\right]d\Delta_e, \tag{7.14}$$

其中 Δ_e 为第 e 个三角单元.

将 (7.11) 式代入 (7.14) 式中得第 e 个单元上积分泛函:

$$\begin{aligned} & J^e \\ =& \frac{1}{2}\int_{\Delta_e}\left\{\left[\frac{\partial}{\partial x}(u_iN_i^e+u_jN_j^e+u_mN_m^e)\right]^2+\left[\frac{\partial}{\partial y}(u_iN_i^e+u_jN_j^e+u_mN_m^e)\right]^2\right\}d\Delta_e \\ =& \frac{1}{2}\int_{\Delta_e}\left\{\frac{1}{4\Delta^2}\left[(u_ib_i+u_jb_j+u_mb_m)^2+(u_ic_i+u_jc_j+u_mc_m)^2\right]\right\}d\Delta_e, \end{aligned}$$

其中 $b_i, b_j, b_m, c_i, c_j, c_m$ 由 (7.9) 式确定.

现在求出单元导数 (7.13) 式:

$$\begin{aligned} & \frac{\partial J^e}{\partial u_i} \\ =& \frac{1}{4\Delta^2}\left[(u_ib_i+u_jb_j+u_mb_m)b_i+(u_ic_i+u_jc_j+u_mc_m)c_i\right]\frac{1}{2}\int_{\Delta_e}d\Delta_e \\ =& \frac{1}{4\Delta}\left[(b_i^2+c_i^2)u_i+(b_ib_j+c_ic_j)u_j+(b_ib_m+c_ic_m)u_m\right] \\ =& \frac{1}{4\Delta}\left[b_i^2+c_i^2,\ b_ib_j+c_ic_j,\ b_ib_m+c_ic_m\right]\begin{bmatrix} u_i \\ u_j \\ u_m \end{bmatrix}. \end{aligned}$$

同理可得

$$\frac{\partial J^e}{\partial u_j}=\frac{1}{4\Delta}\left[b_jb_i+c_jc_i,\ b_j^2+c_j^2,\ b_ib_m+c_jc_m\right]\begin{bmatrix} u_i \\ u_j \\ u_m \end{bmatrix},$$

$$\frac{\partial J^e}{\partial u_m}=\frac{1}{4\Delta}\left[b_mb_i+c_mc_i,\ b_mb_j+c_mc_j,\ b_m^2+c_m^2\right]\begin{bmatrix} u_i \\ u_j \\ u_m \end{bmatrix}.$$

于是求得 e 单元上的导数式

$$\begin{bmatrix} \dfrac{\partial J^e}{\partial u_i} \\ \dfrac{\partial J^e}{\partial u_j} \\ \dfrac{\partial J^e}{\partial u_m} \end{bmatrix} = \frac{1}{4\Delta}\begin{bmatrix} b_i^2+c_i^2 & b_ib_j+c_ic_j & b_ib_m+c_ic_m \\ b_jb_i+c_jc_i & b_j^2+c_j^2 & b_jb_m+c_jc_m \\ b_mb_i+c_mc_i & b_mb_j+c_mc_j & b_m^2+c_m^2 \end{bmatrix}\begin{bmatrix} u_i \\ u_j \\ u_m \end{bmatrix}. \tag{7.15}$$

(5) 集合方程组. 由前面求得的单元导数式, 当 e 从 1 变到 k 时, 就可求得 k 个如 (7.15) 式那样的单元导数式, 把它们按公共节点叠加, 就可得到总体极值方程组. 如果将所有节点按 $1,2,\cdots,n$ 加以排列, 也就是让单元节点号数组 (i,j,m) 遍历 $1,2,\cdots,n$ 全体节点, 则有

$$J=\sum_{e=1}^{k}J^e,$$

$$\begin{cases} \dfrac{\partial J}{\partial u_1}=\displaystyle\sum_{e=1}^{k}\dfrac{\partial J^e}{\partial u_1}=0, \\ \dfrac{\partial J}{\partial u_2}=\displaystyle\sum_{e=1}^{k}\dfrac{\partial J^e}{\partial u_2}=0, \\ \qquad\cdots\cdots \\ \dfrac{\partial J}{\partial u_n}=\displaystyle\sum_{e=1}^{k}\dfrac{\partial J^e}{\partial u_n}=0. \end{cases} \tag{7.16}$$

(6) 强加边界条件的处理. 对于第二类自然边界条件, 可以自动进入泛函, 不需要作为边界条件列出, 对于第一类强加边界条件, 可以直接进入方程组 (7.16), 使 (7.16) 降维. 在边界上, 有多少边界节点已知值, 就可以降多少维.

通常可以用 "对角线归一" 的方法处理强加边界条件, 设 (7.16) 的矩阵形式为

$$\begin{bmatrix} k_{11} & k_{12} & \cdots & k_{1n} \\ k_{21} & k_{22} & \cdots & k_{2n} \\ \vdots & \vdots & \ddots & \vdots \\ k_{n1} & k_{n2} & \cdots & k_{nn} \end{bmatrix}\cdot\begin{bmatrix} u_1 \\ u_2 \\ \vdots \\ u_n \end{bmatrix}=\begin{bmatrix} f_1 \\ f_2 \\ \vdots \\ f_n \end{bmatrix}. \tag{7.17}$$

设边界上某边界点的值为已知 $\tilde{u}_i$ (由第一类强加边界条件给出), 则可在系数矩阵中令 $k_{ii}=1$, 令第 i 行上其余元素为零, 并令右端项中第 i 个元素 $f_i=\tilde{u}_i$. 于是

(7.17) 变为

$$\begin{bmatrix} k_{11} & k_{12} & k_{13} & k_{14} & k_{15} & \cdots & k_{1n} \\ \vdots & \vdots & \vdots & \vdots & \vdots & & \vdots \\ k_{i-1,1} & k_{i-1,2} & k_{i-1,3} & k_{i-1,4} & k_{i-1,5} & \cdots & k_{i-1,n} \\ 0 & \cdots & 0 & 1 & 0 & \cdots & 0 \\ \vdots & & \vdots & \vdots & \vdots & & \vdots \\ k_{n1} & k_{n2} & k_{n3} & k_{n4} & k_{n5} & \cdots & k_{nn} \end{bmatrix} = \begin{bmatrix} u_1 \\ u_2 \\ \vdots \\ \tilde{u}_i \\ \vdots \\ u_n \end{bmatrix} = \begin{bmatrix} f_1 \\ f_2 \\ \vdots \\ \tilde{u}_i \\ \vdots \\ u_n \end{bmatrix}. \tag{7.17$'$}$$

所有边界上已知点, 都一一作如上处理. 有些离散的节点不在边界上, 而落在边界的邻近, 也可将边界上的已知值通过简单转置或插值转置法, 移到邻近节点上.

(7) 求解方程组. 利用线性代数计算方法求解经过边界条件处理后的方程组, 求得的即为待求函数 u 在全域 n 个节点上的近似数值解.

7.4 基于拓扑有向图的有限元方法

7.4.1 电磁场与有向图

在用有限单元法解电磁场问题时, 首先把所求场用网格剖分, 将所研究的场离散成有限个子集合, 则原有的场系统可近似地由这些子集合以一定方式的有序组合来代替. 对于这样的一种组合, 当不考虑其物理意义时, 可抽象成一个由有限个点与有限条边组成的拓扑有向图 G 来表示. 此有向图与剖分后的原电磁场为拓扑同构. 因而场中点、边之间的关联情况可用图论中有向图的关联矩阵来表示.

以简单的一维静电场为例, 设定义域只考虑 [0,1] 区间. 今将 [0,1] 区间离散为 5 个子区间, 如图 7.5 所示, 1, 2, 3, 4, 5 为区间号, ①, ②, ③, ④, ⑤, ⑥为节点号. 则 [0, 1]=[①, ②] ∪ [②, ③] ∪ [③, ④] ∪ [④, ⑤] ∪ [⑤, ⑥], 共有 6 个节点, 5 条边, 每条边被两个节点所关联. 则此一维静电场可用一个有向图 $G = (P, S, \Delta)$ 来表示, 其中

$$P = \{①, ②, ③, ④, ⑤, ⑥\}$$

表示节点的集合;

$$S = \{1, 2, 3, 4, 5\}$$

表示边的集合;

$$\Delta(1) = \langle ①, ② \rangle,$$
$$\Delta(2) = \langle ②, ③ \rangle,$$
$$\Delta(3) = \langle ③, ④ \rangle,$$
$$\Delta(4) = \langle ④, ⑤ \rangle,$$
$$\Delta(5) = \langle ⑤, ⑥ \rangle$$

表示点、边之间的定向关联映射.

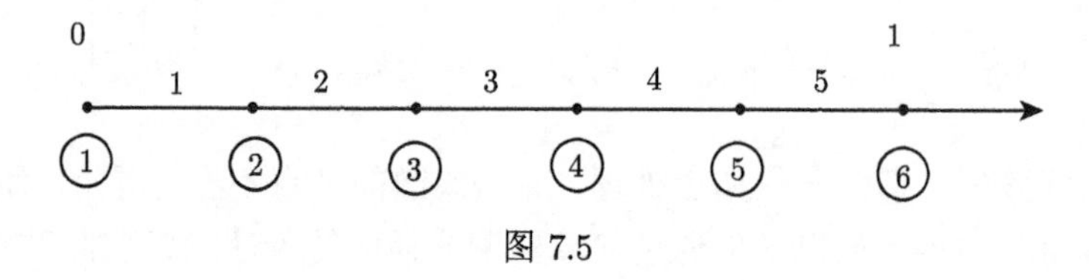

图 7.5

有向图中点、边之间的关联情况还可用点边关联矩阵来表示. 如图 7.5 所示, 一维场则有点边关联矩阵为

$$A = \begin{bmatrix} 1 & 0 & 0 & 0 & 0 \\ -1 & 1 & 0 & 0 & 0 \\ 0 & -1 & 1 & 0 & 0 \\ 0 & 0 & -1 & 1 & 0 \\ 0 & 0 & 0 & -1 & 1 \\ 0 & 0 & 0 & 0 & -1 \end{bmatrix}.$$

它反映了该场中点、边之间的关联情况. 关联阵 A 的每一列只是两个非零元素 1 和 -1, 这是因为图中每一条边只与两个节点关联.

于是, 凡是涉及电磁场的拓扑特性时, 便可以用相应的有向图来代替.

7.4.2 场的线性化

把电磁场作有限剖分后, 在每个小单元上, 可把电磁场的问题作线性化处理:

$$F_s = h_s \phi_s, \tag{7.18}$$

其中 F_s 为 s 边的场内作用量, ϕ_s 为 s 边的场变量幅度, h_s 为 s 边的线性度, 也称它为 s 边所关联的两节点间的影响度. 在数值上, 我们规定取有限元法中, s 边所在单元的单元导数式系数矩阵中对应 s 边所关联的两节点 $i,j(i \neq j)$ 的元素 a_{ij} 为 h_s. 若 s 边同时属于几个单元, 则应取这几个单元导数式系数矩阵中对应该两节点的所有元素 a_{ij} 的代数和.

如三角剖分的平面场中 e 单元和 $e+1$ 单元如图 7.6 所示. 若设所求场问题对应的泛函为 $J[\phi]$, 即所求场变量. e 单元和 $e+1$ 单元上的单元导数式分别为

$$\left\{\frac{\partial J^e}{\partial \phi_i}\right\} = K^e\{\phi_i\}^e$$

和

$$\left\{\frac{\partial J^{e+1}}{\partial \phi_i}\right\} = K^{e+1}\{\phi_i\}^{e+1},$$

则第 3 条边上第②, ④ 两节点的影响度 h_3 应取系数矩阵 K^e 中的元素 a_{24}^e 及系数矩阵 K^{e+1} 中的元素 a_{24}^{e+1} 之代数和

$$h_3 = a_{24}^e + a_{24}^{e+1}.$$

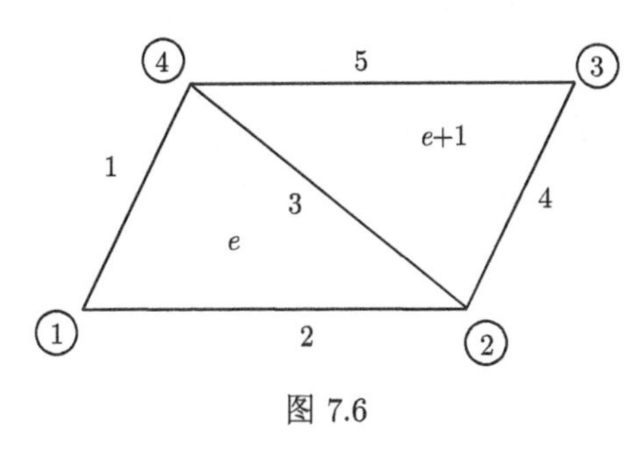

图 7.6

于是, 若全场剖分后的图共有 m 条边, 则可按上面所述的规定方法, 定出 m 个影响度

$$h_1, h_2, h_3, \cdots, h_m.$$

把它们按所属边的号依次放在对角线上, 便组成了对角形式的 $m \times m$ 的矩阵:

$$H = \begin{bmatrix} h_1 & & & 0 \\ & h_2 & & \\ & & \ddots & \\ 0 & & & h_m \end{bmatrix}. \tag{7.19}$$

我们定义 (7.19) 式为所求电磁场的总影响度矩阵. 对图中边的全体, 相应于线性表示 (7.18) 式, 则有矩阵表达式

$$\{F_s\} = H\{\phi_s\}, \tag{7.20}$$

其中, $\{F_s\}$ 为边的场内作用量列阵, H 为场的总影响度矩阵, $\{\phi_s\}$ 为边的场变量幅度列阵. (7.20) 式为所求场的线性化矩阵表达式.

7.4.3 数学模型

按前面所述, 在把场片线性化处理后, 又根据图的点、边关系及有限元的单元导数式导出了场的总影响度矩阵 H, 从而得出了整个场的线性化矩阵表达式 (7.20). 现在再根据线性化矩阵 (7.20) 式及场所对应的有向图的关联矩阵来导出图论——有限元方法的最后数学模型.

根据网络图论的基本公式有

$$\{F_p\} = A\{F_s\} \tag{7.21}$$

和

$$\{\phi_s\} = A^{\mathrm{T}}\{\phi_p\}, \tag{7.22}$$

其中, $\{F_p\}$ 为节点的场内作用量列阵, A 为相应有向图的点边关联矩阵, $\{F_s\}$ 为边的场内作用量列阵, $\{\phi_s\}$ 为边的场变量幅度列阵, A^{T} 为 A 的转置矩阵, 它是相应有向图的边点关联矩阵, $\{\phi_p\}$ 为节点的场变量值 (待求).

又根据电磁场节点处受力的平衡原理应有

$$\{F_s\} = \{R_p\}, \tag{7.23}$$

其中 $\{R_p\}$ 为源对场内点的作用量列阵.

于是, 合并 (7.20)—(7.23) 式即可得

$$AHA^{\mathrm{T}}\{\phi_p\} = \{R_p\}. \tag{7.24}$$

(7.24) 式即为解电磁场问题的图论——有限元法的数学模型.

根据上面的推导过程中 A 和 H 的结构形式, 我们可以初步得到以下几点.

(1) 本节所讨论的图论——有限元法的数学模型为

$$AHA^{\mathrm{T}}\{\phi_p\} = \{R_p\},$$

其中, 系数矩阵 AHA^{T} 完全相等于有限元集合方程组中的总系数矩阵. 因此, 本方法与有限单元法的计算精度相同.

(2) 在本方法得出的系数矩阵 AHA^{T} 中, H 具有简单的对角形式, 而 A 中只含元素 0, 1 和 -1, 可采用二进码存储技术, 因此, 与有限单元法相比, 本方法可减少存储, 节省计算时间, 提高经济效益. 而且 AHA^{T} 的形式规范, 便于标准化的通用程序.

(3) AHA^{T} 具有直观明显的几何意义 (由矩阵 A 的关联性表出, 它只决定于场的几何分割) 和物理意义 (由 H 的影响度表出, 它决定于场的物理特性). 这样, 就为进一步的优化设计创造了有利条件.

7.4.4 算例

以一维静电场为例, 用上述图论——有限元法求解平行平面电容器中静电场的电位分布. 即求解

$$\varepsilon\frac{d^2\phi}{dx^2}+\rho=0, \tag{7.25}$$

边界条件

$$\begin{cases}\phi(0)=\bar{\phi}_0,\\ \phi(1)=\bar{\phi}_1,\end{cases}$$

其中, ε 为介质的电容率, ρ 为电荷密度, ϕ 为待求点电位.

解 第一步, 将 $[0,1]$ 剖分, 为简便起见, 作 5 等分如图 7.7 所示, 则可得图 7.7 的点边关联阵为

$$A=\begin{bmatrix}1&0&0&0&0\\-1&1&0&0&0\\0&-1&1&0&0\\0&0&-1&1&0\\0&0&0&-1&1\\0&0&0&0&-1\end{bmatrix}. \tag{7.26}$$

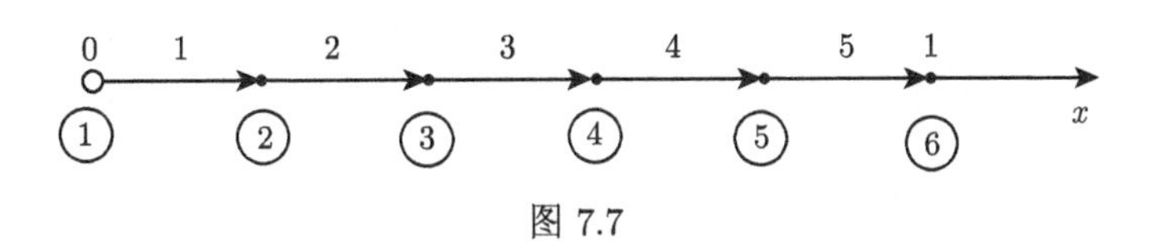

图 7.7

第二步, 根据变分原理, 求出 (7.25) 式相应的泛函为

$$J[\varphi]=\int_0^1\left\{\frac{\varepsilon}{2}\left(\frac{d\varphi}{ax}\right)^2-\rho\varphi\right\}dx=\sum_{e=1}^{5}J^e. \tag{7.27}$$

第三步, 任取 e 单元 $[x_{i-1},x_i]$, 作单元分析. 设 e 单元上的电位函数为线性函数

$$\phi(x)=N_{i-1}\phi_{i-1}+N_i\phi_i,$$

其中

$$N_{i-1}=\frac{x_i-x}{x_i-x_{i-1}},\quad N_i=\frac{x-x_{i-1}}{x_i-x_{i-1}}$$

为 e 单元上基函数, 代入 (7.27) 式得

$$J[\varphi]=\int_{x_{i-1}}^{x_i}\left\{\frac{\varepsilon}{2}\left(\frac{dN_{i-1}}{dx}\varphi_{i-1}+\frac{dN_i}{dx}\varphi_i\right)^2-\rho(N_{i-1}\varphi_{i-1}+N_i\varphi_i)\right\}dx.$$

从而得到 e 单元导数式

$$\begin{aligned}\begin{bmatrix}\dfrac{dJ^e}{d\varphi_{i-1}}\\ \dfrac{dJ^e}{d\varphi_i}\end{bmatrix}
&=\varepsilon\begin{bmatrix}\displaystyle\int_{x_{i-1}}^{x_i}\left(\frac{dN_{i-1}}{dx}\right)^2dx & \displaystyle\int_{x_{i-1}}^{x_i}\left(\frac{dN_{i-1}}{dx}\cdot\frac{dN_i}{dx}\right)^2dx\\ \displaystyle\int_{x_{i-1}}^{x_i}\left(\frac{dN_{i-1}}{dx}\cdot\frac{dN_i}{dx}\right)^2dx & \displaystyle\int_{x_{i-1}}^{x_i}\left(\frac{dN_i}{dx}\right)^2dx\end{bmatrix}\\
&\quad\cdot\begin{bmatrix}\varphi_{i-1}\\ \varphi_i\end{bmatrix}-\rho\begin{bmatrix}\displaystyle\int_{x_{i-1}}^{x_i}N_{i-1}dx\\ \displaystyle\int_{x_{i-1}}^{x_i}N_idx\end{bmatrix}\\
&=\begin{bmatrix}\dfrac{1}{x_i-x_{i-1}} & \dfrac{-1}{x_i-x_{i-1}}\\ \dfrac{-1}{x_i-x_{i-1}} & \dfrac{1}{x_i-x_{i-1}}\end{bmatrix}\begin{bmatrix}\varphi_{i-1}\\ \varphi_i\end{bmatrix}-\rho\begin{bmatrix}\dfrac{x_i-x_{i-1}}{2}\\ \dfrac{x_i-x_{i-1}}{2}\end{bmatrix}.\end{aligned}\tag{7.28}$$

于是, 可由单元导数式得

$$h_e=\frac{-1}{X_i-X_{i-1}}.$$

当 e 从 1 变到 5 时, 便得到影响度矩阵.

$$H=\begin{bmatrix}h_1 &&&&\\ & h_2 &&&\\ && h_3 &&\\ &&& h_4 &\\ &&&& h_5\end{bmatrix}$$

$$
=\begin{bmatrix}
\dfrac{-1}{x_2-x_1} & & & & \\
& \dfrac{-1}{x_3-x_2} & & & \\
& & \dfrac{-1}{x_4-x_3} & & \\
& & & \dfrac{-1}{x_5-x_4} & \\
& & & & \dfrac{-1}{x_6-x_5}
\end{bmatrix}. \tag{7.29}
$$

第四步, 根据 $AHA^{\mathrm{T}}\{\phi_p\}=\{R_p\}$、(7.26) 式、(7.29) 式, 便可得到线性方程组

$$
\frac{\varepsilon}{0.2}=\begin{bmatrix}
1 & -1 & & & & \\
-1 & 2 & -1 & & & \\
& -1 & 2 & -1 & & \\
& & -1 & 2 & -1 & \\
& & & -1 & 2 & -1 \\
& & & & -1 & 1
\end{bmatrix}\begin{bmatrix}\phi_1\\ \phi_2\\ \phi_3\\ \phi_4\\ \phi_5\\ \phi_6\end{bmatrix}=0.1\rho\begin{bmatrix}1\\ 2\\ 2\\ 2\\ 2\\ 1\end{bmatrix}.
$$

代入边界条件

$$
\begin{cases}
\phi(0)=\bar{\phi}_0,\\
\phi(1)=\bar{\phi}_1,
\end{cases}
$$

得方程组

$$
\begin{cases}
2\phi_2-\phi_3=0.04\dfrac{\rho}{\varepsilon}+\bar{\phi}_0,\\
-\phi_2+2\phi_3-\phi_4=0.04\dfrac{\rho}{\varepsilon},\\
-\phi_3+2\phi_4-\phi_5=0.04\dfrac{\rho}{\varepsilon},\\
-\phi_4+2\phi_5=0.04\dfrac{\rho}{\varepsilon}+\bar{\phi}_1.
\end{cases}
$$

求解此方程组得

$$
\begin{cases}
\phi_2=0.08\dfrac{\rho}{\varepsilon}+0.8\bar{\phi}_0+0.2\bar{\phi}_1,\\
\phi_3=0.12\dfrac{\rho}{\varepsilon}+0.6\bar{\phi}_0+0.4\bar{\phi}_1,\\
\phi_4=0.12\dfrac{\rho}{\varepsilon}+0.4\bar{\phi}_0+0.6\bar{\phi}_1,\\
\phi_5=0.08\dfrac{\rho}{\varepsilon}+0.2\bar{\phi}_0+0.8\bar{\phi}_1,
\end{cases}
$$

与解析解在这几点的值完全一致.

7.5 电机磁场的有限元分析

7.5.1 有限元法

有限元法是把变分原理与剖分插值结合起来求解微分方程的一种数值计算方法, 是由 R. Courant 于 1943 年首先提出的. 20 世纪 60 年代以来, 高速度、大容量计算机的出现使有限元法得到了迅速的发展和广泛的应用.

传统的变分法由于变分原理保证了解的可靠性 (收敛性、稳定性), 但可行性较差. 变分法要求第一边值条件作为变分问题的约束来处理, 这对子空间的基函数既要求在全域上解析, 又要求满足强加的边界条件, 从而给子空间的构造带来了很大的困难, 尤其对一些比较复杂的几何、物理条件就更为突出. 因此传统变分法虽然可靠性好, 但是实际上应用很不方便. 20 世纪 50 年代计算机出现以后, 人们的兴趣开始转向差分法, 它通过离散剖分和差分代替, 将微分方程转化为代数方程, 求解方法灵活、通用. 但理论上不如变分法严密、可靠, 收敛性往往得不到保证.

有限元法以变分原理为基础, 保持了变分法在理论上的严密性、可靠性, 又利用了差分法离散剖分的思想, 通过分片插值, 并以独特的技巧构造了有限元子空间. 它把变分法与差分网络离散巧妙地结合起来, 取长补短, 将数值解法提高到一个新的水平, 加上现代化计算工具的保证, 从而使有限元法广泛应用于各个领域.

在传统的电机学中, 都是把电机的分析和计算归结为电路和磁路问题. 这种以路代场的计算方法是在一定的简化假设上进行的. 对许多问题只能用简化的公式或图表作近似处理. 由于当前科学技术的发展, 各种型号的电机都有很大的发展, 对电机的性能、计算也提出了更高的要求, 需要从 “细” “深” “精” 方面提高. 于是电机磁场的分析成为当前电机工业中的重要课题. 有限元法给我们提供了直接从场的观点出发 (不是以路代场), 通过偏微分方程的数值解去分析电机磁场的有效手段. 本节就是有限元法在超导同步发电机磁场分析中的一个的应用.

7.5.2 计算模型

本节计算的超导同步发电结构如图 7.8 所示.

超导同步发电机除铁屏外, 其内部全是由非导磁材料组成的, 可以把它看作是一个气隙特别大的电机, 它内部整个空间的磁场基本上可以作为平面场处理. 超导电机的磁场一般可以作为线性场. 因为磁力线经过非导磁材料的路径很长, 铁屏的磁阻可以忽略不计，超导同步发电机的磁场虽然是旋转磁场，但当不计磁场导电材料中涡流效应时，仍然可以看成是稳定磁场．因此，超导同步发电机的磁场是作为线性的平面稳定磁场来处理的．

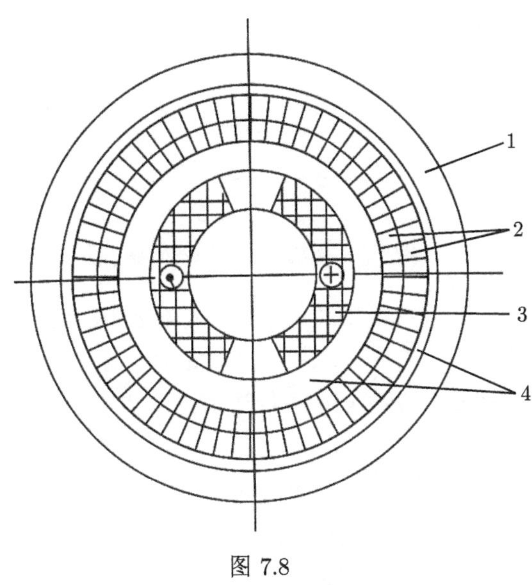

图 7.8

1——铁屏；2——电枢绕组；3——励磁绕组；4——气隙

超导同步发电机的磁场是线性的平面稳定磁场，即无源、有旋 ($J \neq 0$ 处) 的场，因此必须引入矢量磁位 A. 根据电磁场理论知识，矢量磁位 A 满足 Poisson 方程

$$\nabla^2 A = -\mu J.$$

超导同步发电机的空载磁场是对称的，磁极中心线为平行对称性，极间中心线为正交对称线．因此可以取 1/4 的一个扇形区域为求解区域，如图 7.9 所示．

由物理模型，可以求出超导同步发电机内部的空载磁场，即稳定有旋磁场．根据物理知识，磁场用矢量磁位求解．

因为超导同步电机的磁场是作为线性的平面磁场来处理的，设矢量磁位只有 z 轴方向的分量，则磁力线全部在与 xOy 平面平行的平面内，磁场只有沿 x 轴和 y 轴方向的两个分量，且所有这些平面内的磁场图完全相同．因此，上述方程只剩下一个关于 A_z 的二维 Poisson 方程：

$$\nabla^2 A_z = \frac{\partial^2 A_z}{\partial x^2} + \frac{\partial^2 A_z}{\partial y^2} = -\mu J_z.$$

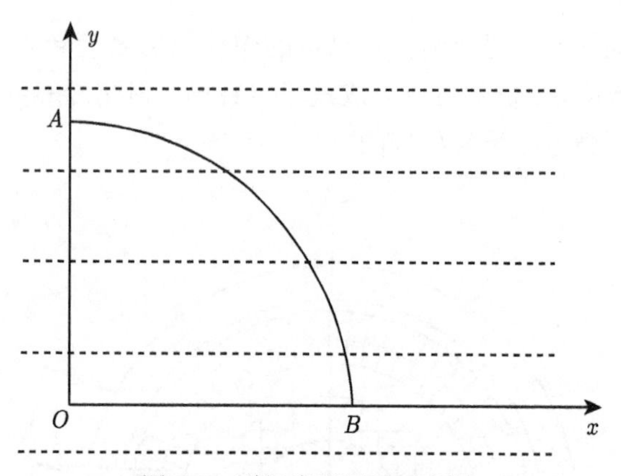

图 7.9　磁场扇形区域示意图

考虑在所有的磁场区域中给出边值条件, 在磁极中心线 AO 以及外圆周弧线 AB 上具有第一类齐次边界条件 $A_z = 0$, 在极间中心线 BO 上具有第二类边界条件 $\partial A_z/\partial n = 0$, 于是磁场的 Poisson 方程边值问题为

$$\begin{aligned}
&\Omega : \frac{\partial^2 A_z}{\partial x^2} + \frac{\partial^2 A_z}{\partial y^2} = -\frac{J_z}{\gamma},\\
&AO, AB : A_z = 0,\\
&BO : \frac{\partial A_z}{\partial n} = 0.
\end{aligned}$$

取 $-J_z/\gamma = 200$, 因为只有一个方向 A_z, 为了以下书写方便, 将上式写成

$$\begin{aligned}
&\Omega : \frac{\partial^2 u}{\partial x^2} + \frac{\partial^2 u}{\partial y^2} = -f,\\
&\Gamma_1 : u = 0,\\
&\Gamma_2 : \frac{\partial u}{\partial n} = 0,
\end{aligned} \tag{7.30}$$

其中, $u = A_z$, $f = J_z/\gamma$, Γ_1 表示 AO, AB, Γ_2 表示 BO 边界.

7.5.3　有限元解

1. 问题的转化

利用变分原理, 把原要求的方程 $Tu = f$ 转化为变分问题：求 u 使

$$J[u] = (Tu, u) - 2(f, u). \tag{7.31}$$

取积分泛函

$$(Tu, u) = \iint_{\Omega} (uTu)d\Omega = \iint_{\Omega} (u\Delta u)d\Omega,$$

$$(f, u) = \iint_{\Omega} ufd\Omega,$$

其中

$$Tu = \Delta u = \frac{\partial^2 u}{\partial x^2} + \frac{\partial^2 u}{\partial y^2}.$$

由格林公式及给定的边界条件 $\left(\Gamma_1 : u = 0 \text{ 及 } \Gamma_2 : \frac{\partial u}{\partial n} = 0\right)$ 得

$$\begin{aligned}(Tu, u) &= \iint_{\Omega} (u\Delta u)d\Omega, \\ &= \iint_{\Gamma} \frac{\partial u}{\partial n} dl - \iint_{\Omega} \left(\frac{\partial^2 u}{\partial x^2} + \frac{\partial^2 u}{\partial y^2}\right)^2 d\Omega \\ &= \iint_{\Omega} \left(\frac{\partial^2 u}{\partial x^2} + \frac{\partial^2 u}{\partial y^2}\right)^2 d\Omega.\end{aligned}$$

故 (7.30) 式的变分问题为

$$\begin{cases} \min J(u) = \iint_{\Omega} \left(\frac{\partial^2 u}{\partial x^2} + \frac{\partial^2 u}{\partial y^2}\right)^2 d\Omega - \iint_{\Omega} fud\Omega, \\ \Gamma_1 : u = 0. \end{cases}$$

2. 剖分与插值求基

利用差分法离散化的思想, 将定义域用网格剖分成有限个单元的集合. 本节取三角形剖分, 剖分图如图 7.10 所示.

单元个数 $k = 250$, 角点数 $n = 130$.

对任一单元 $e(e = 1, 2, \cdots, k)$, 设其三角点号分别为 i, j, m, 相应的坐标分别为 $(x_i, y_i), (x_j, y_j), (x_m, y_m)$.

令 $u^e = \alpha_1 + \alpha_2 x + \alpha_3 y$ (插值函数), 则有

$$\begin{cases} u_i^e = \alpha_1 + \alpha_2 x_i + \alpha_3 y_i, \\ u_j^e = \alpha_1 + \alpha_2 x_j + \alpha_3 y_j, \\ u_m^e = \alpha_1 + \alpha_2 x_m + \alpha_3 y_m. \end{cases}$$

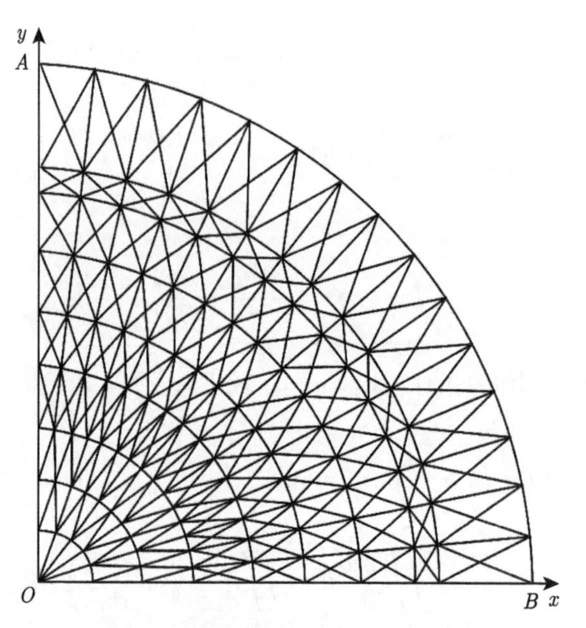

图 7.10　利用网格剖分定义域示意图

于是可得单元上的基函数 $[N_i^e, N_j^e, N_m^e]$, 使得

$$u^e = \frac{1}{2\Delta} = [(a_i + b_i x + c_i y)u_i + (a_j + b_j x + c_j y)u_j + (a_m + b_m x + c_m y)u_m]$$

$$= [N_i^e, N_j^e, N_m^e]\begin{bmatrix} u_i \\ u_j \\ u_m \end{bmatrix},$$

其中

$$a_i = x_i y_m - x_m y_i, \quad b_i = y_i - y_m, \quad c_i = x_m - x_j,$$
$$a_j = x_m y_i - x_i y_m, \quad b_j = y_m - y_i, \quad c_j = x_i - x_m,$$
$$a_m = x_i y_j - x_j y_i, \quad b_m = y_i - y_j, \quad c_m = x_j - x_i,$$

Δ 为单位 e 的面积:

$$\Delta = \frac{1}{2}\begin{bmatrix} 1 & x_i & y_i \\ 1 & x_j & y_j \\ 1 & x_m & y_m \end{bmatrix},$$

$[N_i^e, N_j^e, N_m^e]$ 为 $[N_i, N_j, N_m]$ 落在 e 单元上的一部分. 把每个角点相邻单元上的基叠加起来, 就合成相应于各个角点的全域上的基 $[N_1, N_2, \cdots, N_n]$.

3. 计算单元导数式

由上面已得到的基函数, 再根据 “插值函数” 的思想构造线性函数

$$u \approx \sum_{i=1}^{n} N_i u_i.$$

为了求 u_i, 使 $J[u] \approx J\left[\sum_{i=1}^{n} N_i u_i\right]$ 为最小, 即要求 u_i 满足

$$\frac{\partial J}{\partial u_i} = 0 \quad (i = 1, 2, \cdots, n).$$

因为

$$J = \sum_{e=1}^{n} J^e,$$

所以

$$\frac{\partial J}{\partial u_i} = \frac{\partial}{\partial u_i}\left[\sum_{e=1}^{n} J^e\right] = \sum_{e=1}^{n} \frac{\partial J^e}{\partial u_i}.$$

在 e 单元上求出单元导数式

$$\begin{bmatrix} \dfrac{\partial J^e}{\partial u_i} \\ \dfrac{\partial J^e}{\partial u_j} \\ \dfrac{\partial J^e}{\partial u_m} \end{bmatrix} = \left[k_{ij}^e\right]_{3\times 3} \begin{bmatrix} u_i \\ u_j \\ u_m \end{bmatrix} - \begin{bmatrix} p_i^e \\ p_j^e \\ p_m^e \end{bmatrix},$$

计算公式

$$k_{ii}^e = \frac{1}{4\Delta}(b_i^2 + c_i^2),$$

$$k_{jj}^e = \frac{1}{4\Delta}(b_j^2 + c_j^2),$$

$$k_{mm}^e = \frac{1}{4\Delta}(b_m^2 + c_m^2),$$

$$k_{ij}^e = \frac{1}{4\Delta}(b_i b_j + c_i c_j) = k_{ji}^e,$$

$$k_{jm}^e = \frac{1}{4\Delta}(b_j b_m + c_j c_m) = k_{mj}^e,$$

$$k_{mi}^e = \frac{1}{4\Delta}(b_m b_i + c_m c_i) = k_{im}^e,$$

以及

$$p_i^e = \frac{f \cdot \Delta}{3}, \quad p_j^e = \frac{f \cdot \Delta}{3}, \quad p_m^e = \frac{f \cdot \Delta}{3},$$

式中的量与剖分插值求基中定义的一样.

4. 集合成总方程组

因为单位元 $k=225$, 重复计算上述过程, 共可得到 225 个单元导数式的 3×3 的系数矩阵, 然后由它们集合成总方程组的系数矩阵, 得到一个 130 阶的线性方程组, 集合过程见图 7.11.

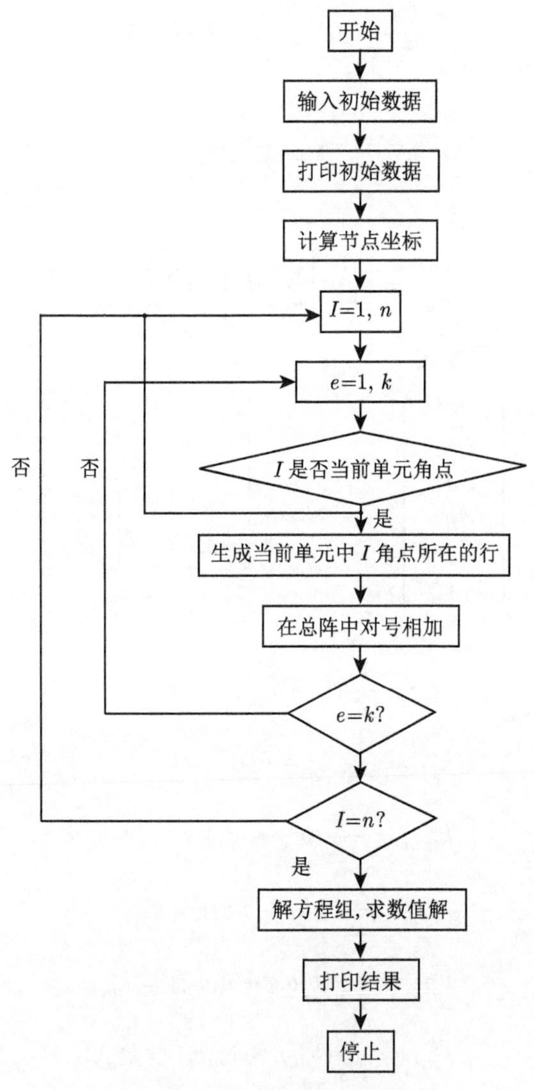

图 7.11 节点扫描法计算框图

在集合成总系数矩阵后, 我们再来处理边界条件, 第二类边界条件是自然边值条件, 已自动进入泛函之中, 不必作为变分问题的约束进行处理, 对第一类强加边界条件, 我们进行了 “对角线归 1” 的处理.

设有限元方程为

$$(k_{ij})\begin{bmatrix} u_1 \\ u_2 \\ \vdots \\ u_i \\ \vdots \\ u_m \end{bmatrix} = \begin{bmatrix} b_1 \\ b_2 \\ \vdots \\ b_i \\ \vdots \\ b_m \end{bmatrix}.$$

又设 u_i 为已知边界值, 就在系数矩阵 $[k_{ij}]$ 中作对角线归 1 的处理：令 $k_{ii}=1$, $k_{ij}=0, j=1,2,\cdots,n$, 将 b_i 换成 u_i.

第一类边界条件有多少个已知值, 就可以独立出多少个方程, 从而使方程组降多少阶.

5. 解线性方程组及计算框图

因为有限元方程是线性的, 且系数矩阵对称、正定, 本节采用改进平方根法求解. 节点扫描法计算框图如图 7.11 所示.

6. 计算结果及图表

根据所编有限元计算程序, 在 PC-ZT 上算得结果, 并根据结果画出等值线, 即磁力线分布图 (图 7.12).

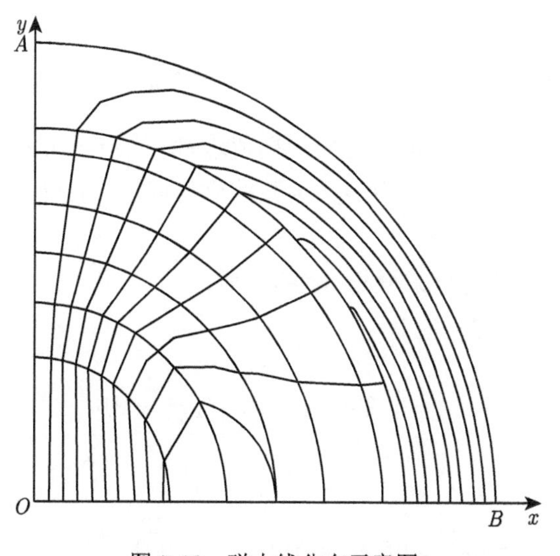

图 7.12 磁力线分布示意图

7.5.4 解的讨论

为了进一步讨论解的存在性、唯一性及收敛性, 我们先从直交投影的角度进行分析.

1. 正交投影定理

设 M 是内积空间 H 的线性子空间, $x \in H$, 如果 x_0 是 x 在 M 上的投影, 则

$$\|x - x_0\| = \inf_{y \in M} \|x - y\|,$$

且 x_0 是 M 中使上式成立的唯一的点.

设 M 为 Hilbert 空间 H 中的闭线性子空间, 则对任意的 $x \in H$, 存在唯一的 $x_0 \in M$ 及 $x_1 \in M^{\perp}$, 使

$$x = x_0 + x_1.$$

2. 有限元的投影性质

本节所求有限元解可归结为下述问题：设算子方程

$$Tu = f, \tag{7.32}$$

其中 T 为 H 空间中的线性正定算子, u 为 H 中的待求元素, f 为 H 中的已知元素.

根据变分原理, 求解算子方程 (7.32) 的问题可转化为等价的变分问题：求 u, 使

$$J[u] = (Tu, u) - 2(f, u). \tag{7.33}$$

有限元法的基本思想就是通过分片插值求基, 构造一个有限元子空间 N, 然后在 N 中将问题 (7.33) 转化为多元函数的极值问题, 求得 u 的近似数值解 u_0, 它就是方程 (7.32) 的近似解.

下面从正交投影的观点来分析 u_0 的性质.

显然对所有的 $y \in N$, 应有

$$J[u_0] \leqslant J[u_0 + \varepsilon y] \quad (\forall \varepsilon > 0).$$

于是

$$(Tu_0, u_0) - 2(f, u_0) \leqslant (T(u_0 + \varepsilon y), (u_0 + \varepsilon y)) - 2(f, u_0 + \varepsilon y), \tag{7.34}$$

由于 T 的正定性、线性性, 上式的右端应为

$$(Tu_0, u_0) + \varepsilon^2(Ty, y) + 2\varepsilon(Tu_0 - f, y) - 2(f, u_0),$$

代入 (7.34) 式得

$$\varepsilon^2(Ty, y) + 2\varepsilon(Tu_0 - f, y) \geqslant 0,$$

应对 $\forall y \in N$ 均成立, 故有

$$(Tu_0 - f, y) = 0, \tag{7.35}$$

所以 Tu_0 是 f 在 N 上的正交投影, 也就是 Tu 在 N 上的正交投影.

若引进新的内积

$$[u, v] \equiv (Tu, v),$$

则 (7.35) 式成为

$$(u_0 - u, y) = (T(u_0 - u), y) = (Tu_0 - Tu, y) = (Tu_0 - f, y) = 0 \quad (\forall y \in N).$$

在新的内积意义下, u_0 即为真解 u 在有限子空间 N 上的正交投影.

可见, 本节所求有限元解确为真解在有限元子空间上的正交投影. 本节所求解的问题完全满足正交投影定理中所要求的条件, 这就保证了所求解的存在性、唯一性.

3. 解的收敛性及误差估计

因本节的解是在变分原理基础上求得的, 又由上面所讨论的解的存在性、唯一性, 则根据变分问题广义解收敛定理可知, 本节所得解在剖分最大边长 $h \to 0$ 时恒收敛.

有限元的误差估计可以归结为插值误差. 本节采用三角剖分及线性插值, 根据线性插值的误差估计有

$$\|u - u_0\| = \sqrt{(u - u_0, u - u_0)} \leqslant \frac{c}{\sin^2\theta} \|u_0\|\, h,$$

其中, c 为固定常数; $h = \max\{$部分单元边长$\}$; $\theta = \min\{$角度为锐角的单元内角$\}$. 因此, 解在规定模 $\|u\| = \sqrt{(u, u)}$ 意义下的误差阶为 h 的一次方.

第 8 章　小波分析及其应用

8.1　小波分析与 Fourier 分析

从数学上来看, 小波分析与其他分析 (如 Fourier 分析、有限元分析等) 一样, 都是为了用特殊的基函数来展开和研究一个任意函数. 在此以前, 以三角函数基的应用最为广泛. 自 1807 年法国数学家 Fourier 提出 Fourier 分析以来, 分析方法起了关键性的变化, 它最重要的意义是由 Fourier 变换引进了频率的概念, 它把一个函数展开为各种频率的谐波的线性叠加, 由此引出了一系列频谱分析的理论, 使对函数性态的研究可以转化为对 Fourier 系数和 Fourier 变换的研究. 很多在时域中看不清的问题, 放到频域中却能一目了然. 因此, 长期以来, Fourier 分析理论不论在数学中, 还是在工程科学中一直占有极其重要的地位. 但是 Fourier 分析理论也不是完美无缺的, 它的主要缺陷大致可归纳如下.

(1) 对任意函数, 三角基是否最好?

(2) 分辨率不高. 由于频谱点的等距分布, Fourier 级数不能很好地反映一些具有突变的非平稳函数.

(3) 不能同时作时域及频域分析. 一个函数一经 Fourier 变换, 就失去了时间特性, $F(\omega)$ 只能作频域分析. 虽然窗函数的引进, 一定程度上解决了时、频分析的问题, 但是由于固定的窗口大小, 窗口 Fourier 变换也无法适应非平稳信号, 且缺乏离散正交基.

(4) 三角基在时域上没有局部化, 因此在时域上不能作局域分析. 事实上, 因为 $\hat{f}(\omega)$ 是 f 关于频率 ω 的谐波分量的振幅, 它是由 f 的整体特性决定的, 我们无法从 $\hat{f}(\omega)$ 知道 f 在任一时刻的性态. 同时, 全域基也给计算带来了麻烦.

(5) Fourier 分析只在 $L^2(R)$ 上有效, 对 $p \neq 2$ 的 $L^p(R)$, Fourier 系数只是形式展开, 而不能刻画函数的大小和性态.

因此, 长期以来, 人们一直在寻找更好的基来展开和描绘任意函数, 经过多年的探索和总结, 逐渐发展形成小波分析理论.

在 Fourier 分析中, 用的是三角基. 而在小波分析中, 小波基是经特殊方法构造出来的. 它构成 $L^2(R)$ 的规范正交基, 小波子空间序列正交和的极限就是 $L^2(R)$, 此时就将 $L^2(R)$ 作了正交分解. 于是, $L^2(R)$ 中的函数可用小波级数来表示, 小波系数可以通过小波变换求得, 也可由小波滤波器直接推算得到. 实际应用中的小波子空间总是有限维的.

由于小波基的特殊构造和灵活性, 小波分析在很多应用中体现了比 Fourier 分析更为优越的特点. 但是, 小波基的构造和小波分析理论很多都来源于 Fourier 分析, 所以它们之间有密切的联系, 相辅相成. 这在小波理论的推导过程中可以看到.

为了克服 Fourier 分析不能同时作时频分析的缺点, Gabor 在 1944 年引进了 “窗口” Fourier 变换, 其主要思想是取一个光滑函数 $g(t)$ (称为窗函数, 见图 8.1), 即

$$g(t)=\begin{cases}1, & t\in(-\Delta+\delta,\Delta-\delta),\\ \text{光滑的}\to 0, & t\in(-\Delta-\delta,-\Delta+\delta),\ t\in(\Delta-\delta,\Delta+\delta),\\ 0, & \text{其他}.\end{cases} \tag{8.1}$$

于是窗口 Fourier 变换定义为

$$G_f(\omega,\tau)=\int_{-\infty}^{\infty}f(t)g(t-\tau)e^{-j\omega t}dt. \tag{8.2}$$

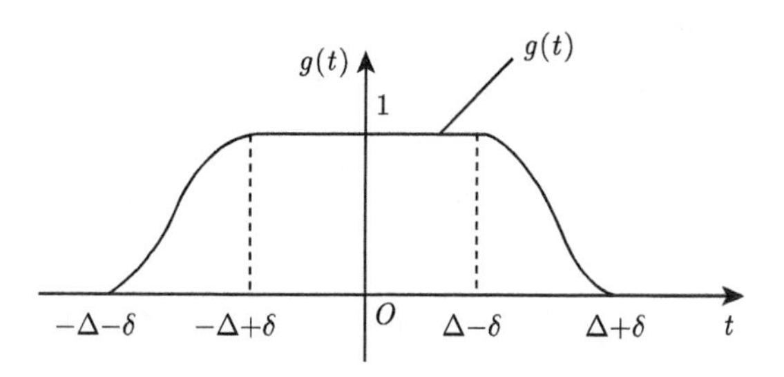

图 8.1 窗函数

通常选用能量集中在低频处的实偶函数作窗函数 $g(t)$, 从而保证窗口 Fourier 变换在时域和频域内均有局域化功能, 但由于 Heisenberg 测不准原理的约束, 频窗和时窗不能同时达到极小值, 即窗口 Fourier 变换的时、频窗口的大小一旦选定就固定不变, 与频率无关. 因此, 它只适合分析所有特征尺度大致相同的过程, 窗口没有自适应性, 不适于分析多尺度信号和突变过程, 而且其离散形式没有正交展开. 正是由于窗口 Fourier 变换这些致命的缺点, 它未能得到广泛应用与进一步发展.

小波变换继承和发展了窗口 Fourier 变换的时、频局部化思想, 同时又克服了窗口大小不随频率变化、没有离散正交基的缺点. 一个小波基函数的作用相当于

一个窗函数, 小波基的平移相当于窗口的平移, 它既有随频率变化的自适应窗口 (低频信号有大的窗口, 频率越高, 则窗口越小), 又具有离散化的规范正交基, 因此, 小波变换是比较理想的时频分析工具.

对应于 Fourier 分析中的 Fourier 级数、Fourier 变换、快速 Fourier 变换, 在小波分析中也有相应的小波级数、小波变换和 Mallat 算法. 但由于小波基的特殊构造, 在小波分析中, 有一个很重要也是很具特色的内容, 就是构造小波基的一般框架——多分辨分析理论.

8.2 小波基与多分辨分析

一般找基有两种途径：一是直接构造基函数, 验证它们满足基的条件; 二是空间分解的方法. 将空间按一定规律分解为具有特定性质的子空间序列, 然后按特性找出子空间的基来合成全空间的基. 历史上, 曾经有很多利用空间分解 (如原子分解、分子分解等) 来构造基函数的例子.

在构造小波基的过程中, 按第一种单个找基函数的方法虽然取得了不少成果, 但是, 按第二种空间分解的方法, 经过多年的努力, 逐渐形成了构造小波基的一般框架——多分辨分析 (multi-resolution-analysis, MRA).

1988 年, Mattle 与 Meyer 合作提出了多分辨分析的框架, 其主要思想是将 $L^2(R)$ 分解为一串具有不同分辨率的子空间序列. 而该子空间序列的极限就是 $L^2(R)$, 然后将 $L^2(R)$ 中的函数描述为具有一系列近似函数的逼近极限, 其中每一个近似函数都是该函数在不同分辨率子空间上的投影. 通过这些投影可以分析和研究该函数在不同分辨率子空间上的性态和特征.

定义 8.1　设 $\{V_j\}_{j\in Z}$ 是 $L^2(R)$ 的一个闭子空间序列, 如果满足以下五个条件：

(1) 单调性：$V_j \subset V_{j+1}$;

(2) 平移不变性：$f(x) \in V_j \Leftrightarrow f(x-k) \in V_j$;

(3) 二进制伸缩相关性：$f(x) \in V_j \Leftrightarrow f(2x) \in V_{j+1}$, $f\left(2^j x\right) \in V_{2j}$;

(4) 逼近性：$\bigcap\limits_{j\in Z} V_j = \{0\}$, $\overline{\bigcup\limits_{j\in Z} V_j} = L^2(R)$;

(5) Riesz 基的存在性：存在 $g\,(x) \in V_0$, 使 $\{g(x-k)\}_{k\in Z}$ 构成 V_0 的 Riesz 基,

则称 $\{V_j\}_{j\in Z}$ 为 $L^2(R)$ 的一个多分辨分析.

把 $g(x)$ 规范正交化得到

$$\varphi(x) = \frac{1}{\sqrt{2\pi}}\left[\left(\sum_{k=-\infty}^{+\infty}\left|\hat{g}\left(\omega+2k\pi\right)\right|^2\right)^{-\frac{1}{2}}\hat{g}(\omega)\right]^{\vee}, \tag{8.3}$$

则 $\varphi(x)$ 称为多分辨分析 $\{V_j\}_{j\in Z}$ 的一个尺度函数, $\{\varphi_{j,k}(x)=2^{j/2}\varphi(2^jx-k)\}_{j,k\in Z}$ 为 V_j 的规范正交基.

取 W_j 为 V_j 在 V_{j+1} 中的正交补空间, 则有

$$V_{j+1}=V_j\oplus W_j,\ \text{且对}\ \forall i\neq j,\ \text{有：}W_i\perp W_j. \tag{8.4}$$

我们能得到

$$L^2(R)=\bigoplus_{j\in Z}W_j. \tag{8.5}$$

这样就把 $L^2(R)$ 分解为相互正交的子空间. 这样形成的序列 $\{W_j\}_{j\in Z}$ 具有以下性质.

(1) 平移不变性：$f(x)\in W_j$, 则

$$f(x-k)\in W_j. \tag{8.6}$$

(2) 二进制伸缩相关性：

$$f(x)\in W_j\Leftrightarrow f(2x)\in W_{j+1}. \tag{8.7}$$

因为 $\varphi\in V_0\subset V_1$, $\varphi_{1,k}$ 是 V_1 的规范正交基, 则

$$\varphi(x)=\sum_k h_k\varphi_{1,k}=\sqrt{2}\sum_k h_k\varphi(2x-k), \tag{8.8}$$

式中 $h_k=\langle\varphi,\varphi_{1,k}\rangle$ 且 $\sum\limits_k|h_k|=1$.

对 (8.8) 式作 Fourier 变换

$$\hat{\varphi}(\omega)=\frac{1}{\sqrt{2}}\sum_k h_ke^{-ik\omega/2}\hat{\varphi}(\omega/2), \tag{8.9}$$

(8.9) 式可记为

$$\hat{\varphi}(\omega)=H(\omega/2)\hat{\varphi}(\omega/2), \tag{8.10}$$

其中 $H(\omega)=\dfrac{1}{\sqrt{2}}\sum\limits_k h_ke^{-ik\omega}$, 这是一个以 2π 为周期的函数, 且

$$|H(\omega)|^2+|H(\omega+\pi)|=1. \tag{8.11}$$

设 $\psi\in W_0$, 它等价于 $\psi\perp V_0$ 且 $\psi\in V_1$, 则同样可有

$$\psi(x)=\sum_k g_k\varphi_{1,k}(x)=\sqrt{2}\sum_k g_k\varphi(2x-k), \tag{8.12}$$

其中 $g_k = \langle \psi, \varphi_{1,k} \rangle$, 其 Fourier 变换为

$$\hat{\psi}(\omega) = \frac{1}{\sqrt{2}} \sum_k g_k e^{-1k\omega/2} \hat{\varphi}(\omega/2) = G(\omega/2)\hat{\varphi}(\omega/2), \tag{8.13}$$

式中

$$G(\omega) = \frac{1}{\sqrt{2}} \sum_k g_k e^{-ik\omega}, \tag{8.14}$$

$G(\omega)$ 也是一个以 2π 为周期的函数, 且满足

$$G(\omega)\overline{H(\omega)} + G(\omega+\pi)\overline{H(\omega+\pi)} = 0. \tag{8.15}$$

由 (8.15) 式得

$$G(\omega) = e^{i\omega}\overline{H(\omega+\pi)}. \tag{8.16}$$

因此

$$\hat{\psi}(\omega) = e^{i\omega/2}\overline{H(\omega/2+\pi)}\hat{\varphi}(\omega/2). \tag{8.17}$$

作 Fourier 反变换可得

$$\psi(x) = \sqrt{2} \sum_k (-1)^{k-1} h_{-k-1} \varphi(2x-k), \tag{8.18}$$

$\psi(x)$ 就是小波函数, $\psi_{j,k}(x) = 2^{j/2}\psi(2^j x - k)$ 构成 $L^2(R)$ 的标准正交基.

8.3　小波级数与小波变换

8.3.1　小波级数

在多分辨分析 (MRA) 中, $L^2(R)$ 有空间塔式分解

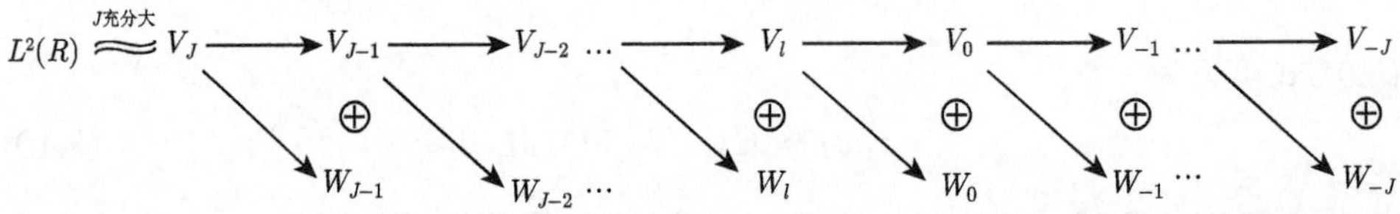

$$\begin{array}{ccccccccccccc}
L^2(R) \overset{J充分大}{\approx} V_J & \longrightarrow & V_{J-1} & \longrightarrow & V_{J-2} \cdots & \longrightarrow & V_l & \longrightarrow & V_0 & \longrightarrow & V_{-1} \cdots & \longrightarrow & V_{-J} \\
& \searrow & \oplus & \searrow & & \searrow & \oplus & \searrow & \oplus & \searrow & \oplus & \searrow & \oplus \\
& & W_{J-1} & & W_{J-2} \cdots & & W_l & & W_0 & & W_{-1} \cdots & & W_{-J}
\end{array}$$

即

$$L^2(R) \approx W_{J-1} \oplus W_{J-2} \oplus \cdots \oplus W_{-J} \oplus V_{-J}. \tag{8.19}$$

对任意 $f \in L^2(R)$, 设 f 在 V_j 上的投影系数为 $c_{j,k}$, 在 W_j 上的投影系数为 $d_{j,k}(j = J, J-1, \cdots, -J)$, 则对应于 (8.19) 式的空间分解, 系数也有相应的塔式分解

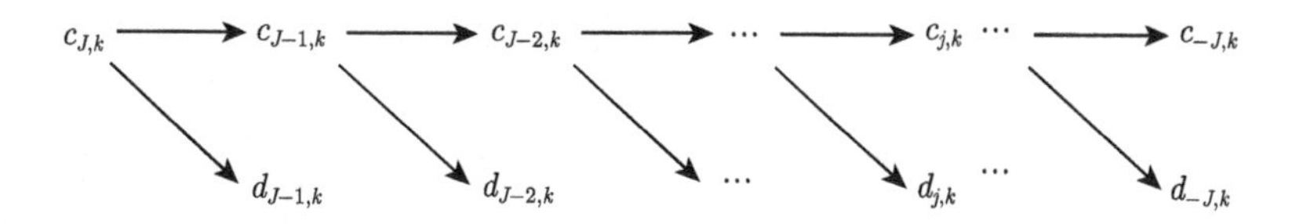

于是, f 有以下的分解式

$$\begin{aligned}
f(x) &= \sum_k c_{J,k}\varphi_{J,k} = \sum_k d_{J-1,k}\psi_{J-1,k} + \sum_k c_{J-1,k}\varphi_{J-1,k} \\
&= \sum_k d_{J-1,k}\psi_{J-1,k} + \sum_k d_{J-2,k}\psi_{J-2,k} + \sum_k c_{J-2,k}\varphi_{J-2,k} \\
&= \cdots \\
&= \sum_k d_{J-1,k}\psi_{J-1,k} + \cdots + \sum_k d_{-J,k}\psi_{-J,k} + \sum_k c_{-J,k}\varphi_{-J,k} \\
&= \sum_{j=-J}^{J-1}\sum_k d_{j,k}\psi_{j,k} + \sum_k c_{-J,k}\varphi_{-J,k} \qquad (8.20) \\
&\overset{J\to\infty}{\longrightarrow} \sum_{j=-\infty}^{\infty}\sum_k d_{j,k}\psi_{j,k} \quad (\text{此时 } c_{-J,k}\varphi_{-J,k} \to 0) \\
&= \sum_{j,k\in Z} d_{j,k}\psi_{j,k}. \qquad (8.21)
\end{aligned}$$

(8.21) 式就是 f 的小波级数. 这样, f 就被表示成各种频率小波的线性组合, 其中 $d_{j,k}$ 就是对应于小波函数 $\psi_{j,k}$ 的小波系数, 也就是 f 在小波子空间上的投影系数.

在实际应用中, 如在信号与图像处理时, f 的展开式常常停留在 (8.20) 式. 在 (8.20) 式中, 第一和式在小波子空间中, 它表示信号的细节部分 (即高频部分), 一般含有噪声; 第二和式在尺度空间中 (即低频部分), 它反映了信号的本征部分. 重构信号由低频部分和去噪后的高频部分来构成.

8.3.2 小波变换

在 (8.21) 式中, f 被展开为小波级数后, 则 f 的性态可由 $d_{j,k}$ 来描述. 在 $L^2(R)$ 中, 取不同的小波基 $\psi_{j,k}$, 则 f 会有不同的小波系数 $d_{j,k}$. 但一旦 $d_{j,k}$ 选定, 则

$$f \leftrightarrow d_{j,k},$$

f 被唯一地决定于 $d_{j,k}$. 由投影理论

$$d_{j,k} = \langle f, \psi_{j,k}\rangle = \int_R f\bar{\psi}_{j,k}dx = 2^{\frac{j}{2}}\int_R f\bar{\psi}(2^j x - k)dx. \qquad (8.22)$$

称 (8.22) 式为 f 对应于 $\psi_{j,k}$ 的离散小波变换, 记为 $W_f(\psi_{j,k})$. (8.22) 式说明, f 的小波级数中的小波系数可以通过离散小波变换 $W_f(\psi_{j,k})$ 来计算.

小波基函数 $\psi_{j,k}$ 的对偶 $\bar{\psi}_{j,k}$ 就是离散小波积分变换的积分核, 每一个基函数 $\psi_{j,k}$ 通过小波变换的定积分 (8.22) 式对应于一个小波系数 $d_{j,k}$ 的数值. 在 Fourier 分析中, Fourier 级数的系数与 Fourier 变换之间并没有这个关系. 在那里, Fourier 级数只对周期函数展开, Fourier 变换则是通过对时间的全域积分, 得到频谱函数.

在尺度空间中, 同样也有

$$c_{j,k} = \langle f, \varphi_{j,k} \rangle = \int_R f \bar{\varphi}_{j,k} dx = 2^{\frac{j}{2}} \int_R f \bar{\varphi}(2^j x - k) dx. \tag{8.23}$$

称 $c_{j,k}$ 为尺度系数, (8.23) 式为尺度函数积分变换, 其中的积分核为尺度函数 $\varphi_{j,k}$ 的对偶 $\bar{\varphi}_{j,k}$.

在离散小波变换

$$W_f(\psi_{j,k}) = \int_R f \bar{\psi}_{j,k} dx$$

中, 若把积分核 (小波基) 推广到一般的连续变量函数

$$\psi_{a,b} = |a|^{-\frac{1}{2}} \psi\left(\frac{x-b}{a}\right) \quad (a, b \in R, a \neq 0), \tag{8.24}$$

就可引出连续小波变换, 但连续小波变换中对 ψ 的要求低.

定义 8.2 设 $\psi(x) \in L^2(R)$, 其 Fourier 变换为 $\hat{\psi}(\omega)$, 若 $\hat{\psi}(\omega)$ 满足容许条件

$$C_\psi = \int_R \left|\hat{\psi}(\omega)\right|^2 |\omega|^{-1} d\omega < +\infty, \tag{8.25}$$

则称 $\psi(x)$ 为一个基小波或母小波 (mother wavelet). 为了区别起见, 有时称 (8.21) 式小波级数中的 ψ 为正交小波函数. 将母函数 $\psi(x)$ 经伸缩和平移后得

$$\psi_{a,b}(x) = \frac{1}{\sqrt{|a|}} \psi\left(\frac{x-b}{a}\right), \quad a, b \in R, \quad a \neq 0, \tag{8.26}$$

称为一个小波序列, 其中 a 为伸缩因子, b 为平移因子.

对于任意的函数 $f(x) \in L^2(R)$, 连续小波变换为

$$W_f(a,b) = \langle f, \psi_{a,b} \rangle = |a|^{-1/2} \int_R f(x) \overline{\psi\left(\frac{x-b}{a}\right)} dx, \tag{8.27}$$

其重构公式为

$$f(x)=\frac{1}{C_\psi}\int_{-\infty}^{+\infty}\int_{-\infty}^{+\infty}\frac{1}{|a|^2}W_f(a,b)\,\psi\left(\frac{x-b}{a}\right)dadb. \tag{8.28}$$

由于母小波 $\psi(x)$ 生成的小波 $\psi_{a,b}(x)$ 在小波变换中对被分析的信号起着观测窗的作用, 因此 $\psi(x)$ 还满足约束条件

$$\int_{-\infty}^{\infty}|\psi(x)|\,dx<\infty, \tag{8.29}$$

故 $\hat{\psi}(\omega)$ 是一个连续函数. 为了满足完全重构条件 (8.25), $\hat{\psi}(\omega)$ 在原点必须等于 0, 即

$$\hat{\psi}(0)=0. \tag{8.30}$$

为了使重构的实现在数值上稳定, 还要求小波 $\psi(x)$ 的 Fourier 变换满足下面的稳定性条件

$$A\leqslant\sum_{j=-\infty}^{\infty}\left|\hat{\psi}\left(2^{-j}\omega\right)\right|^2\leqslant B, \tag{8.31}$$

其中 $0<A\leqslant B<\infty$.

基于小波满足的"容许条件"(8.25) 式比正交小波的条件要弱得多. 实际上可以证明, 正交小波一定满足容许条件, 因此正交小波必是基小波, 反之则不一定, 即当基小波 ψ 满足容许条件时, 不能保证 $\{\psi_{j,k}\}_{j,k\in Z}$ 构成规范正交基.

如果基小波 ψ 取为正交小波, 则当 $a=2^{-j},b=2^{-j}k$ 时, (8.24) 式构成正交小波基, 且

$$W_f(a,b)|_{a=2^{-j},b=2^{-j}k}=\int_R 2^{\frac{j}{2}}f(x)\bar{\psi}(2^jx-k)dx$$

为离散正交小波变换.

8.4 Mallat 算法

8.4.1 基本思想

1989 年, Mallat 在图像分解和重构的塔式算法启示下, 基于多分辨分析框架, 提出了以他的名字命名的 Mallat 算法. 该算法大大简化了小波系数的计算, 在小波分析中占有相当重要的地位, 为小波的应用开辟了一条捷径. 可以毫不夸张地说, 如果没有快速小波变换算法, 小波分析也就只能是一种理论摆设. 下面给出 Mallat 算法的基本思想和一些重要公式.

假定多分辨分析 $\{V_j\}_{j\in Z}$ 中 $\{\varphi(x-k)\}_{k\in Z}$ 是标准正交的, 对应的小波基函数为 $\psi\in L^2(R)$. 由于 $\{\psi_{j,k}\}_{j,k\in Z}$ 构成了 $L^2(R)$ 的一组标准正交基, 因而对任给的函数 $f\in L^2(R)$, 都可以用 $\{\psi_{j,k}\}_{j,k\in Z}$ 来分析. 由于

$$\overline{\bigcup_{j\in Z} V_j}=L^2(R) \tag{8.32}$$

及某一特定的信号总是具有有限的分辨率, 所以可假定 f 属于某个

$$V_J=\operatorname{span}\{\varphi_{J,k}\}_{k\in Z}, \tag{8.33}$$

因此有

$$f(x)=\sum_{k\in Z} c_{J,k}\varphi_{J,k}, \tag{8.34}$$

其中, $c_{J,k}=\langle f,\varphi_{J,k}\rangle$. (8.34) 式称为 $f(x)$ 的尺度函数展开表示.

由多分辨分析知

$$V_J=W_{J-1}\oplus V_{J-1}=\cdots=W_{J-1}\oplus W_{J-2}\oplus\cdots\oplus W_{J-M}\oplus V_{J-M}, \tag{8.35}$$

故 $f(x)$ 又可以表示为

$$f(x)=\sum_{J-M\leqslant j<J}\sum_{k\in Z} d_{j,k}\psi_{j,k}+\sum_{k\in Z} c_{J-M,k}\varphi_{J-M,k}, \tag{8.36}$$

其中, $d_{j,k}=\langle f(x),\psi_{j,k}(x)\rangle$. (8.36) 式称为 $f(x)$ 的小波级数展开表示. 若记

$$g_j(x)=\sum_{k\in Z} d_{j,k}\psi_{j,k}\in W_j, \tag{8.37}$$

$$f_j(x)=\sum_{k\in Z} c_{j,k}\varphi_{j,k}\in V_j, \tag{8.38}$$

则 (8.36) 式又可写为

$$f(x)=\sum_{J-M\leqslant j<J} g_j+f_{J-M}. \tag{8.39}$$

它用 $f(x)$ 在不同分辨层上的投影函数的叠加来表示 $f(x)$, 并且随着 j 的增大, $f_j(x)$ 越来越接近 $f(x)$, 即有

$$f(x)=\lim_{j\to+\infty} f_j(x). \tag{8.40}$$

Mallat 的分解和重构算法就是经过对各层分解系数之间的关系进行研究而构造出来的.

8.4.2 Mallat 分解算法

将双尺度方程

$$\varphi(x)=\sum_{n}a_n\varphi(2x-n) \tag{8.41}$$

和小波方程

$$\psi(x)=\sum_{n}(-1)^n a_{-n+1}\varphi(2x-n) \tag{8.42}$$

写成如下形式：

$$\begin{cases}\varphi(x)=\sqrt{2}\sum\limits_{n}h_n\varphi(2x-n),\\ \psi(x)=\sqrt{2}\sum\limits_{n}g_n\varphi(2x-n),\end{cases} \tag{8.43}$$

其中

$$h_n=\frac{a_n}{\sqrt{2}},\quad g_n=(-1)^n\frac{a_{-n+1}}{\sqrt{2}}. \tag{8.44}$$

由 (8.43) 可得

$$\begin{cases}\varphi_{j,k}=\sum\limits_{n}h_n\varphi_{j+1,2k+n},\\ \psi_{j,k}=\sum\limits_{n}g_n\varphi_{j+1,2k+n}.\end{cases} \tag{8.45}$$

又由于 $c_{j,k}=\langle f,\varphi_{j,k}\rangle$ 和 $d_{j,k}=\langle f,\psi_{j,k}\rangle$, 因此根据 (8.45) 有下列系数之间的关系式

$$\begin{cases}c_{j,k}=\sum\limits_{n}\bar{h}_{n-2k}c_{j+1,n},\\ d_{j,k}=\sum\limits_{n}\bar{g}_{n-2k}c_{j+1,n}.\end{cases} \tag{8.46}$$

这个由 $\{c_{j+1,k}\}_{k\in Z}$ 计算 $\{c_{j,k}\}_{k\in Z}$ 和 $\{d_{j,k}\}_{k\in Z}$ 的算法称为 Mallat 分解算法. 利用该分解算法可以很容易地由 (8.34) 式中的 $\{c_{J,k}\}_{k\in Z}$ 计算出 (8.36) 式中各个不同分辨层上的小波展开系数 $\{d_{j,k}\}_{k\in Z}$ $(j=J-1,J-2,\cdots,J-M)$, 以及在较“粗”尺度空间中的尺度函数展开系数 $\{c_{J-M,k}\}_{k\in Z}$. Mallat 分解算法的过程用图 8.2 表示.

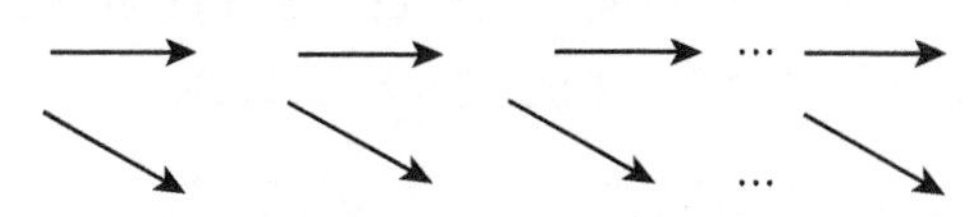

图 8.2 Mallat 分解算法的过程

8.4.3 Mallat 重构算法

由于

$$V_{j+1} = V_j \oplus W_j,$$

因而有

$$\varphi_{j+1,k}(x) = \sum_l \alpha_l \varphi_{j,l}(x) + \sum_l \beta_l \psi_{j,l}(x), \tag{8.47}$$

注意到 $\{\varphi_{j,k}\}_{j,k\in Z}$ 的标准正交性, 并利用 (8.45) 式可推出

$$\alpha_l = \bar{h}_{k-2l}, \quad \beta_l = \bar{g}_{k-2l}.$$

于是我们得到

$$\varphi_{j+1,k}(x) = \sum_l \bar{h}_{k-2l} \varphi_{j,l}(x) + \sum_l \bar{g}_{k-2l} \psi_{j,l}(x). \tag{8.48}$$

用 f 分别和 (8.48) 式两边作内积, 则有

$$c_{j+1,k} = \sum_l h_{k-2l} c_{j,l} + \sum_l g_{k-2l} d_{j,l}. \tag{8.49}$$

这就是 Mallat 重构算法．重构算法用图 8.3 表示．

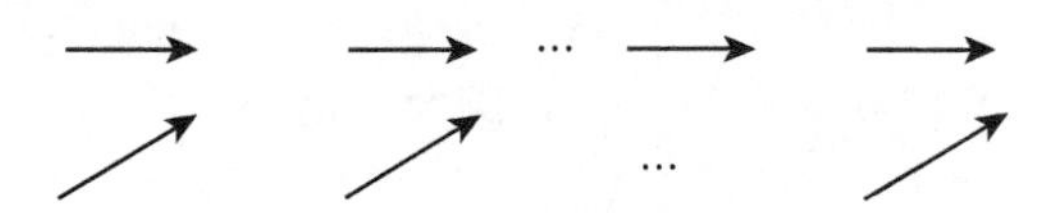

图 8.3　Mallat 重构算法的过程

8.4.4 Mallat 算法的矩阵形式

我们引入矩阵 $H = (H_{k,n})$, $G = (G_{k,n})$, 其中 $H_{k,n} = \bar{h}_{n-2k}$, $G_{k,n} = \bar{g}_{n-2k}$, 并设 C_0 为原始的采样信号时, 我们就可以得到 Mallat 分解算法的矩阵分解形式:

$$C_{j+1} = HC_j, \tag{8.50}$$

$$D_{j+1} = GC_j, \tag{8.51}$$

其中, C_j 和 D_j 分别为尺度 j 的空间上的逼近系数 $c_{j,k}$ 和小波系数 $d_{j,k}$ 的列阵形式, H 和 G 称为滤波器系数矩阵．相应的重构公式为

$$C_j = H^* C_{j+1} + G^* D_{j+1} \quad (j = J-1, J-2, \cdots, 1, 0), \tag{8.52}$$

其中 H^* 和 G^* 分别是 H 和 G 的共轭转置矩阵, 有关系

$$H^*H + G^*G = I. \tag{8.53}$$

只有正交小波才满足上述结论, 对于其他非正交小波而言, 重构公式需变为

$$C_j = H_l C_{j+1} + G_l D_{j+1} \quad (j = J-1, J-2, \cdots, 1, 0), \tag{8.54}$$

其中 H_l 和 G_l 称为综合滤波器, 且满足

$$H_l H + G_l G = I. \tag{8.55}$$

处理图像时, 需要用到二维小波变换. 我们采用张量积的形式得到二维小波变换. 设尺度函数 $\varphi(x)$ 与小波函数 $\psi(x)$ 对应的滤波器系数矩阵分别为 H 和 G, 原始图像记为 C_0, 则二维分解算法描述为

$$\begin{cases} C_{j+1} = HC_jH^*, \\ D_{j+1}^h = GC_jH^*, \\ D_{j+1}^v = HC_jG^*, \\ D_{j+1}^d = GC_jG^*, \end{cases} \quad j = 0, 1, \cdots, J-1, \tag{8.56}$$

其中, h, v, d 分别表示水平、垂直和对角分量, H^* 和 G^* 分别表示 H 和 G 的共轭转置矩阵. 那么, 相应的小波重构算法为

$$C_{j-1} = H^*C_jH + G^*D_j^hH + H^*D_j^vG + G^*D_j^dG, \tag{8.57}$$

这里 $j = J, J-1, \cdots, 1$, J 表示分解层数. 若图像大小为 $N \times N$, 则依据图像分解像素点减半的原理, 分解层数最大为 $\log_2^N$, 但在实际应用中, 一般取 3, 4 层为宜. 利用离散小波变换将图像分解三层的话, 得到图像的多分辨表示为 $LH_n, HL_n, HH_n (n = 1, 2, 3), LL_3$, 这里 LL_3 表示最低频成分, 是图像的一个粗尺度逼近, LH_n 表示水平低频垂直高频成分, HL_n 表示水平高频垂直低频成分, HH_n 表示对角方向的高频分量.

8.5 小波分析在信号去噪中的应用

去除噪声一直是信号处理中的重要内容. 去噪算法一般是利用噪声的一些先验知识对带噪信号在最小均方误差 (MMSE) 意义上进行估计. 小波分析是 Fourier 分析的一个突破性进展, 给信号处理领域带来了崭新的思想, 提供了强有力的工

具. 利用小波变换进行信号去噪的方法大概可以分为三大类：第一类方法是基于小波变换模极大值原理的, 最初由 Mallat 提出, 根据信号和噪声在小波变换各尺度上的不同传播特性, 剔除由噪声产生的模极大值点, 然后利用余下的模极大值点重构小波系数, 进而恢复信号; 第二类方法是对含噪信号作小波变换后, 计算相邻尺度间小波系数的相关性, 根据相关性的大小区别小波系数的类型, 从而进行取舍, 然后重构信号; 第三类方法是 1994 年 Donoho 和 Johnstone 提出的阈值方法, 该方法认为信号对应的小波系数包含信号的重要信息, 其幅值较大, 但数目较少, 而噪声对应的小波系数是一致分布的, 个数较多, 但幅值较小. 基于这一思想, Donoho 等提出了软、硬阈值去噪方法, 即在众多小波系数中, 把绝对值较小的系数置为零, 而让绝对值较大的系数保留或者收缩 (分别对应于硬阈值和软阈值方法), 得到估计小波系数, 然后利用估计小波系数进行信号重构, 即可达到去噪目的.

本节对前两类去噪方法的基本原理和算法作了简要的介绍, 然后着重讨论 Donoho 等提出的阈值去噪方法, Donoho 证明了此方法可在 Besov 空间中得到其他任何线性形式不可能达到的最佳估计. 这是小波理论和应用研究的重大突破, 阈值去噪方法引起了国内外众多学者的关注. 但是此方法中所采用的硬阈值函数的不连续性和软阈值函数中估计小波系数与带噪信号的小波系数之间存在着恒定的偏差的缺陷, 限制了它的进一步应用. 为了克服这一缺点, 我们还将介绍一种新的阈值函数, 与原来的阈值函数相比, 新阈值函数表达式简单, 易于计算, 不但同软阈值函数一样是连续的, 而且是高阶可导的, 便于进行各种数学处理, 同时它具有软、硬阈值函数不可比拟的灵活性, 这些优点为信号的自适应去噪提供了可能.

8.5.1 小波模极大值去噪方法

Mallat 等建立了小波变换与刻画信号奇异性的 Lipschitz 指数之间的密切关系, 指出可以通过小波变换来确定信号奇异点的位置.

定理 8.1　设 $0 \leqslant \alpha \leqslant 1$, 函数 $f(x)$ 在 $[a,\ b]$ 上有一致 Lipschitz 指数 α 的充要条件是：存在一个常数 $k > 0$, 使得 $\forall x \in [a,\ b]$, 小波变换满足

$$|W_{2^j} f(x)| \leqslant k(2^j)^{\alpha}. \tag{8.58}$$

(8.58) 式两边取对数, 得

$$\log_2 |W_{2^j} f(x)| \leqslant \log_2 k + \alpha j. \tag{8.59}$$

由此可知, 如果函数 $f(x)$ 的 Lipschitz 指数 α 大于 0, 则该函数的小波变换

模极大值将随着尺度的增大而增大; 反之, 若 α 小于 0, 则函数 $f(x)$ 的小波变换模极大值将随着尺度的增大而减小.

Mallat 等指出, 信号的 Lipschitz 指数一般是大于 0 的, 即使是不连续的奇异信号, 只要在某一领域内有界, 也有 $\alpha = 0$, 然而噪声对应的 Lipschitz 指数 α 往往是小于零的. 比如高斯白噪声, 它是广义随机分布的, 几乎处处奇异, 它的 Lipschitz 指数 $\alpha = -\dfrac{1}{2} - \varepsilon$. 从 (8.59) 式易得, 信号和噪声在不同尺度的小波变换下呈现截然相反的传播特性, 即随着小波变换尺度的增大, 信号和噪声对应的小波系数模极大值分别是增大和减小的.

根据这一原理, 在连续作若干次小波变换以后, 噪声对应的模极大值已经基本去除或者幅值很小, 而余下的极大值点主要由信号控制. 基于小波变换模极大值原理的去噪算法如下:

(1) 对含噪信号进行二进小波变换, 一般 4～5 个尺度即可, 并求出每一尺度上小波变换系数的模极大值.

(2) 从最大尺度 (不妨设最大尺度为 4) 开始, 选一阈值 A, 若极大值点对应的幅值的绝对值小于 A, 则去掉该极值点, 否则予以保留. 这样就得到最大尺度上新的极大值点.

(3) 在尺度 $j-1(j=4,3)$ 上寻找尺度 j 上的小波变换模极大值点的传播点, 即保留由信号产生的极值点, 去除由噪声引起的极值点, 具体方法如 (4).

(4) 在尺度 j 上的极大值点位置, 构造一个邻域 $O(n_{j_i},\ \varepsilon_i)$, 其中, n_{j_i} 为制度 j 上的第 i 个极值点, ε_j 为仅与尺度 j 有关的常数. 在尺度 $j-1$ 上的极大值点中保留落在每一邻域 $O(n_{j_i},\ \varepsilon_i)$ 上的极大值点, 而去除落在邻域外的极值点, 从而得到尺度 $j-1$ 上的新的极值点. 然后令 $j=j-1$, 重复步骤 (4), 直至 $j=2$ 为止.

(5) 在尺度 $j=2$ 存在极值点的位置上, 保留 $j=1$ 时的相应的极值点, 在其余位置将极值点置为零.

(6) 将每一尺度上保留下来的极值点利用适当的方法重构小波系数, 然后利用重构得到的小波系数对信号进行恢复, 即得去噪后的信号.

在以上的算法中, 有几点需要说明:

(1) 在对信号进行小波变换时的尺度选取问题. 理论上讲, 可选取的最大尺度为 $J = \lfloor \log_2 N \rfloor$, 其中 N 为信号长度, $\lfloor\ \rfloor$ 代表向下取整运算. 但在实际应用中, J 的选取没必要太大, 一般取为 4 或 5, 要视具体情况而定.

(2) 阈值 A 的选取问题. 通常总是取阈值 $A=\max[W_{2^J}^d f(n)]/J$, 其中 $W_{2^J}^d f(n)$ 为尺度 J 上的小波分解系数.

(3) 传播点邻域的问题. 通常采用的传播点邻域为锥形邻域 $|x-x_0| \leqslant C \cdot 2^j$, 其中 C 为某一正常数, j 为分解尺度. 锥形邻域的缺点是: 当尺度较大时, 邻域较大, 该范围内的候选传播点过多, 难以确定信号对应的模极大值点. 我们可以这样选取传播点邻域的: 已知 x_1, x_2 是 x_0 的前后两极值点, x_1' 是 x_1 的传播点, 则传播邻域为 $L=(\max(x_1,\ x_1'),\ x_2)$, L 上与 x_0 同符号的点 $(a_1, a_2, \cdots, a_n)$ 中, 若 $|a_i-x_0| \leqslant |a_j-x_0|/3$, $j=1,2,\cdots,n$, $j \neq i$, 则 a_i 为传播点, 若没有这样的点, 那么, 使得 $W_{2^j}f[a_i]=\max(W_{2^j}f[a_k])_{k=1\sim n}$ 成立的 a_i 为传播点, 记为 x_0', 若 $|W_{2^j}f[x_0']| \geqslant 2|W_{2^j}f[x_0]|$, 则认为 x_0' 是噪声所对应的模极大值点, 去掉之. 重复该过程直到 $j=2$.

(4) 利用模极大点重构小波系数的问题. 信号在经过模极大值去噪以后, 小波系数仅剩下模极大点处的值, 而其余部分被置为零, 如果仅仅通过这有限个模极大值点去重构信号, 重构信号的误差会很大. 因此, 有必要在信号重构之前, 先利用这些模极大值点恢复原始小波系数.

设 $(n_i)_{i\in Z}$ 是 $|W_{2^j}^d f(n)|$ 取极大值时所对应的横坐标的集合, 重构小波包系数的思想是仅利用 $(n_i)_{i\in Z}$ 和 $W_{2^j}^d f(n_i)$ 构造出一个新的函数 $s(x)$, 使得

(i) $s(x)$ 在 $(n_i)_{i\in Z}$ 处取模极大值, 且满足

$$|s(n_i)|=|W_{2^j}^d f(n_i)|. \tag{8.60}$$

(ii) 在每一尺度上, $s(x)$ 仅在 $(n_i)_{i\in Z}$ 处取模极大值, 在别处无模极大值.

在这方面已有不少相关的研究工作, 较为著名的工作是 Mallat 提出的交替投影法. 然而, 在通过交替投影法重构小波系数时, 计算量大, 程序复杂, 而且计算过程可能不稳定. 参考文献 [57] 中提出了一种分段三次样条插值算法来重构小波系数, 有效地减少了计算的复杂度, 取得了较为满意的效果, 具体算法参阅文献 [57].

8.5.2　基于小波系数区域相关的阈值滤波方法

小波域滤波时根据信号和噪声在不同尺度上小波变换的不同表现形态, 构造出相应的规则, 对信号和噪声的小波变换系数进行处理, 处理的实质在于减小甚至完全剔除由噪声产生的系数, 同时最大限度地保留有效信号对应的小波系数. 信号经小波变换之后, 其小波系数在各尺度上有较强的相关性, 尤其是在信号的边缘附近, 其相关性更加明显, 而噪声对应的小波系数在各尺度间没有这种明显的相关性. 因此, 可以考虑利用小波系数在不同尺度上对应点处的相关性来区分该系数的类别, 是有效信号对应的还是噪声对应的系数, 从而进行取舍, 通过这样滤波之后的小波系数基本对应着信号的边缘, 达到了去噪的效果.

设有如下的一维观测信号

$$f(k) = s(k) + n(k), \tag{8.61}$$

其中, $s(k)$ 为原始信号, $n(k)$ 为方差为 σ^2 的高斯白噪声, 服从 $N(0, \sigma^2)$.

对观测信号 $f(k)$ 作离散小波变换之后, 由小波变换的线性性可知, 分解得到的小波系数 $w_{j,k}$ 仍由两部分组成: 一部分是信号 $s(k)$ 对应的小波系数, 记为 $u_{j,k}$; 另一部分是噪声 $n(k)$ 对应的小波系数, 记为 $v_{j,k}$.

设

$$CW_{j,k} = w_{j,k} \cdot w_{j+1,k}, \tag{8.62}$$

则称 $CW_{j,k}$ 为尺度 j 上 k 点处的相关系数.

尺度空间上的相关运算使噪声的幅值大为减小, 增强了信号的边缘, 更好地刻画了信号, 并且在小尺度上, 这种作用明显地大于在大尺度上的作用. 由于噪声能量主要是分布在小尺度上, 因而这种随着尺度增大而作用强度递减的性质, 对于尽可能减小有用信号的损失是有利的. 为了使得相关系数与小波系数具有相比性, 我们定义归一化相关系数.

设

$$\bar{w}_{j,k} = CW_{j,k}\sqrt{PW_j/PCW_j}, \tag{8.63}$$

则称 $\bar{w}_{j,k}$ 为归一化相关系数, 其中

$$\begin{cases} PW_j = \sum\limits_k w_{j,k}, \\ PCW_j = \sum\limits_k Cw_{j,k}. \end{cases} \tag{8.64}$$

归一化相关系数 $\bar{w}_{j,k}$ 与小波系数 $w_{j,k}$ 具有相同的能量. 从相关系数的计算公式我们可以看到, 某一位置 k 处的相关系数仅由该点处相邻两尺度上的小波系数决定. 区域相关去噪的核心是通过比较 $\bar{w}_{j,k}$ 和 $w_{j,k}$ 的绝对值的大小来抽取信号的边缘信息.

相关去噪具体的实现方法为: 若 $|\bar{w}_{j,k}| \geqslant |w_{j,k}|$, 则认为点 k 处的小波系数由信号控制, 相关运算的结果将使该点所对应的小波变换的幅值增大, 将 $w_{j,k}$ 赋给 $\tilde{w}_{j,k}$ 的相应位置, 并将 $w_{j,k}$ 置为零; 否则, 认为点 k 处的小波系数由噪声控制, 因此保留 $w_{j,k}$, 将 $\tilde{w}_{j,k}$ 相应位置置为零, 然后在每一尺度上重新计算 $\bar{w}_{j,k}$. 最后运算的结果为 $\tilde{w}_{j,k}$, 其中保留的是由有效信号控制的点, 而 $w_{j,k}$ 中的点对应着由噪声产生的小波系数. 最后用 $\tilde{w}_{j,k}$ 中的点进行小波反演, 得到恢复信号.

8.5.3 小波阈值去噪

设有如下的一维观测信号

$$f(t)=s(t)+n(t), \tag{8.65}$$

其中, $s(t)$ 为原始信号, $n(t)$ 为方差为 σ^2 的高斯白噪声, 服从 $N(0,\sigma^2)$.

我们首先对 $f(t)$ 进行离散采样, 得到 N 点离散信号 $f(n), n=0,1,2,\cdots,N-1$, 其小波变换为

$$Wf(j,k)=2^{-\frac{j}{2}}\sum_{n=0}^{N-1}f(n)\psi(2^{-j}-k),\quad j,k\in Z. \tag{8.66}$$

$Wf(j,k)$ 即为小波系数. 在实际应用中, (8.66) 式的计算是繁琐的, 而且小波函数 $\psi(t)$ 一般无显式表达, 从而有小波变换的递归实现方法

$$Sf(j+1,k)=Sf(j,k)*h(j,k), \tag{8.67}$$

$$Wf(j+1,k)=Sf(j,k)*g(j,k), \tag{8.68}$$

其中, h 和 g 分别是尺度函数 $\varphi(t)$ 和小波函数 $\psi(t)$ 对应的低通和高通滤波器, $Sf(0,k)$ 为原始信号, $Sf(j,k)$ 为尺度系数, $Wf(j,k)$ 为小波系数. 相应的重构公式为

$$Sf(j-1,k)=Sf(j,k)*\tilde{h}(j,k)+Wf(j,k)*\tilde{g}(j,k), \tag{8.69}$$

其中, $\tilde{h}$ 和 $\tilde{g}$ 分别对应于重构低通和高通滤波器.

为方便起见, 我们记 $w_{j,k}=Wf(j,k)$. 因为小波变换是线性变换, 所以对 $f(k)=s(k)+n(k)$ 作离散小波变换后, 得到的小波系数 $w_{j,k}$ 仍由两部分组成: 一部分是信号 $s(k)$ 对应的小波系数 $Ws(j,k)$, 记为 $u_{j,k}$; 另一部分是噪声 $n(k)$ 对应的小波系数 $Wn(j,k)$, 记为 $v_{j,k}$.

Donoho 和 Johnstone 提出的小波阈值去噪方法的基本思想是: 当 $w_{j,k}$ 小于某个临界阈值时, 认为这时的 $w_{j,k}$ 主要是由噪声引起的, 予以舍弃; 当 $w_{j,k}$ 大于这个临界阈值时, 认为这时的小波系数主要是由信号引起的, 那么就把这一部分的 $w_{j,k}$ 直接保留下来 (硬阈值方法) 或者按某一个固定量向零收缩 (软阈值方法), 然后由新的小波系数进行小波重构得到去噪后的信号. 此方法可通过以下三个步骤实现:

(1) 对带噪信号 $f(k)$ 作小波变换, 得到一组小波系数 $w_{j,k}$;

(2) 通过对 $w_{j,k}$ 用软或硬阈值函数进行阈值处理, 得出估计小波系数 $\hat{w}_{j,k}$, 使得 $||\hat{w}_{j,k} - u_{j,k}||$ 尽量小;

(3) 利用 $\hat{w}_{j,k}$ 进行小波重构, 得到估计信号 $\hat{f}(k)$, 即为去噪后的信号.

Donoho 使用的硬阈值函数为

$$\hat{w}_{j,k} = \begin{cases} w_{j,k}, & |w_{j,k}| \geqslant \lambda, \\ 0, & |w_{j,k}| < \lambda, \end{cases} \tag{8.70}$$

软阈值函数为

$$\hat{w}_{j,k} = \begin{cases} \operatorname{sgn}(w_{j,k})(|w_{j,k}| - \lambda), & |w_{j,k}| \geqslant \lambda, \\ 0, & |w_{j,k}| < \lambda, \end{cases} \tag{8.71}$$

其中, $\operatorname{sgn}(\cdot)$ 为符号函数, 阈值 λ 取为 $\sigma\sqrt{2\log(N)}$. 图 8.4 是这两种方法的示意图. Donoho 和 Johnstone 证明了由此方法得到的估计信号 $\hat{f}(k)$ 在最小均方误差

$$N^{-1}E||\hat{f} - f||^2 = N^{-1}\sum_{k=0}^{N-1} E(\hat{f}(k) - f(k))^2 \tag{8.72}$$

意义上是有效的.

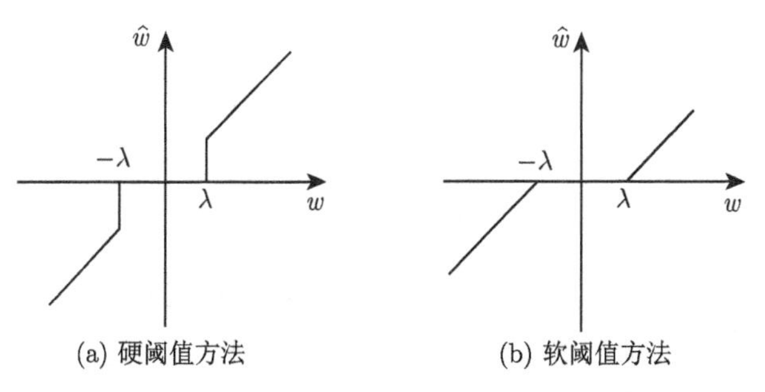

(a) 硬阈值方法 (b) 软阈值方法

图 8.4 估计小波系数的软、硬阈值方法

软、硬阈值方法虽然在实际中得到了广泛的应用, 也取得了较好的效果, 但它们本身存在着缺点. 在硬阈值方法中, $\hat{w}_{j,k}$ 在 λ 和 $-\lambda$ 处是不连续的, 而在软阈值方法中, $\hat{w}_{j,k}$ 虽然整体连续性较好, 但 $\hat{w}_{j,k}$ 与 $w_{j,k}$ 之间总存在着恒定的偏差, 这将影响重构的精度, 但是若把这种偏差减小到零也未必是最好的, 因为我们追求的是使 $||\hat{w}_{j,k} - u_{j,k}||$ 尽量小, 并且软阈值函数的导数不连续, 而在实际应用中, 经常要对一阶导数甚至是高阶导数进行运算处理, 所以它具有一定的局限性.

为了克服软、硬阈值方法的缺点, 这里介绍一种新的阈值函数:

$$\hat{w}_{j,k} = \begin{cases} \operatorname{sgn}(w_{j,k}) \left(|w_{j,k}| - \dfrac{\lambda}{\exp\left(\dfrac{|w_{j,k}| - \lambda}{N}\right)} \right), & |w_{j,k}| \geqslant \lambda, \\ 0, & |w_{j,k}| < \lambda, \end{cases} \tag{8.73}$$

其中 N 为任意正常数.

(8.73) 式中的新阈值函数不但同软阈值函数一样具有连续性, 而且当 $|w_{j,k}| > \lambda$ 时是高阶可导的, 便于进行各种数学处理. 考察函数

$$f(x) = \operatorname{sgn}(x) \left(|x| - \frac{\lambda}{\exp\left(\dfrac{|x| - \lambda}{N}\right)} \right). \tag{8.74}$$

当 $x > 0$ 时

$$\frac{f(x)}{x} = \frac{x - \dfrac{\lambda}{\exp\left(\dfrac{|x| - \lambda}{N}\right)}}{x} = 1 - \frac{\lambda}{x \exp\left(\dfrac{|x| - \lambda}{N}\right)} \to 1 \quad (x \to +\infty).$$

当 $x < 0$ 时, 同样有 $\dfrac{f(x)}{x} \to 1\ (x \to -\infty)$, 同时

$$f(x) - x = \operatorname{sgn}(x) \frac{\lambda}{\exp\left(\dfrac{|x| - \lambda}{N}\right)} \to 0 \quad (x \to \infty).$$

所以 (8.74) 式中的函数是以 $y = x$ 为渐近线的, 也就是说, (8.73) 式中的新阈值函数以 $\hat{w}_{j,k} = w_{j,k}$ 为渐近线, 随着 $w_{j,k}$ 的增大 $\hat{w}_{j,k}$ 逐渐接近 $w_{j,k}$, 克服了软阈值函数中 $\hat{w}_{j,k}$ 与 $w_{j,k}$ 之间具有恒定偏差的缺点.

观察 (8.73) 式我们发现, 当阈值 λ 很小时, 新阈值函数 (8.73) 式的作用与硬阈值函数相当, 但它更灵活; 当 $|w_{j,k}|$ 非常接近阈值 λ 时, (8.73) 式表明 $\hat{w}_{j,k}$ 近似等于 $w_{j,k}$, 而不是直接让 $\hat{w}_{j,k}$ 为 0. 另外, 从 (8.73) 式易得

$$\lim_{N \to \infty} \operatorname{sgn}(w_{j,k}) \left(|w_{j,k}| - \frac{\lambda}{\exp\left(\dfrac{|w_{j,k}| - \lambda}{N}\right)} \right) = \operatorname{sgn}(|w_{j,k}|)(|w_{j,k}| - \lambda), \tag{8.75}$$

$$\lim_{N\to 0}\operatorname{sgn}(w_{j,k})\left(|w_{j,k}|-\frac{\lambda}{\exp\left(\dfrac{|w_{j,k}|-\lambda}{N}\right)}\right)=w_{j,k}. \tag{8.76}$$

(8.75) 式和 (8.76) 式说明, 当 $N\to\infty$ 时, 新阈值函数即为软阈值函数; 当 $N\to 0$ 时, 新阈值函数即为硬阈值函数. 可见, 新阈值函数是介于软、硬阈值函数之间的一个灵活选择. 从而我们可以通过 N 的取值的变化, 得到实用有效的阈值函数. 图 8.5 是新阈值函数的示意图, 其中 $N=6$, $\lambda=3$.

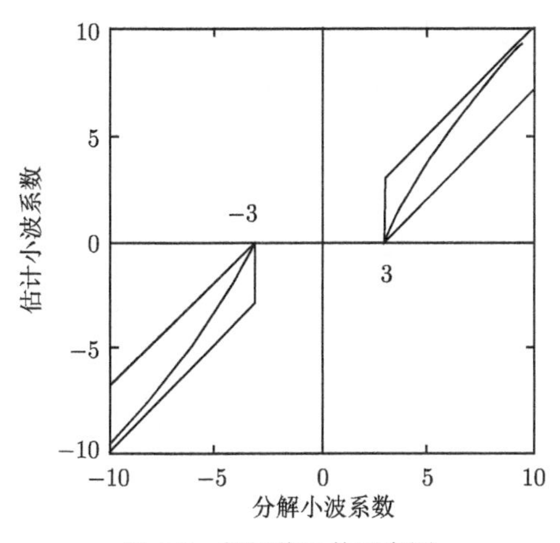

图 8.5 新阈值函数示意图

为了说明新阈值函数在阈值去噪算法中的有效性, 我们对从某电子产品的部分电路中的各节点采集到的电压信号分别用软、硬阈值方法, 以及基于新阈值函数的方法进行了去噪处理. 电路图如图 8.6 所示, 节点 6 的电压信号如图 8.7 所示.

我们用 (8.73) 式中的新阈值函数对图 8.7 所示的电压信号进行了去噪处理, 这里采用的小波基是 db4 小波, 分解层数为五层, 新阈值函数中的 N 取为 8. Donoho 和 Johnstone 给出的通用阈值 $\lambda=\sigma\sqrt{2\log(N)}$ 在各个尺度上是固定不变的, 这对在不同尺度上进行噪声抑制显然是不够合理的, 在仿真实验中我们取 $\lambda=\sigma\sqrt{2\log(N)}/\log(j+1)$, 其中 j 为分解尺度. 在实际应用中, 噪声方差 σ 总是不可知的, 我们作去噪处理时可以取 $\sigma=\text{median}(|w_{j,k}|)/0.6745$, 其中 median 指给定数值的中值. 图 8.8 是新阈值函数的去噪结果, 从图中可以看到采用新阈值函数的去噪结果良好.

在上面的这个例子中, 含噪信号是从实际电路中采集到的, 我们无法从均方误差和信噪比意义上说明去噪效果. 为了从最小均方误差和信噪比的意义上客观

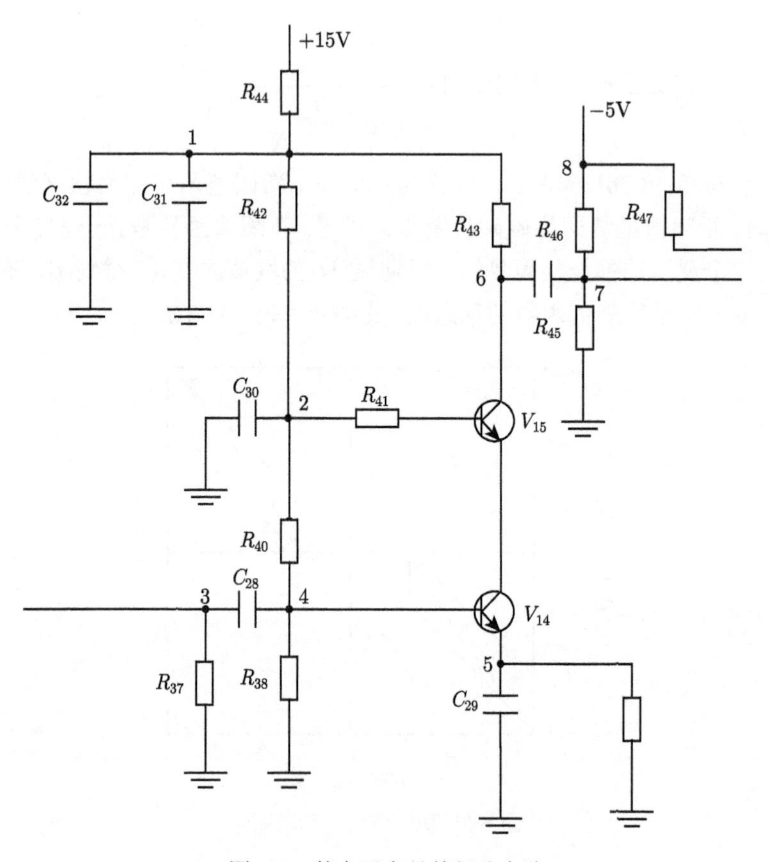

图 8.6　某电子产品的部分电路

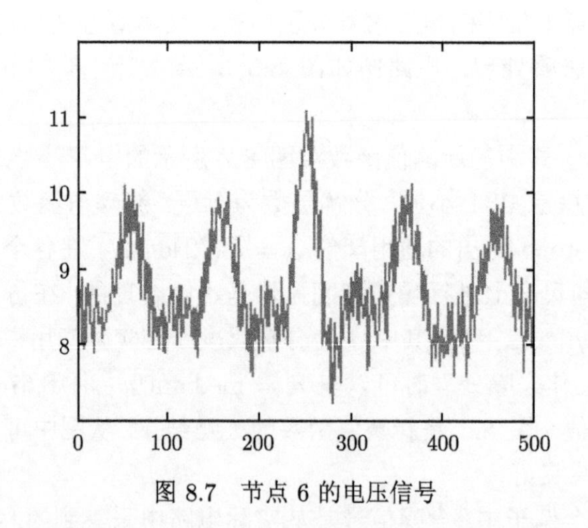

图 8.7　节点 6 的电压信号

地说明新阈值函数在阈值去噪算法中的有效性, 我们对一段 Heavysine 信号人为地用白噪声进行污染, 然后分别用传统的软、硬阈值方法和 (8.73) 式中的新阈值函数进行了去噪实验. 其中含噪信号的信噪比为 8db. 图 8.9 为这三种方法的实验结果, 从图中可以看出, 采用新阈值函数的去噪结果在视觉效果上优于软、硬阈值方法, 并且有效抑制了去噪算法在信号奇异点附近的 Pseudo-Gibbs 现象. 表 8.1 给出了这三种方法的信噪比 (SNR) 和均方误差 (MSE) 的比较, 从数据上可以看出采用新阈值函数的去噪效果无论是在 SNR 增益还是在 MSE 意义上均优于传统的软、硬阈值方法.

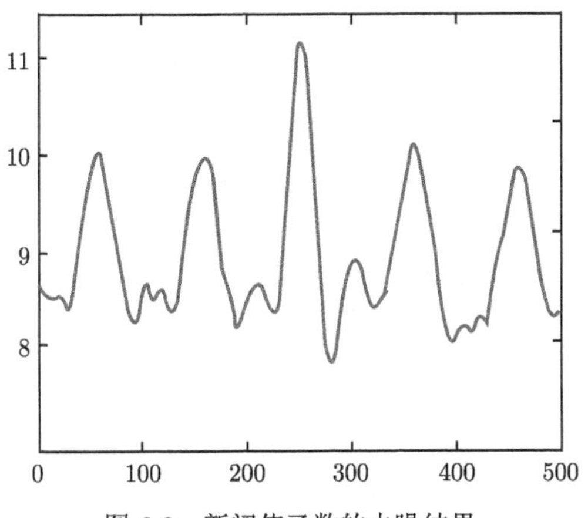

图 8.8 新阈值函数的去噪结果

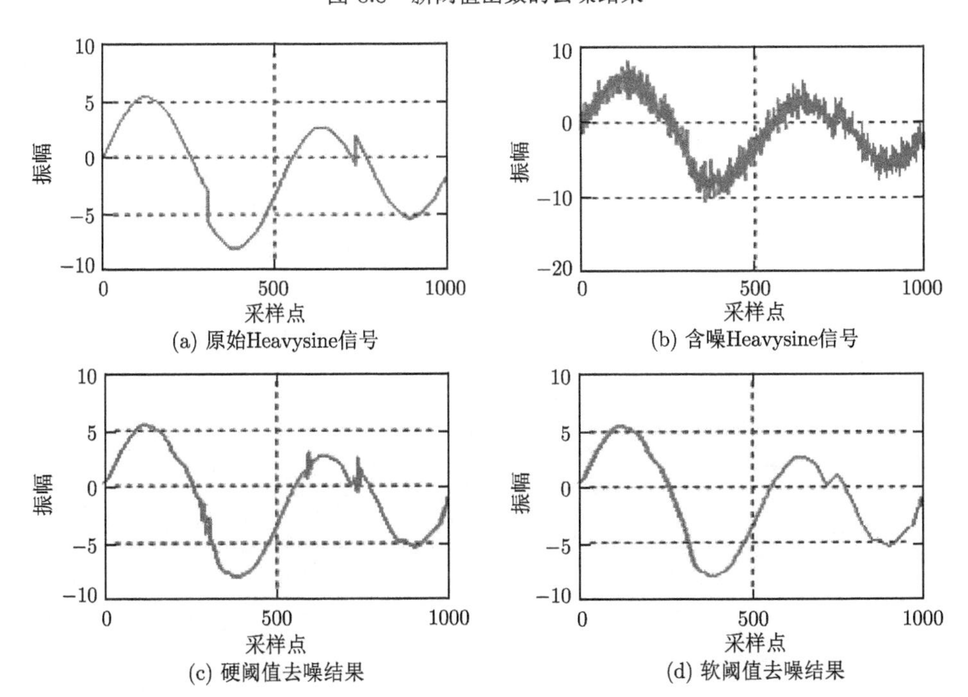

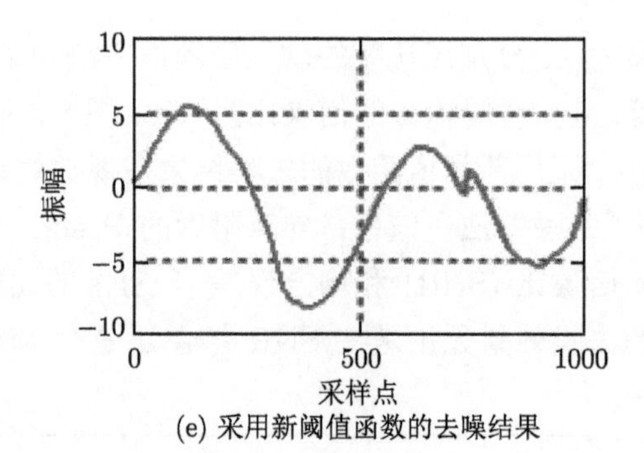

(e) 采用新阈值函数的去噪结果

图 8.9　三种方法的去噪结果比较

表 8.1　三种去噪方法的均方误差和信噪比的比较

	软阈值法	硬阈值法	新阈值函数
均方误差	0.2132	0.2051	0.1773
信噪比/db	15.2774	15.2942	16.3085

本书参考文献

[1] 张恭庆, 林源渠. 泛函分析讲义 (上册). 北京：北京大学出版社, 1987.

[2] 关肇直, 张恭庆, 冯德兴. 线性泛函分析入门. 上海：上海科学技术出版社, 1979.

[3] 李岳生, 黄友谦. 数值逼近. 北京：人民教育出版社, 1978.

[4] 李庆扬, 王能超, 易大义. 数值分析. 武汉：华中工学院出版社, 1982.

[5] 徐利治, 王仁宏, 周蕴时. 函数逼近的理论与方法. 上海：上海科学技术出版社, 1983.

[6] 夏道行, 吴卓人, 严绍宗, 等. 实变函数论与泛函分析 (上册). 北京：人民教育出版社, 1979.

[7] 沈祖和, 林成森, 李明霞. 数值逼近方法. 北京：科学出版社, 1978.

[8] 蒋友谅. 有限元法基础. 北京：国防工业出版社, 1980.

[9] 曾余庚, 徐国华, 宋国乡. 电磁场有限单元法. 北京：科学出版社, 1982.

[10] 宋国乡, 甘小冰. 数值泛函及小波分析初步. 郑州：河南科学技术出版社, 1993.

[11] 欧斐君. 变分法及其应用：物理、力学、工程中的经典建模. 北京：高等教育出版社, 2013.

[12] 宋国乡, 等. 工程科学中的数值方法及算例. 北京：电子工业出版社, 1992.

[13] 龚怀云, 寿纪麟, 王绵森. 应用泛函分析. 西安：西安交通大学出版社, 1985.

[14] 崔锦泰. 小波分析导论. 程正兴, 译. 西安：西安交通大学出版社, 1992.

[15] 宋国乡, 冯有前, 王世儒, 等. 数值分析. 西安：西安电子科技大学出版社, 2002.

[16] 刘贵忠, 邸双亮. 小波分析及其应用. 西安：西安电子科技大学出版社, 1992.

[17] 程正兴. 小波分析算法与应用. 西安：西安交通大学出版社, 1998.

[18] 秦前清, 杨宗凯. 实用小波分析. 西安：西安电子科技大学出版社, 1994.

[19] 徐晨, 赵瑞珍, 甘小冰. 小波分析 · 应用算法. 北京：科学出版社, 2004.

[20] 徐晨, 李敏, 张维强, 等. 后小波与变分理论及其在图像修复中的应用. 北京：科学出版社, 2013.

[21] 张贤达, 保铮. 非平稳信号分析与处理. 北京: 国防工业出版社, 1998.

[22] 屈汉章, 徐晨, 等. 连续小波变换及其应用. 北京：中国电子音像出版社, 2002.

[23] 冯象初, 王卫卫. 图像处理的变分和偏微分方程方法. 北京：科学出版社, 2009.

[24] Gasquet C, Witonmski G P. Fourier Analysis and Application. 北京：世界图书出版公司, 2005.

[25] 潘文杰. 傅里叶分析及其应用. 北京：北京大学出版社, 2002.

[26] 格拉法克斯 L. 现代傅里叶分析. 3 版. 北京：世界图书出版公司, 2017.

[27] Boggess A, Narcowich F J. 小波与傅里叶分析基础. 2 版. 芮国胜, 康健, 译. 北京：电子工业出版社, 2017.

[28] 张维强, 徐晨. 小波、神经网络、HHT 变换及其应用研究. 北京：中国电子音像出版社, 2009.

[29] 李广民, 刘三阳. 应用泛函分析原理. 西安：西安电子科技大学出版社, 2003.

[30] 胡适耕. 泛函分析. 北京：高等教育出版社, 2001.

[31] 王贵君, 等. 有限元法基础. 北京：中国水利水电出版社, 2011.

[32] 张允真. 怎样编写有限元法程序. 北京：中国铁道出版社, 1990.

[33] 王世忠. 结构力学与有限元法. 哈尔滨：哈尔滨工业大学出版社, 2003.

[34] 宋国乡. 变分、网络与有限元. 西北电讯工程学院学报, 1980, 3: 132-143.

[35] 宋国乡. 解电磁场问题的图论——有限元法. 西北电讯工程学院学报, 1983, 1: 92-98.

[36] 李敏. 基于小波和变分 PDE 的图像建模理论、算法及应用. 西安: 西安电子科技大学, 2008.

[37] 张维强. 小波和神经网络在模拟电路故障诊断中的应用研究. 西安: 西安电子科技大学, 2006.

[38] 宋宜美. 图像处理的超小波分析与变分方法研究. 西安: 西安电子科技大学, 2012.

[39] 孙晓丽. 偏微分方程和小波在图像修复与特征提取中的应用. 西安: 西安电子科技大学, 2007.

[40] 孙晓丽, 宋国乡, 冯象初. 基于噪声–纹理检测算子的图像去噪方法. 电子学报, 2007, 35(7): 1372-1375.

[41] 孙晓丽, 冯象初, 宋国乡. 方向扩散方程与小波变换的相关性研究. 电子与信息学报, 2008, 30(3): 593-595.

[42] 孙晓丽, 王俊平, 宋国乡. 一种带有忠诚项的张量扩散滤波方法. 系统工程与电子技术, 2008, 30(8): 1421-1423.

[43] 李敏, 冯象初. 基于总变分和各向异性扩散方程的图像恢复模型. 西安电子科技大学学报, 2006, 33(5): 759-762.

[44] 李敏, 冯象初. 基于全变差和小波方法的图像去噪模型. 西安电子科技大学学报, 2006, 33(6): 980-984.

[45] 李敏, 冯象初. 基于小波空间的图像分解变分模型. 电子学报, 2008, 36(1): 184-187.

[46] 李敏, 徐晨. 基于 OSV 分解的图像多尺度特征表示. 电子学报, 2012, 40(4): 769-772.

[47] Daubechies I. Ten Lecture on Wavelets. Philadelphia: Society for Industrial and Applied Mathematics, 1992.

[48] Daubechies I. Orthonormal bases of compactly supported wavelets. Commun. Pure. Appl. Math., 1988, 41: 909-996.

[49] Mallat S. A theory for multiresolution signal decomposition: The wavelet representation. IEEE Trans. on PAMI, 1989, 11(7): 674-693.

[50] Mallat S. Multiresolution approximations and wavelet orthonormal bases of $L^2(R)$. Trans. Amer. Math. Soc., 1989, 315: 69-87.

[51] Mallat S. Multifrequency channel decompositions of images and wavelet models. IEEE Trans. on ASSP., 1989, 37: 2091-2110.

[52] Mallat S, Zhang Z. Matching pursuits with time-frequency dictionaries. IEEE Trans. on SP., 1993, 41(12): 3397-3415.

[53] Donoho D L. De-nosing by soft-thresholding. IEEE Trans. on IT., 1995, 41(3): 613-627.
[54] Mallat S, Hwang W L. Singularity detection and processing with wavelets. IEEE Trans. on IT. , 1992, 38(2): 617-643.
[55] Mallat S, Zhang S. Characterization of signal from multiscale edges. IEEE Trans. on Pattern Analysis and Machine Intelligence, 1992, 14(7): 78-81.
[56] 张维强, 宋国乡. 基于一种新的阈值函数的小波域信号去噪. 西安电子科技大学学报, 2004, 31(2): 296-299.
[57] 赵瑞珍. 小波理论及其在图像、信号处理中的算法研究. 西安: 西安电子科技大学, 2001.
[58] Li M, Feng X C. Variational decomposition model in Besov spaces and negative Hilber-Sobolev spaces//CIS2006. Berlin, Heidelberg: Springer-Verlag, 2006, LNAI 4456: 972-982.
[59] Mumford D, Shah J. Optimal approximations by piecewise smooth functions and associated variational problems. Comm. Pure. Appl. Math., 1989, 42(5): 577-685.
[60] 李敏, 卢成武, 冯象初. 一类针对图像放大中反问题的变分模. 电子与信息学报, 2008, 30(6): 1291-1294.
[61] Li M, Wang X F, Sun X L. Edge-preserving image decomposition using variational approach. Journal of Information & Computational Science, 2010, 8(7): 1035-1043.
[62] Li M, Xu C, Sun X L, Zhang W Q. Wavelet based image decomposition variational model in Besov spaces. Journal of Computational Information Systems, 2011, 7(8): 2940-2948.
[63] Garnett J B, Le T M, Vese L A, et al. Image decompositions using bounded variation and generalized homogeneous Besov spaces. Appl. Comput. Harmon. Anal., 2007, 23: 25-56.
[64] Chan T F. Image Processing and Analysis Variational, PDE, Wavelet and Stochastic Methods. 北京：科学出版社, 2009.
[65] Lorenz D A. Wavelet shrinkage in signal and image processing: An investigation of relations and equivalences. Ph. D thesis, University of Bremen, 2005.
[66] 张维强, 徐晨. 一种基于平移不变的小波阈值去噪算法. 现代电子技术, 2003, 6: 29-31.
[67] Feng J Q, Xu C, Zhang W Q. Multiple de-noising method based on energy-zero-product. Journal of Shenzhen University Science and Engineering, 2007, 24(4): 399-403.
[68] Zhang W Q, Song Y M, Feng J Q. A new image denoising method based on wave atoms and cycle spinning. Journal of Software, 2014, 9(1): 216-221.
[69] Sun X L, Li M, Zhang W Q. An improved image denoising model based on the directed diffusion equation. Computers and Mathematics with Applications, 2011, 61: 2177-2181.
[70] 华东师范大学数学系. 数学分析 (上、下册). 北京：高等教育出版社, 2001.

附录 A 变分、网络与有限元

有限元法的基本思想早在 1943 年 Courant 就已提出 [1], 当时由于计算方法与计算技术的限制, 没有能得到进一步的发展. 20 世纪 60 年代以来, 随着计算方法理论的发展, 大容量、高速度计算机的出现以及生产科学实践的需要, 作为数理方程一种新的数值解法——有限元法，也通过各种途径逐步发展和成熟起来, 并日益显示出它的生命力. 目前它的有效性和优越性已在大量的实践中得到证实, 尤其在弹性结构领域内已被广泛应用. 对于热传导、电磁场等方面的椭圆问题, 有限元法的优越性也是众所公认的. 有限元法的主导思想是否也适用于其他类型的方程, 对于这方面的理论和实践还有待进一步的推广、发展和完善. 从计算数学的角度看, 有限元法是建立在变分原理基础上而又借助于网络离散的一种数值解法, 它综合了两种方法的优点, 取长补短, 将数值解法提高到新的水平. 本章扼要地比较了传统的变分法、差分网络法与有限元法, 从函数子空间与基函数的角度分析了有限元法的内在优越性. 内容共分四部分. 古典变分的危机：简单介绍了变分法的解题思想, 指出了它在实际解题中的困难所在. 差分网络法的特点：介绍了差分网络法的解题方法与特点, 指出了它在理论分析上的不严密性. 有限元法的优点：分析了有限元法如何将变分法与差分网络法结合起来, 取长补短，成为既严于理论分析又便于实践应用的新的数值解法算例; 本附录重点讨论了有限元法如何以分片解析的有限元子空间来代替 Ritz 子空间的过程. 算例具体讨论了一个单元上基函数的例子.

A.1 古典变分的危机

用变分法解微分方程的大致步骤为:

(1) 利用变分原理把求解微分方程的问题转化为等价的变分问题;

(2) 把变分问题近似地转化为普通多元函数求极值的问题;

(3) 通过解多元函数的法方程组 (代数方程组) 求得原方程的近似解.

这里, 解题的关键是第 (2) 步, 也就是要从变分问题所讨论的无穷维空间中找出有限个基函数构成一个有穷维的子空间, 把变分问题近似地转化为该子空间中的多元函数极值问题, 从而用这个有穷维子空间中的解函数去逼近无穷维空间中的极值函数——对应微分方程的真解.

下面以 Ritz 法为例, 简述一下解题的过程及困难所在.

设给定的微分方程对应于 H 空间中的算子方程

$$Tu = f, \tag{A.1}$$

其中 T 为正定算子, u 为 H 中待求元素.

与 (A.1) 式等价的泛函为

$$J(u) = (Tu, u) - 2(f, u), \tag{A.2}$$

则求解方程 (A.1) 的问题可归结为求 $J(u)$ 的极小问题.

按 Ritz 法, 假定 u 具如下形式:

$$u_n = \sum_{k=1}^{n} \alpha_k \varphi_k, \tag{A.3}$$

其中 $\alpha_1, \alpha_2, \cdots, \alpha_n$ 为待定系数, $\varphi_1, \varphi_2, \cdots, \varphi_n$ 为线性无关的坐标元素.

将 (A.3) 式代入 (A.2) 式

$$J(u) \approx J(u_n) = \sum_{j,k=1}^{n} \alpha_j \alpha_k (T\varphi_j, \varphi_k) - 2\sum_{k=1}^{n} \alpha_j (f, \varphi),$$

于是 $J(u)$ 近似地变成了 $\alpha_1, \alpha_2, \cdots, \alpha_n$ 的函数

$$J(u) \approx J(u_n) = I(\alpha_1, \alpha_2, \cdots, \alpha_n), \tag{A.4}$$

要使 $J(u)$ 达到极值, 近似地用 $J(u_n)$, 即

$$I(\alpha_1, \alpha_2, \cdots, \alpha_n)$$

达到极值来代替. 根据多元函数极值理论, 应有

$$\begin{cases} \dfrac{\partial}{\partial \alpha_1} I(\alpha_1, \alpha_2, \cdots, \alpha_n) = 0, \\ \dfrac{\partial}{\partial \alpha_2} I(\alpha_1, \alpha_2, \cdots, \alpha_n) = 0, \\ \qquad \cdots\cdots \\ \dfrac{\partial}{\partial \alpha_n} I(\alpha_1, \alpha_2, \cdots, \alpha_n) = 0. \end{cases} \tag{A.5}$$

于是, 问题转化为求解代数方程组 (A.5) 的问题了. 因 $J(u)$ 为二次泛函, 则方程组 (A.5) 为线性方程组, 可表示为

$$\sum_{j=1}^{n} a_{ij}\alpha_j = b_i \quad (i=1,2,\cdots,n). \tag{A.6}$$

由于算子 T 为正定, 则 (A.6) 式的系数矩阵

$$A=[a_{ij}]$$

亦保持正定, 它实际上是相应于 T 的一个离散化了的运算子. T 的正定性保证了方程组 (A.6) 有唯一的非另解 $\alpha_k(k=1,2,\cdots,n)$, 将它代回 (A.3) 即可求得 Ritz 解 u_n.

根据变分学中有关定理可知:

(1) $\{u_n\}$ 组成泛函 (A.2) 的极小化序列.

(2) 泛函 (A.2) 的任一极小化序列在 H 度量意义下收敛于使泛函 (A.2) 取极小的元素.

(3) 方程 (A.1) 的解必使泛函 (A.2) 取极小, 反之, 使泛函 (A.2) 取极小的元素必满足方程 (A.1).

由上可知, Ritz 解 u_n 不但收敛, 而且确实收敛于方程 (A.1) 的解, 即

$$\lim_{n\to\infty} u_n = \sum_{k=1}^{\infty} \alpha_k\varphi_k \text{——方程 (A.1) 的解.}$$

在实际问题的计算中, 并不去完成这个极限运算, 而取有限项和

$$u_n = \sum_{k=1}^{n} \alpha_k\varphi_k$$

作为方程的近似解, n 的选取取决于计算精度的要求.

Ritz 法解变分问题的关键在于通过 Ritz 形式的假设

$$u_n = \sum_{k=1}^{n} \alpha_k\varphi_k$$

把变分问题近似地转化为 Ritz 子空间中的多元函数的极值问题

$$J(u) \approx J(u_n) = I(\alpha_1,\alpha_2,\cdots,\alpha_n).$$

Ritz 子空间的确定有赖于基函数

$$\{\varphi_1, \varphi_2, \cdots, \varphi_n\}$$

的选取. 应用 Ritz 法解变分问题的主要困难就在如何选取基函数.

Rizt 法中要求基函数 $\{\varphi_1, \varphi_2, \cdots, \varphi_n\}$ 是全域上的解析函数, 因而它在理论分析上很完善, 收敛性也好, 但也正因为这样, 对实际应用带来了很大的困难. 由于解析函数的局部性态决定了它的全局性态, 失去了它在全域上的灵活性, 因而在解题中, 要找到一组既对全域解析又在边界上满足强加条件的基函数组成近似解就相当困难. 这就是解析函数内在的"光滑性"带来的弊病, 它造成数值计算上的不灵活性和不稳定性. 另一方面, 方程组 (A.6) 的系数矩阵 $A = [a_{ij}]$ 是一个满秩矩阵, 这就使得代数解算时计算量很大. 而且在 Ritz 法中将 (A.3) 式代回 (A.2) 式时的积分运算也往往比较繁杂.

由于上述种种原因, 传统的变分法在实际应用上很不方便, 在二三十年代新兴时期, 理论上发展很快, 但到四五十年代, 计算机出现以后, 在实际应用中就逐渐被比较灵活通用的差分网络法所代替. 从应用的角度说, 传统的变分法几乎处于逐渐被淘汰的地位.

A.2 差分网络法的特点

由导数定义, 当 h 很小时有

$$\frac{dy}{dx} \approx \frac{f(x+h) - f(x)}{h},$$

$$\frac{d^2y}{dx^2} \approx \frac{f(x+h) - 2f(x) + f(x-h)}{h^2},$$

$$\cdots\cdots$$

对于二元函数同样有

$$\frac{\partial u}{\partial x} \approx \frac{u(x+h, y) - u(x, y)}{h},$$

$$\frac{\partial u}{\partial y} \approx \frac{u(x, y+h) - u(x, y)}{h},$$

$$\frac{\partial^2 u}{\partial x^2} \approx \frac{u(x+h,y)-2u(x,y)+u(x-h,y)}{h^2},$$

$$\frac{\partial^2 u}{\partial y^2} \approx \frac{u(x+h,y)-2u(x,y)+u(x,y-h)}{h^2},$$

$$\cdots\cdots$$

当我们不能求出 (或比较困难) 方程的解析解时, 一个比较通用有效的近似解法就是利用差分网络的数值解法. 它的主要思想是:

(1) 利用上面所给的近似公式, 用差商代替方程中的导数或偏导数, 从而得出一个差分方程 (这时函数由连续的变化转为离散的变化, 即用差分方程近似地代替原来的微分方程).

(2) 利用规格化的网络将解函数的定义域进行有限分割, 通过节点 (即网格顶点) 函数值的表示, 将差分方程转化为一组代数方程组;

(3) 通过解代数方程组求得原微分方程的近似数值解.

图 A.1 为二元函数定义域 Ω 用正方形网络进行离散的情形.

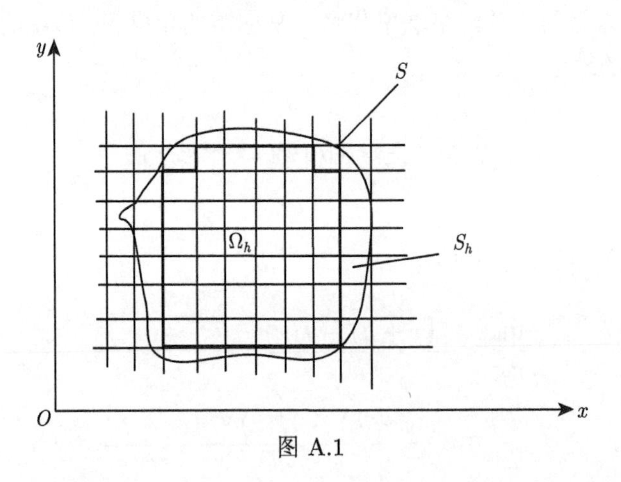

图 A.1

在 Ω 上用边长为 h 的正方形网格分割成有限个小正方形的集合 Ω_h. Ω_h 中包含所有凡是在 Ω 中完整的小正方形, 这样, Ω_h 的边界线 S_h 由一些折线 (小正方形的边) 所组成 (粗线所示). 显然, S_h 上每一个节点到 Ω 的边界线 S 的最近距离都不超过 $\sqrt{2}h$, 网格分得越细, 即 $h \to 0$, 则 $\Omega_h \to \Omega$.

差分法将不是在 Ω 中而是在 Ω_h 中的节点处去求未知函数的值作为原微分方程的近似数值解. 边界上的已给条件就把相应节点从 S 近似地移置到 S_h 上.

显然, 对应于每一个节点, 都可从差分方程得到一个代数方程. 对应于 Ω_h 中的所有节点, 就可以得到一个代数方程组. 方程的个数与未知数 (即节点的函数值) 的个数相等, 即节点的个数.

从方程组求得的解即为原微分方程在节点处的近似数值解.

例 A.1 Poisson 方程第一类边值问题

$$\begin{cases} \Omega: \dfrac{\partial^2 u}{\partial x^2} + \dfrac{\partial^2 u}{\partial y^2} = f, \\ \Gamma: u = 0, \end{cases} \tag{A.7}$$

其中 $\Omega = \{0 < x < a, 0 < y < a\}$, Γ 为 Ω 边界.

把定义域 Ω 用 N 等分正方形网格，进行离散分割，如图 A.2 所示, 则方程 (A.7) 的求解问题就可用五点差分方程来代替

$$\begin{cases} \dfrac{1}{h^2}(u_{i+1,j} + u_{i-1,j} + u_{i,j+1} + u_{i,j-1} - u_{i,j-1}) = f_{i,j} \\ (i, j = 1, 2, \cdots, N-1), \\ u_{i,0} = u_{i,N} = u_{0,j} = u_{N,j} = 0. \end{cases} \tag{A.8}$$

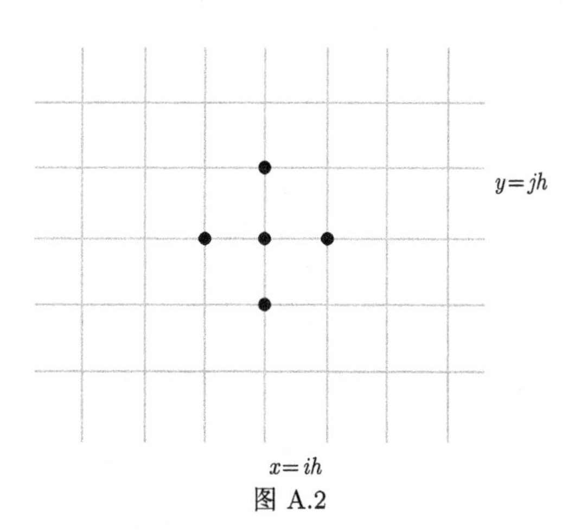

图 A.2

只要从方程组 (A.8) 求得 $u_{i,j}(i, j = 1, 2, \cdots, N-1)$ 的值, 即为方程 (A.7) 在节点上的近似数值解.

比起传统的 Ritz 法来, 差分网络法要灵活简单, 也便于利用计算机. 但是它的缺点是不能保持代数方程组的系数矩阵的正定对称性, 而且由于定义域离散的规格化, 为了处理某些边界条件, 就必须大量增加节点数. 特别地, 差分网络法的收敛性不易得到保证, 使得理论分析不如变分法那样严密.

下面讨论的有限元法正好吸取了变分法与差分法的优点, 克服了它们的缺点.

A.3 有限元法的优点

目前在弹性结构领域中广泛应用的有限元方法是 Ritz 法和网络法相结合的一种新的数值解法. 它的解题过程和思想方法分析如下:

(1) 利用变分原理把求解微分方程的问题转化为等价的变分问题.

设方程为

$$\Delta u = f, \tag{A.9}$$

相应的泛函为

$$J(u), \tag{A.10}$$

则

$$\Delta u = f \Leftrightarrow \delta J = 0.$$

于是, 求解方程 (A.9) 的问题就转化为求 $J(u)$ 的极值问题.

(2) 利用 Ritz 法思想, 把 $J(u)$ 的极值问题转化为普通多元函数的极值问题, 这样就需要选定有穷维子空间的基函数

$$\{N_1, N_2, \cdots, N_n\},$$

从而可把 (A.9) 式的近似解假设为 Ritz 形式

$$\tilde{u}_n = \sum_{k=1}^{n} \alpha_k N_k, \tag{A.11}$$

当把 (A.11) 式代入 (A.10) 式后, 就使 $J(u)$ 近似地转化为多元函数

$$J(u) \approx J(\tilde{u}_n) = I(\alpha_1, \alpha_2, \cdots, \alpha_n). \tag{A.12}$$

问题就归结为在以

$$\{N_1, N_2, \cdots, N_n\}$$

为基函数所张成的 n 维子空间中寻求多元函数

$$I(\alpha_1, \alpha_2, \cdots, \alpha_n)$$

的极值问题了.

但是, 由 A.1 节的讨论知道, 若按 Ritz 法的要求, 要找出一组对全域解析的基函数来组合成满足边界条件的近似解是相当困难的. 有限元法正是从这里作了改进, 借助于网络法的思想, 把定义域进行离散处理, 通过分区插值和节点函数值的表示形式找出了分片解析的基函数, 即找出以分片解析的基函数所组成的有限元子空间来代替双 Ritz 子空间, 解决了 Ritz 法中找基函数的困难.

(3) 有限剖分.

类似于网络法, 将定义域进行有限分割, 离散成有限多个单元体的集合. 但不同于原来的网络法中划分的规格化. 有限元法中分割的形状和大小可任意, 单元的疏密可根据需要而定, 所以它比网络法有更大的灵活性和适应性.

平面域一般采用三角形单元或矩形单元. 空间域可采用四面体、多面体等. 图 A.3 所示为平面域三角形单元例子. 每个单元顶点称为节点, 全域共分成 m 个有限单元及 n 个有限节点.

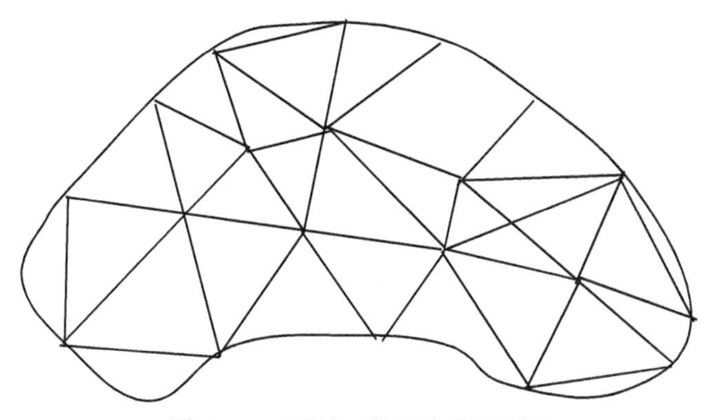

图 A.3 平面域三角形单元示意图

(4) 分片插值求基.

设 m 个有限单元中第 e 个单元上的待求函数为

$$u^e = \sum_{i=1}^{k} a_i w_i(p) \quad (e = 1, 2, \cdots, m), \tag{A.13}$$

其中 k 为 e 单元上节点个数, $a_1, a_2, \cdots, a_k$ 为待定系数, p 为 e 单元上任意点, $w_i(p)$ 为 e 单元上的插值函数, 可以是线性, 也可以是非线性. 因为分割的单元比较小, 一般可用线性插值.

将 e 单元上节点 $p_1, p_2, \cdots, p_k$ 的坐标依次代入插值函数 $w_i(p)$, 则得节点上

函数值的表示式

$$\begin{cases} u_1^e = \sum_{i=1}^{k} a_i w_i(p_1), \\ u_2^e = \sum_{i=1}^{k} a_i w_i(p_2), \\ \cdots\cdots \\ u_k^e = \sum_{i=1}^{k} a_i w_i(p_k). \end{cases} \tag{A.14}$$

一般地, 取待定系数 $a_1, a_2, \cdots$ 的个数与单元节点的个数相等. 则方程组 (A.14) 为 $a_1, a_2, \cdots, a_k$ 的线性方程组, 可从 (A.14) 将系数 $a_1, a_2, \cdots$ 解出, 可将 u^e 用 $u_1^e, u_2^e, \cdots, u_k^e$ 来线性表出

$$a_i = \sum_{j=1}^{k} c_{i,j} u_j^e \quad (i = 1, 2, \cdots, k). \tag{A.15}$$

现在将 (A.15) 式代回 (A.13) 式, 可将 u^e 用 $u_1^e, u_2^e, \cdots, u_k^e$ 来线性表出

$$u^e = \sum_{i=1}^{k} \sum_{j=1}^{k} u_j^e = \sum_{i,j=1}^{k} N_i^e u_j^e. \tag{A.16}$$

用矩阵形式可写为

$$u^e = [N_1^e, N_2^e, \cdots, N_k^e][u_1^e, u_2^e, \cdots, u_k^e]^{\mathrm{T}}. \tag{A.16$'$}$$

由这样定出来的

$$\{N_1^e, N_2^e, \cdots, N_k^e\}$$

即为全域上基函数落在 e 单元上的那一部分, 其个数与 e 单元上节点个数相同. 它们对域上任意点 p 有

$$N_i^e(p) = \begin{cases} N_i^e(p), & 若\ p\ 在\ e\ 单元, \\ 0, & 若\ p\ 不在\ e\ 单元 \end{cases} \quad (i = 1, 2, \cdots, k),$$

在 e 单元上节点 $p_1, p_2, \cdots, p_k$ 处则有

$$N_i^e p(j) = \begin{cases} 1, & i = j, \\ 0, & i \neq j \end{cases} \quad (i, j = 1, 2, \cdots, k).$$

(5) 拼装基函数.

由单元上的基函数合成全域上的基函数. 若全域上共有 n 个节点, 则按前一节方法, 当 e 从 1 变到 m, 即可求得全域上的 n 个线性无关的基函数. 其每一个基函数都由相邻单元上有公共节点的单元基函数拼装而成. 将它们按全域上节点号重新编序. 多少个节点, 就有多少个基函数 (有限元基), 即

$$\{N_1, N_2, \cdots, N_n\}.$$

又用 $p_1, p_2, \cdots, p_n$ 表示 n 个节点, 则

$$N_i(p_j) = \begin{cases} 1, & i = j, \\ 0, & i \neq j \end{cases} \quad (i, j = 1, 2, \cdots, n), \tag{A.17}$$

即每个有限元基只在自己对应的节点上取值为 1, 其余节点上都取值为 0.

在全域上设 $u_1, u_2, \cdots, u_n$ 表示 n 个节点处的待求函数值, 则

$$\tilde{u} = \sum_{k=1}^{n} u_k N_k.$$

对照 (A.11) 式可知这就是全域上 Ritz 形式的近似解. 由于有限元基的特殊构造 (见 (A.17) 式), 所以, 对应 (A.11) 式, 即有

$$a_k = u_k \quad (k = 1, 2, \cdots, n).$$

意即, 求得的待定系数 a_k 即为原方程的近似数值解.

到此, 有限元法通过 Ritz 法和网络法的结合, 突破了传统 Ritz 法的困难, 给出了找基函数的具体办法, 即通过分片插值、单元节点表示式先求得单元上基函数, 然后拼装成全域上的基函数. 因而有 Ritz 形式的近似解

$$\tilde{u} = \sum_{k=1}^{n} u_k N_k$$

可供理论上的讨论分析.

在实际解题过程中, 真正起作用的是单元上的表示式 (A.16), 这从下一步总刚度矩阵的合成就可知道.

(6) 总刚度矩阵的合成.

由前节 $\tilde{u} = \sum\limits_{k=1}^{n} u_k N_k$ (设有限单元共有 n 个节点), 代入泛函 (见 (A.12) 式)

$$J(u) \approx J(\tilde{u}) = I(u_1, u_2, \cdots, u_n),$$

这样把 $J(u)$ 近似转化成 $u_1, u_2, \cdots, u_n$ 的多元函数了. 为了使 $J(u)$ 达到极值, 应有

$$\begin{cases} \dfrac{\partial}{\partial u_1} I(u_1, u_2, \cdots, u_n) = 0, \\ \dfrac{\partial}{\partial u_2} I(u_1, u_2, \cdots, u_n) = 0, \\ \qquad \cdots\cdots \\ \dfrac{\partial}{\partial u_n} I(u_1, u_2, \cdots, u_n) = 0. \end{cases} \tag{A.18}$$

由于 $J(u)$ 是二次泛函, 方程组 (A.9) 是线性的, 可用矩阵形式表为

$$[K_{ij}] \begin{bmatrix} u_1 \\ \vdots \\ u_n \end{bmatrix} = \begin{bmatrix} b_1 \\ \vdots \\ b_n \end{bmatrix}, \tag{A.18$'$}$$

其中, $[k_{ij}]$ 为 (A.18) 式的系数矩阵, 力学上称为刚度矩阵.

$$\begin{bmatrix} u_1 \\ \vdots \\ u_n \end{bmatrix}$$

为解向量, 其 n 个分量即为待求的 n 个节点函数值.

$$\begin{bmatrix} b_1 \\ \vdots \\ b_n \end{bmatrix}$$

为由 (A.18) 式经过运算整理而得的右端列阵.

现在, 只要通过方程组 (A.18′) 解出 $u_1, u_2, \cdots, u_n$ 即为方程 (A.1) 在 n 个节点处的近似数值解. 若 $u_1, u_2, \cdots, u_n$ 中包含边界上的点, 则在解方程时要把给定的边界条件 (即 $u_1, u_2, \cdots, u_n$ 中某些为已定值) 代入方程组, 就可减少未知量和方程的个数.

在有限元法实际解题中, 方程组 (A.18′) 中总刚度矩阵 $[k_{ij}]$ 的形成是由小单元上的刚度矩阵通过直接刚度法叠加而成的, 而不是像方程组 (A.18) 那样对全域

上的 $I(u_1, u_2, \cdots, u_n)$ 求导而来. 即将 (A.16) 式代入 (A.10) 式, 先求得 e 单元上 $J(u)$ 的表示式

$$J^e(u_1^e, u_2^e, \cdots, u_n^e). \tag{A.19}$$

将 (A.19) 分别对 $u_1^e, u_2^e, \cdots, u_n^e$ 求导后可得

$$\begin{bmatrix} \dfrac{\partial J^e}{\partial u_1^e} \\ \vdots \\ \dfrac{\partial J^e}{\partial u_k^e} \end{bmatrix} = [K']^e \begin{bmatrix} u_1^e \\ \vdots \\ u_k^e \end{bmatrix}, \tag{A.20}$$

其中, $[K']^e$ 为单元导数矩阵, 方程组 (A.18′) 中的 $[k_{ij}]$ 即可由各单元导数矩阵 $[K']^e(e = 1, 2, \cdots, m)$ 通过直接刚度法拼装而成. 参考文献 [4], 其过程可由计算机自动实现. 总刚度矩阵队 $[k_{ij}]$ 形成以后, 就是解线性代数方程组 (A.18′) 的问题了.

Ritz 法求的是解析解, 差分网络法求的是数值解, 有限元法在求得数值解的同时还可求得分片的解析解. 为了求得定义域上任意点处的函数值, 可将包含 P 点的相应单元的节点值 (已从前面数值解得到) 代入单元表示式 (A.16′), 即可求得该单元上的解析表达式, 为求 P 点值, 只需把 P 点坐标代入该表达式即得.

(7) 有限元法的优点.

有限元法在理论上以变分原理为基础, 保证了方法的收敛性, 且可以进行误差估计. 同时又保持了系数矩阵的对称、正定性以及变分对于第二类自然边界条件自动满足的优越性. 另一方面, 在处理技巧上又吸取和发展了网络法对定义域离散处理的灵活性和对边界的适应性, 通过分区插值, 用比较简便可行的方法具体找出了有限元子空间的基函数, 克服了传统变分法中找基函数的难点. 特别地, 由于有限元子空间中的基函数系是一个有界支集的函数系, 并且大多数基函数支集之间的交集测度为零, 因而有限元刚度矩阵中的大多数元素为零, 大大节省了计算机的容量, 这又是有限元法不可忽视的一个内在优点. 利用有限元解题的各个环节都是便于程序标准化, 可由机器自动实现的. 可以说有限元法为微分方程数值解的程序自动化提供了一个很好的样板, 而且也为古典的变分法开辟了新的方向.

A.4 算　　例

作为例子, 我们下面来分析一组利用矩形单元解 Helmholtz 方程的有限元法中一个单元上的基函数.

电磁场中常见的 Helmholtz 方程有如下形式：

$$\frac{\partial}{\partial x}\left(\frac{1}{\in_d}\cdot\frac{\partial\varphi}{\partial x}\right)+\frac{\partial}{\partial y}\left(\frac{1}{\in_d}\cdot\frac{\partial\varphi}{\partial y}\right)+\frac{\partial}{\partial z}\left(\frac{1}{\in_d}\cdot\frac{\partial\varphi}{\partial z}\right)+\omega^2\mu_0\in_0\varphi=0, \tag{A.21}$$

式中,

$\phi=$ 磁场强度矢量 H 的分量或电场矢量 E 的分量，即为待求函数.

$\omega=$ 波的角频率.

$\mu_0=$ 自由空间的导磁率.

$\in_0=$ 自由空间的介电常数.

$\in_d=$ 相对介电常数.

根据变分法原理, 我们知道求解方程 (A.21) 的问题可归结为在相同边界条件下 (如 $\phi_r=0$) 求对应泛函

$$J(\varphi)=\frac{1}{2}\int_\Omega\left[K_x\left(\frac{\partial\varphi}{\partial x}\right)^2+K_z\left(\frac{\partial\varphi}{\partial y}\right)^2-\lambda\varphi^2\right]d\Omega \tag{A.22}$$

的极值问题.

现在根据有限元思想, 将定义域进行有限分割, 离散成有限多个矩形单元体的集合, 其中矩形的大小可任意 (图 A.4).

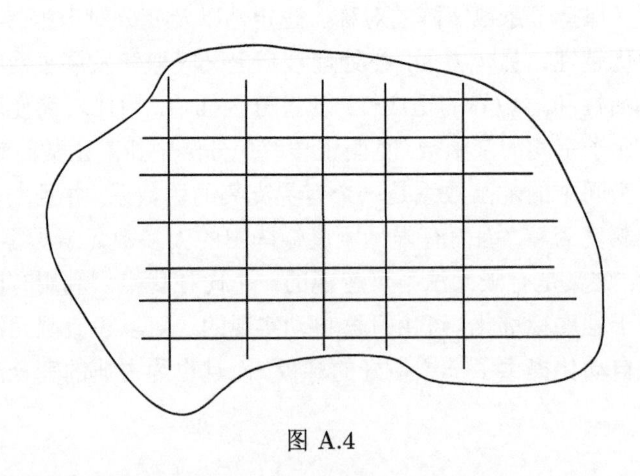

图 A.4

任取其中一个矩形单元 C 来分析图 A.5.

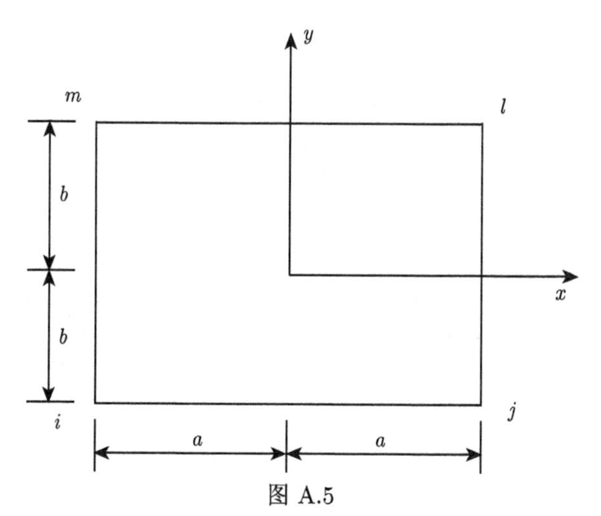

图 A.5

设矩形的四个角点为 i, j, l, m, 将单元自身坐标原点取在单元体的形心, 坐标轴为单元对称轴.

这时单元体的泛函为

$$J(\varphi)^e = \frac{1}{2}\int_{\Omega}\left[K_X\left(\frac{\partial\varphi}{\partial x}\right)^2 + K_{\bar{Y}}\left(\frac{\partial\varphi}{\partial y}\right)^2 - \lambda\varphi^2\right]d\Omega. \tag{A.23}$$

设待求函数为

$$\varphi = \alpha_1 + \alpha_2 x + \alpha_3 y_i + \alpha_4 x_i y, \tag{A.24}$$

则单元体的四个角点值为

$$\begin{aligned}
\varphi_i &= \alpha_1 + \alpha_2 x_i + \alpha_3 y_i + \alpha_4 x_i y_i,\\
\varphi_j &= \alpha_1 + \alpha_2 x_j + \alpha_3 y_j + \alpha_4 x_j y_j,\\
\varphi_l &= \alpha_1 + \alpha_2 x_l + \alpha_3 y_l + \alpha_4 x_l y_l,\\
\varphi_m &= \alpha_1 + \alpha_2 x_m + \alpha_3 y_m + \alpha_4 x_m y_m.
\end{aligned} \tag{A.25}$$

从方程组 (A.25) 中解出 $\alpha_1, \alpha_2, \alpha_3$ 和 α_4:

$$\begin{aligned}
\alpha_1 &= \frac{1}{\Box^2}(a_i\varphi_i + a_j\varphi_j + a_l\varphi_l + a_m\varphi_m),\\
\alpha_2 &= \frac{1}{\Box^2}(b_i\varphi_i + b_j\varphi_j + b_l\varphi_l + b_m\varphi_m),\\
\alpha_3 &= \frac{1}{\Box^2}(c_i\varphi_i + c_j\varphi_j + c_l\varphi_l + c_m\varphi_m),\\
\alpha_4 &= \frac{1}{\Box^2}(d_i\varphi_i + d_j\varphi_j + d_l\varphi_l + d_m\varphi_m),
\end{aligned} \tag{A.26}$$

式中 “□” 为矩形单元 $ijlm$ 的面积.

$$
\begin{aligned}
&a_i = \begin{vmatrix} x_j & y_j & x_j y_j \\ x_l & y_l & x_l y_l \\ x_m & y_m & x_m y_m \end{vmatrix}, \quad a_j = \begin{vmatrix} y_j & x_j & x_j y_j \\ y_l & x_l & x_l y_l \\ y_m & x_m & x_m y_m \end{vmatrix}, \\
&a_l = \begin{vmatrix} y_i & x_i & x_i y_i \\ y_j & x_j & x_j y_j \\ y_m & x_m & x_m y_m \end{vmatrix}, \quad a_m = \begin{vmatrix} x_i & y_i & x_i y_i \\ x_j & y_j & x_j y_j \\ x_l & y_l & x_l y_l \end{vmatrix}, \\
&b_i = \begin{vmatrix} y_j & 1 & x_j y_j \\ y_l & 1 & x_l y_l \\ y_m & 1 & x_m y_m \end{vmatrix}, \quad b_j = \begin{vmatrix} 1 & y_i & x_i y_i \\ 1 & y_l & x_l y_l \\ 1 & y_m & x_m y_m \end{vmatrix}, \\
&b_l = \begin{vmatrix} y_i & 1 & x_i y_i \\ y_j & 1 & x_j y_j \\ y_m & 1 & x_m y_m \end{vmatrix}, \quad b_m = \begin{vmatrix} 1 & x_i & x_i y_i \\ 1 & x_j & x_j y_j \\ 1 & x_l & x_l y_l \end{vmatrix},
\end{aligned} \tag{A.27}
$$

$$
\begin{aligned}
&c_i = \begin{vmatrix} 1 & x_j & x_j y_j \\ 1 & x_l & x_l y_l \\ 1 & x_m & x_m y_m \end{vmatrix}, \quad c_j = \begin{vmatrix} 1 & x_i & x_i y_i \\ 1 & x_l & x_l y_l \\ 1 & x_m & x_m y_m \end{vmatrix}, \\
&c_l = \begin{vmatrix} x_i & 1 & x_i y_i \\ x_j & 1 & x_j y_j \\ x_m & 1 & x_m y_m \end{vmatrix}, \quad c_m = \begin{vmatrix} 1 & x_i & x_i y_i \\ 1 & x_j & x_j y_j \\ 1 & x_l & x_l y_l \end{vmatrix}, \\
&d_i = \begin{vmatrix} x_i & 1 & y_i \\ x_l & 1 & y_l \\ x_m & 1 & y_m \end{vmatrix}, \quad d_j = \begin{vmatrix} 1 & x_i & y_i \\ 1 & x_l & y_l \\ 1 & x_m & y_m \end{vmatrix}, \\
&d_l = \begin{vmatrix} 1 & x_i & y_i \\ 1 & x_j & y_j \\ 1 & x_m & y_m \end{vmatrix}, \quad d_m = \begin{vmatrix} x_i & 1 & y_i \\ x_j & 1 & y_j \\ x_l & 1 & y_l \end{vmatrix},
\end{aligned} \tag{A.28}
$$

将 (A.26) 式代入 (A.24) 式, 可得

$$\varphi = \frac{1}{\square^2}[(a_i + b_i x + c_i y + d_i xy)\varphi_i + (a_j + b_j x + c_j y + d_j xy)\varphi_j$$
$$+ (a_l + b_l x + c_l y + d_l xy)\varphi_l + (a_m + b_m x + c_m y + d_m xy)\varphi_m]. \tag{A.29}$$

将 (A.29) 式写成矩阵形式为

$$\varphi = [N_i, N_j, N_l, N_m]\begin{bmatrix}\varphi_i\\ \varphi_j\\ \varphi_l\\ \varphi_m\end{bmatrix}, \tag{A.30}$$

即

$$\varphi = [N]^e\{\varphi\}^e, \tag{A.31}$$

式中 $[N]^e = [N_i, N_j, N_l, N_m]$,

$$[\varphi]^e = \begin{bmatrix}\varphi_i\\ \varphi_j\\ \varphi_l\\ \varphi_m\end{bmatrix}.$$

$$\begin{aligned}
N_i &= \frac{1}{\square^2}(a_i + b_i x + c_i y + d_i xy),\\
N_j &= \frac{1}{\square^2}(a_j + b_j x + c_j y + d_j xy),\\
N_l &= \frac{1}{\square^2}(a_l + b_l x + c_l y + d_l xy),\\
N_m &= \frac{1}{\square^2}(a_m + b_m x + c_m y + d_m xy).
\end{aligned} \tag{A.32}$$

将各角点对自身坐标的位置 $i(-a,-b)$, $j(a,b)$, $m(-a,b)$ 代入 (A.32) 可得

$$N_i = \frac{1}{4ab}(a-x)(b-y) = \frac{1}{\square}(a+x)(b+y),$$

$$N_j = \frac{1}{4ab}(a+x)(b-y) = \frac{1}{\square}(a+x)(b-y),$$

$$N_l = \frac{1}{4ab}(a+x)(b+y) = \frac{1}{\square}(a+x)(b+y),$$

$$N_m = \frac{1}{4ab}(a-x)(b+y) = \frac{1}{\square}(a-x)(b+y),$$

式中 “□” 为该矩形单元的面积.

这样, 我们通过了在 e 单元上的分片插值 (A.24) 及单元上角点表示式 (A.25) 求得 e 单元上的基函数

$$[N]^e = [N_i, N_j, N_l, N_m]. \tag{A.33}$$

如果我们把所求解方程的定义域共分成 K 个矩形单元, 则重复 K 次上面这样的计算过程, 就可得到 K 组形如 (A.33) 那样的基函数, 于是就可由它们来合成全定义域上的基函数.

参考文献

[1] Courant R. Variational methods for the solution of problems of equilibrium and vibrations. Bulletin of the American Mathematical Society, 1943, 49: 1-23.

[2] 冯康. 有限元方法. 数学的实践与认识, 1974, (4): 54-61.

[3] 米赫林 C T. 二次泛函的极小问题. 王维新, 译. 北京：科学出版社, 1964.

[4] 曾余庚, 徐国华. 电磁场的有限单元法拉普拉斯与泊阿松方程的有限元解. 西北电讯工程学院学报, 1978, (3): 65-77.

附录 B Besov 空间中的变分模型

Besov 空间是一类可以度量广义光滑性和可积性的函数空间[1,2]. 一方面, 由于它包含大量的经典函数空间如 Hölder 空间、Sobolev 空间而被广泛应用于图像的低层次分析如图像去噪[3,4,5-7]; 另一方面, 由于 Besov 范数与小波系数范数之间存在等价性, 因此, 小波分析和 Besov 空间中变分 PDE 的有机结合, 成为当前国际上的研究热点[8,9,10-12]. 受此启发, 本附录针对低层视觉和图像处理中图像分解基本问题, 给出了一系列基于 Besov 空间的变分模型, 并着重探讨了其与小波阈值的内在联系, 建立了基于小波域的快速求解方法.

B.1 研究背景

B.1.1 Besov 空间的描述

Besov 空间内在的多尺度性决定了小波是研究 Besov 图像的重要多尺度工具. 一般地, R^2 上的 Besov 类被表示为 $B_q^\beta(L^p)$ 或 $B_{p,q}^\beta$, 其中, 指标 β 是用来度量光滑阶的正则性权; $L^p = L^p(R^2)$ 表示内尺度度量 (intrascale metric), 控制着每一尺度上的有限差分. 因此, p 是内尺度指标; q 或者 $L^q\,(dl/l, (R^2)^+)$ 是带有对数度量 dl/l 的尺度空间 $l \in (R^2)^+$ 上的交互尺度度量 (interscale metric), 控制着所有交叉尺度上的正则性[13].

对于 $\beta > 0$, $0 < p, q < \infty$, 阶为 β 的 Besov 空间 $B_q^\beta(L^p(R^2))$ 是下列函数的集合[9]：

$$B_q^\beta(L^p(R^2)) = \left\{ f \in L^p(R^2) : |f|_{B_q^\beta(L^p(R^2))} < \infty \right\}, \tag{B.1}$$

其中, $|f|_{B_q^\beta(L^p)} = \left(\int_0^\infty \left(l^{-\beta}\omega_l(f,l)_p \right)^q dl/l \right)^{\frac{1}{q}}$, ω_l 表示第 $l(l > \beta)$ 个光滑模. 其相应的范数为

$$\|f\|_{B_q^\beta(L^p(R^2))} = |f|_{L^P(R^2)} + |f|_{B_q^\beta(L^p(R^2))}. \tag{B.2}$$

另一方面, 函数 f 在 Besov 空间 $B_{p,q}^\beta$ 中的光滑性也可由小波系数刻画. 假设 $\phi : R^2 \to R$ 是尺度函数, $\psi_i(i = 1, 2, 3)$ 是小波函数. 在 R^2 上将小波函数经伸缩

和平移后得

$$\psi_{i,j,k} = 2^j \psi_i(2^j x - k), \tag{B.3}$$

其中, $j \in Z$, $k \in Z^2$. 于是, $f \in L^2(R^2)$ 的小波展开为

$$f = \sum_{k\in Z^2}\sum_{j\in Z}\sum_{i=1}^{3} \langle f, \psi_{i,j,k}\rangle \psi_{i,j,k} = \sum_{k\in Z^2} \langle f, \phi_{0,k}\rangle \phi_{0,k} + \sum_{k\in Z^2}\sum_{j=0}^{\infty}\sum_{i=1}^{3} \langle f, \psi_{i,j,k}\rangle \psi_{i,j,k}. \tag{B.4}$$

如果 ϕ 有 M 阶连续导数, ψ 有 N 阶消失矩, 那么, 只要 $\beta < \min(M, N)$, 对于所有的 $f \in B^{\beta}_{p,q}$, 就有 [7,9]

$$|f|_{B^{\beta}_{p,q}} \sim \left(\sum_j \left(2^{j\beta p} 2^{j(p-2)} \sum_{i,k} |\langle f, \psi_{i,j,k}\rangle|^p\right)^{\frac{q}{p}}\right)^{\frac{1}{q}} \tag{B.5}$$

和

$$\|f\|_{B^{\beta}_{p,q}} \sim |f|_{B^{\beta}_{p,q}} + \left(\sum_k |\langle f, \phi_{0,k}\rangle|^p\right)^{\frac{1}{p}}. \tag{B.6}$$

特别地, 当 $p = q$ 时 Besov 半范数为

$$|f|_{B^{\beta}_{p,p}} \sim \left(\sum_{i,j,k} 2^{j\beta p} 2^{j(p-2)} |\langle f, \psi_{i,j,k}\rangle|^p\right)^{\frac{1}{p}}. \tag{B.7}$$

另外, $\beta < 0$ 对应着 Besov 对偶空间 [7]:

$$\left(B^{\beta}_{p,q}\right)^* = B^{-\beta}_{p^*,q^*}, \tag{B.8}$$

其中, $\dfrac{1}{p} + \dfrac{1}{p^*} = 1$, $\dfrac{1}{q} + \dfrac{1}{q^*} = 1 (1 \leqslant p, q \leqslant \infty)$. 特别地, 当 $\beta > 0$ 时, $B^{\beta}_{\infty,\infty}$ 为 Hölder 空间 C^{β}; 当 $\beta \in R$ 时, $B^{\beta}_{2,2}$ 等价于 Sobolev 空间 $W^{\beta,2} = H^{\beta}$.

B.1.2　变分 PDE 在图像分解中的研究现状

图像分析中一个很重要的问题就是区分图像中不同的特征. 近来, 图像分解成了低层视觉和图像处理中一项新的前沿领域. 它是对图像恢复研究的深入. 与图像恢复一样, 可以将该问题看作一个反问题, 因此可以用正则化和最小化变分泛函的方法分解图像. 图像分解模型的一般形式是 [14]

$$\min_{(u,v)\in X_1\times X_2} \{\mathcal{K}(u,v) = F_1(u) + \lambda F_2(v) : f = u + v\}, \tag{B.9}$$

其中 $\lambda > 0$ 是尺度参数, $F_1, F_2 \geqslant 0$ 是泛函, X_1, X_2 是函数空间或分布空间, 它们满足当且仅当 $(u,v) \in X_1 \times X_2$ 时, $F_1(u) < \infty$, $F_2(u) < \infty$. 好的图像分解模型的依据是选择的函数空间 X_1, X_2 除了具有上述给定的性质外, 还应该满足 $F_1(u) \ll F_1(v)$, $F_2(v) \ll F_2(u)$.

具体来说, 就是把给定图像 f 分解成两部分的和 $u+v$, 其中 u 表示图像 f 中的结构, 包含了 f 的主要特征, 所以可将 u 看成对图像 f 的一个好的逼近; v 是由纹理和噪声组成的振荡成分或者是一个统计采样. 例如, 图像去噪可以看作噪声图像 f 分解为未知的真实图像 u 和零均值的高斯白噪声 v; 纹理提取可以看作给定图像 f 分解为结构成分 u 和振荡成分 (纹理或噪声)v; 此外, 在其他情形中, u 通常被看作 f 的几何或结构成分, v 表示散射干扰 (clutter)[15]. 一般来说, u 和 v 这两部分并不是正交的或独立的, 对图像的分解 $f=u+v$ 也不是唯一的. 然而, 若一个函数 w 既在有界变差空间 BV 中并且在其中的范数小于 1, 又在 Besov 空间 $B_\infty^{-1}(L_\infty)$ 中并且在其中的范数小于 ε, 那么函数 w 必定在 L^2 空间中并且在其中的范数不会超过 $C\sqrt{\varepsilon}$. 这就意味着在某种意义上 u 和 v 这两部分是正交的或独立的 [16].

在 20 世纪 90 年代, 人们通常选择变分泛函 (B.9) 中的 $X_2 = L^2$ 来刻画图像的振荡成分. 一个著名的例子是用于图像分割的 Mumford-Shah 模型 [18], 它将 $f \in L^\infty(\Omega) \subset L^2(\Omega)$ 分解为 $u \in \mathrm{SBV}(\Omega)$[17,18] 和 $v = f-u \in L^2(\Omega)$. 其相应的变分模型为

$$\inf_{(u,v)\in \mathrm{SBV}(\Omega)\times L^2(\Omega)} \left\{ \int_{\Omega\setminus J_u} |\nabla u|^2 du + \alpha \mathcal{H}^1(J_u) + \beta \|v\|_{L^2(\Omega)}^2, f = u+v \right\}, \tag{B.10}$$

其中, H^1 表示一维 Hausdorff 测度, $\alpha, \beta > 0$ 是调节参数. 另一个著名的例子是用于图像去噪的 ROF 模型 [19]. 该模型提供了唯一的 $(u \in \mathrm{BV}(\Omega), v \in L^2(\Omega))$ 分解. 然而, 该模型有不足之处, 即当 f 是周长有限的光滑集合 D 的特征函数时, $u=f$, $v=0$. 但是, 这对于 λ 取有限值是不正确的 [16,18,20]. 换句话说, 就是 v 中包含 f 的结构信息, ROF 模型不能很好地表示纹理或振荡细节 [16]. 于是, Meyer 提出用小于 L^2 范数来刻画振荡成分 v, 同时保持 $u \in \mathrm{BV}(\Omega)$[16]. 这里, $(X_2, \|\cdot\|_{X_2})$ 分别为 $(G(R^2), \|\cdot\|_{G(R^2)})$, $(F(R^2), \|\cdot\|_{F(R^2)})$ 和 $(E(R^2), \|\cdot\|_{E(R^2)})$. 其中, $G = \mathrm{div}(L^\infty)$, $F = \mathrm{div}(\mathrm{BMO}) = \dot{\mathrm{BMO}}^{-1}$(BMO 是有界平均振荡函数空间)[21–23], $E = \dot{B}_{\infty,\infty}^{-1}$(齐次 Besov 空间)[14,24]. 此外, 在 R^2 上我们有下列嵌入关系:

$$\mathrm{BV} \subset L^2 \subset G \subset F \subset E. \tag{B.11}$$

由于 Meyer 的理论变分模型很难求解, 因此激发人们去探求其相应的数值松弛模型. 2003 年, Vese-Osher 首次建议用 $L^p(1 \leqslant p < \infty)$ 中向量场的一阶导数来刻画振荡成分 v(即 VO 模型)[25]. 同时, 在 VO 模型的基础上, Osher-Solè-Vese 建议用齐次 Sobolev 空间 $\dot{H}^1(\Omega)$ 中函数的二阶导数来刻画振荡成分 v. 这就给出准确的 $(\mathrm{BV}, \dot{H}^{-1})$ 分解 (即 OSV 模型)[26]. 由于高斯白噪声在统计意义下属于 $\bigcap_{\varepsilon>0} H_{\mathrm{loc}}^{-1-\varepsilon}$ [27], 于是, Lieu-Bertozzi 建议用负的 Hilbert-Sobolev 空间 $H^s(s<0)$ 来刻画振荡成分 v(简称 LB 模型)[28]. 其相应的变分模型为

$$\inf_{u\in \mathrm{BV}} F(u) = \lambda\, |u|_{\mathrm{BV}} + \|f-u\|_{-s}^2, \tag{B.12}$$

其中, $\|f-u\|_{-s}^2 = \int_{R^2} \left(1+|\xi|^2\right)^{-s} \left|\hat{f}-\hat{u}\right|^2 du(s>0)$. 显然, LB 模型 (B.12) 是对 OSV 模型的直接推广, 而且上述这些数值松弛模型本质上都是对 Meyer 理论模型 (BV, G) 的逼近.

2005 年, Le-Vese 提出用下列能量极小化来逼近 Meyer 理论模型 (BV, F)[29]:

$$\begin{aligned}\inf_{u,\vec{g}=(g_1,g_2)} \Big\{ \mathcal{G}_p(u,g_1,g_2) &= |u|_{\mathrm{BV}} + \mu\|f-u-\operatorname{div}(\vec{g})\|_{L^2}^2 \\ &\quad + \lambda\left[\|g_1\|_{\mathrm{BMO}} + \|g_2\|_{\mathrm{BMO}}\right] \Big\}\end{aligned} \tag{B.13}$$

和

$$\begin{aligned}\inf_{u,g} \Big\{ \mathcal{G}_p(u,g) &= |u|_{\mathrm{BV}} + \mu\, \|f-u-\operatorname{div}(\vec{g})\|_{L^2}^2 \\ &\quad + \lambda\left[\|g_x\|_{\mathrm{BMO}} + \|g_y\|_{\mathrm{BMO}}\right] \Big\}.\end{aligned} \tag{B.14}$$

在连续情况下, (B.13) 和 (B.14) 等价. 然而, 在离散情况下, (B.14) 给出各向同性的图像分解. 其进一步讨论可见 [30].

对于 (BV, E) 模型, Aujol-Chambolle 给出下列逼近泛函 [31]:

$$\inf_{(u,v)} \left\{ \mathcal{K}(u,v) = |u|_{\mathrm{BV}} + B^*(v/\delta) + \frac{1}{2\lambda}\, \|f-u-v\|_{L^2}^2 \right\}, \tag{B.15}$$

其中, $B^*(\omega/\delta) = \chi_{\{\|\omega\|_E \leqslant \delta\}}$($B^*$ 是闭凸集 $\delta B_E = B_{E(\delta)} = \{\omega / \|\omega\|_E \leqslant \delta\}$ 上的指示函数). 关于 (BV, E) 的其他研究进展可详见 [14, 24].

由于上述图像分解模型的极小化必须通过求解相应 PDE 来实现, 因此, 有些模型的 Euler-Lagrange 方程难免比较复杂, 计算比较困难. 为此, 在 VO 模型和 OSV 模型的基础上, Daubechies-Teschke 提出用较小的 Besov 空间 $B_{1,1}^1(\Omega)(\subset$

$BV(\Omega) \subset B^1_{1,1}(\Omega) - \text{weak})$ 代替 $BV(\Omega)$[8,9]. 于是, 得到下列图像分解模型 (简称 DT 模型):

$$\inf_{u,v} F_f(v,u) = \|f-(u+v)\|^2_{L_2(\Omega)} + \gamma \|v\|^2_{H^{-1}(\Omega)} + 2\alpha |u|_{B^1_{1,1}(\Omega)}. \tag{B.16}$$

利用 B.1.1 中提到的 Besov 半范数与小波系数范数的等价性, 该模型建立了基于小波域的快速算法, 从而避免了求解非线性 PDE.

B.2 一类基于 Besov 空间与负 Hilbert-Sobolev 空间的变分模型

B.2.1 主要思想

Lorenz 针对图像去噪反问题给出了小波软 (硬) 阈值和 Besov 空间 $B^\beta_{p,p}(\Omega)$ $(\beta > 0, 0 < p < \infty)$ 约束变分的关系[6,7]. 由于图像分解在本质上也属于反问题范畴, 因此, DT 模型 (C.16) 中结构部分 u 的刻画可以推广到 $B^\beta_{p,p}(\Omega)$. 在 LB 模型 (B.12) 中, 作者建议用负的 Hilbert-Sobolev 空间 $H^{-s}(s>0)$ 来刻画振荡成分 v. 受此启发, DT 模型 (B.16) 中振荡成分 v 的刻画同样可以推广到 H^{-s}. 于是, 新的图像分解变分模型为

$$\inf_{u,v} E(u,v) = 2\alpha |u|^p_{B^\beta_{p,p}(\Omega)} + \|f-(u+v)\|^2_{L^2(\Omega)} + \gamma \|v\|^2_{H^{-s}(\Omega)}, \tag{B.17}$$

其中, $\beta > 0$, $0 < p < \infty$, $s > 0$. 数值实验表明：新模型 (B.17) 在某些给定的函数空间上能更好地进行图像分解.

B.2.2 新变分模型的极小化

由 B.1.1 知: $H^{-s} = B^{-s}_{2,2}$. 根据 Besov 半范数与小波系数范数的等价性 (B.7), 对于给定的正参数组 $(\gamma,\ \alpha, \beta, p, s)$, 有下列范数的等价关系:

$$\begin{cases} \|f-(u+v)\|^2_{L^2(\Omega)} \approx \sum\limits_{\lambda\in J} |f_\lambda - (u_\lambda + v_\lambda)|^2, \\ \|v\|^2_{H^{-s}(\Omega)} \approx \sum\limits_{\lambda\in J} 2^{-2s|\lambda|} |v_\lambda|^2, \\ |u|^p_{B^\beta_{p,p}(\Omega)} \approx \sum\limits_{\lambda\in J_{j_0}} 2^{\beta|\lambda|p} 2^{|\lambda|(p-2)} |u_\lambda|^p, \end{cases} \tag{B.18}$$

其中, 指标集满足

$$J = \{\lambda = (i,j,k) : k \in J_j, j \in Z, i = 1,2,3\}$$

和

$$J_{j_0} = \{\lambda = (i,j,k) : k \in J_j, j \geqslant j_0, i = 1,2,3\},$$

并且当 $\lambda \in J_j$ 时, 定义 $|\lambda| = j$; f_λ, u_λ 和 v_λ 分别表示 f, u 和 v 所对应的第 λ 个小波系数.

将 (B.18) 代入模型 (B.17), 得到下列基于小波框架的序列:

$$W_f(u,v) = \sum_{\lambda \in J} \left(2\alpha 2^{\beta|\lambda|p} 2^{|\lambda|(p-2)} |u_\lambda|^p \cdot 1_{\{\lambda \in J_{j_0}\}} \right.$$
$$\left. + |f_\lambda - (u_\lambda + v_\lambda)|^2 + \gamma 2^{-2s|\lambda|} |v_\lambda|^2 \right). \tag{B.19}$$

变分泛函 (B.19) 是可分的, 因此它的极小化可以通过分别对每一项求极小来得到. 假设 $[\cdot]_\lambda$ 表示 (B.19) 的第 λ 项, 其关于 v_λ 的一阶导数为

$$D_{v_\lambda}[W_f(u,v)]_\lambda = -2(f_\lambda - u_\lambda) + 2(1 + \gamma 2^{-2s|\lambda|}) v_\lambda.$$

令 $D_{v_\lambda}[W_f(u,v)]_\lambda = 0$, 极小值点 $\tilde{v}_{\alpha,\gamma}$ 的第 λ 个小波系数必须满足

$$(\tilde{v}_{\alpha,\gamma})_\lambda = (1 + \gamma 2^{-2s|\lambda|})^{-1} (f_\lambda - u_\lambda). \tag{B.20}$$

将 (B.20) 代入 (B.19) 得到

$$[W_f(\tilde{v}_{\alpha,\gamma}, u)]_\lambda = \frac{\gamma 2^{-2s|\lambda|}}{1 + \gamma 2^{-2s|\lambda|}} (f_\lambda - u_\lambda)^2 + 2\alpha 2^{\beta|\lambda|p} 2^{|\lambda|(p-2)} \cdot 1_{\{\lambda \in J_{j_0}\}} |u_\lambda|^p. \tag{B.21}$$

令 $\mu_{1,\lambda} = \dfrac{\gamma 2^{-2s|\lambda|}}{1 + \gamma 2^{-2s|\lambda|}}$ 和 $\mu_{2,\lambda} = 2^{\beta|\lambda|p} 2^{|\lambda|(p-2)} \alpha \cdot 1_{\{\lambda \in J_{j_0}\}}$, 于是, (B.19) 转化为

$$Q_f(u) = \sum_{\lambda \in J} [W_f(u, \tilde{v}_{\alpha,\gamma})]_\lambda = \sum_{\lambda \in J} \left(2\mu_{2,\lambda} |u_\lambda|^p + \mu_{1,\lambda} (f_\lambda - u_\lambda)^2 \right). \tag{B.22}$$

这时, 为了极小化问题 (B.22), 必须讨论 p 的选取.

B.2.3 新变分模型的解与小波阈值之间的关系

令 $x = f_\lambda$, $\omega = u_\lambda$ 和 $\theta = \dfrac{\mu_{2,\lambda}}{\mu_{1,\lambda}}$, 因此, (B.22) 的每一项极小化就有下列形式

$$\arg\min_{\omega} \left\{ (x - \omega)^2 + 2\theta |\omega|^p \right\}. \tag{B.23}$$

这时, (B.23) 的极小化就等价于凸分析中迫近映射 (proximal mapping)[6,7,32] 的构造, 即

$$E_\theta\varphi(x) = \arg\min_{\omega}\left\{(x-\omega)^2 + 2\theta\varphi(\omega)\right\}, \tag{B.24}$$

其中, $\varphi(x) = |x|^p$. 对于 $\theta > 0$, 我们有

$$E_\theta\varphi(x) \subset (Id + \theta\partial\varphi)^{-1}(x), \tag{B.25}$$

其中, Id 为单位矩阵 ∂ 表示次梯度 [32](subgradient). 当 φ 是凸函数时, (B.25) 可以取等号 [7,32].

当 $1 < p < \infty$ 时

在这种情况下, (B.24) 中的 φ 是严格凸的并且可微. (B.24) 为下列函数的逆函数:

$$x \to x + \theta p\text{sign}(x)\,|x|^{p-1} := F_\theta^p(x). \tag{B.26}$$

因为对任意的 $\theta > 0$ 和 $p > 1$, (B.26) 是一一映射, 因此, 当 $1 < p < \infty$ 时, 由 (B.25) 知, (B.24) 的极小值点为

$$\omega = (F_\theta^p)^{-1}(x) := P_\theta(x). \tag{B.27}$$

于是, 极小化问题 (B.22) 中极小值点 $\tilde{u}_{\alpha,\gamma}$ 的第 λ 个小波系数必须满足

$$(\tilde{u}_{\alpha,\gamma})_\lambda = P_\theta(f_\lambda) = (F_\theta^p)^{-1}(f_\gamma). \tag{B.28}$$

这时, P_θ 可以理解为相应的阈值函数. 因为 $(F_\theta^p)^{-1}$ 没有显式表达, 所以, 可以通过牛顿法求解.

特别地, 当 $p = 2$ 时, (B.28) 是一个例外:

$$(\tilde{u}_{\alpha,\gamma})_\lambda = P_\theta(f_\lambda) = \frac{1}{1+2\theta}f_\lambda = \frac{1}{1+2^{2\beta|\lambda|+1}\left(\alpha(2^{2s|\lambda|}+\gamma)/\gamma\right)}f_\lambda. \tag{B.29}$$

对于给定的参数 $(\gamma,\ \alpha, \beta, s)$, (B.29) 是依赖于尺度 $|\gamma|$ 的线性阈值函数.

当 $p = 1$ 时

在这种情况下, (B.24) 中的 φ 是凸的, 并在 $\omega \neq 0$ 时可微. 除去 $\omega = 0$, 令 $D_\omega\left[E_\theta\varphi(x)\right] = 0$, 那么 (B.24) 退化为

$$x = \omega + \theta\text{sign}(\omega). \tag{B.30}$$

当 $\omega > 0$ 时, (B.30) 为 $\omega = x - \theta$; 当 $\omega < 0$ 时, (B.30) 为 $\omega = x + \theta$; 当 $|x| \leqslant \theta$ 时, 令 $\omega = 0$. 于是, (B.24) 的极小值点为

$$
\omega = P_\theta(x) = \begin{cases} x + \theta, & x \leqslant -\theta, \\ 0, & -\theta < x < \theta, \\ x - \theta, & x \geqslant \theta. \end{cases} \tag{B.31}
$$

显然, (B.31) 是软阈值函数 S_θ, 其中, 阈值为 $\theta = 2^{|\lambda|(\beta-1)}\left(\alpha(2^{2s|\lambda|}+\gamma)/\gamma\right)$. 因此, 极小化问题 (B.22) 中极小值点 $\tilde{u}_{\alpha,\gamma}$ 的第 λ 个小波系数必须满足

$$
(\tilde{u}_{\alpha,\gamma})_\lambda = S_\theta(f_\lambda). \tag{B.32}
$$

令 $\beta = s = 1$, (B.32) 退化为 DT 模型 (B.16)[8,9] 的结果. 数值实验见 B.2.4 中 $(p, \beta, s) = (1, 1, 1)$ 的情形.

当 $0 < p < 1$ 时

在这种情况下, (B.24) 中的 φ 非凸且不可微. 这时 (B.25) 中的逆函数 $(Id+\theta\partial\varphi)^{-1}$ 是多值的, 见图 B.1. 由 (B.25) 知：迫近映射 $E_\theta\varphi(x)$ 是 $(Id+\theta\partial\varphi)^{-1}$ 的子集. 受 Lorenz 思想 [6,7] 的启发, 为了找到最优的 $E_\theta\varphi(x)$, 必须关注下列函数：

$$
E_{\theta,x}(\omega) = (x-\omega)^2 + 2\theta\,|\omega|^p. \tag{B.33}
$$

假设 $x, \omega > 0$, (B.33) 中可忽略绝对值. 这时其相应的极小值点是依赖于 x 和 θ 的, 见图 B.2.

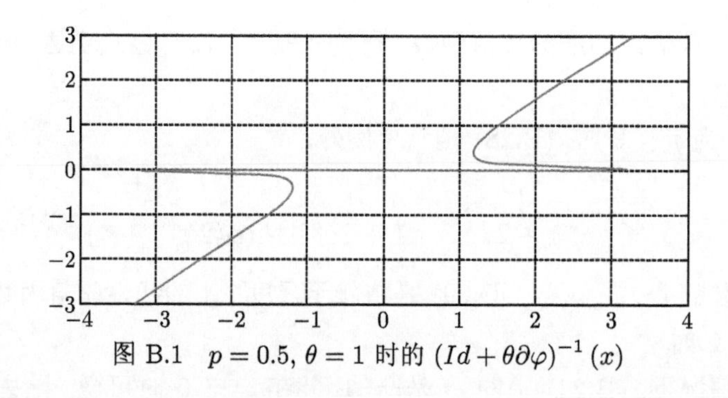

图 B.1 $p = 0.5, \theta = 1$ 时的 $(Id+\theta\partial\varphi)^{-1}(x)$

当 x 取较小的值时, $E_{\theta,x}$ 是单调的, $\omega = 0$ 是其唯一的全局极小值点 (图 B.2 中的 (a), (b), (c)). 当 x 的取值增加时, 极小值就分离为两个局部极小值和一个局部极大值 (图 B.2 中的 (d)). 新的局部极小值不必比 $E_{\theta,x}(0) = x^2$ 小 (图 B.2 中 (d) 的圆点). 同时, 该“分歧点”在图 B.1 中也可观察到：当 x 取较大的值时, $(Id+\theta\partial\varphi)^{-1}(x)$ 有三个分支. 较低的一支为常数 0, 其对应 $E_{\theta,x}$ 在 0 点的极小

值; 较高的两支分别对应 $E_{\theta,x}$ 的新局部极小值和极大值. 因此, 我们必须先找出追近映射从较低分支过渡到较高分支的点 x_J.

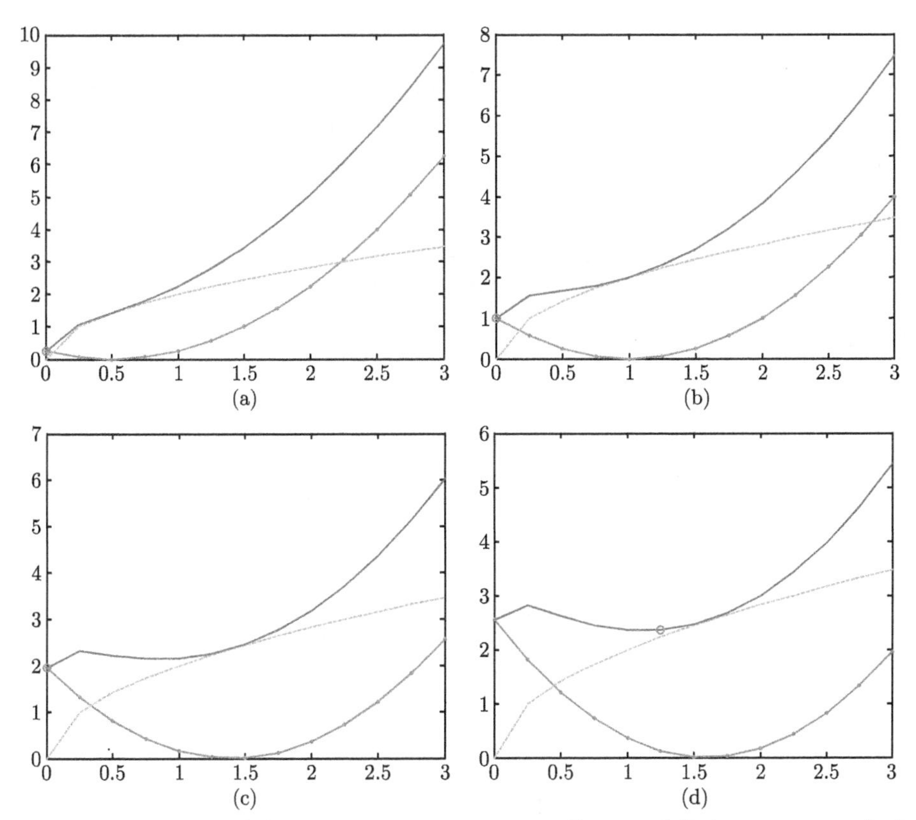

图 B.2 $p=0.5$, $\theta=1$ 时对于不同 $x(=0.5;\ 1;\ 1.4;\ 1.6)$ 的 $E_{\theta,x}$; 虚线为 $\omega \to (x-\omega)^2$, 点划线为 $\omega \to 2\theta\sqrt{\omega}$; 实线为 $\omega \to E_{\theta,x}(\omega)$. 圆点表示 $E_{\theta,x}$ 的全局极小值

假设 x_J 已知, 根据 Lorenz 思想 [6,7], 很容易计算追近映射 $E_\theta\varphi(x)$：如果 $|x| \leqslant x_J$, $E_\theta\varphi(x)$ 为 0; 否则, $E_\theta\varphi(x)$ 可以通过牛顿法求解.

设点 (ω, x) 使得上述两局部极小值相等, 即 $E_{\theta,x}(\omega) = x^2$. 这时, 就有

$$\omega^2 - 2\omega x + 2\theta\omega^p = 0 \Rightarrow x(\omega) = \frac{\omega + 2\theta\omega^{p-1}}{2}. \tag{B.34}$$

令 $x'(\omega) = 0$, 则有

$$\omega_{\min} = (2\theta(1-p))^{\frac{1}{2-p}}. \tag{B.35}$$

将 (B.35) 代入 (B.34) 就产生如下过渡点 x_J：

$$x_J = [x(\omega_{\min})] = \frac{2-p}{2-2p}(2\theta(1-p))^{\frac{1}{2-p}}. \tag{B.36}$$

类似地, 对于 $\omega < 0$, 也有过渡点 $-x_J$. 因此, 该过渡点为 Lorenz 所谓的"有效阈值 λ_{eff}"[6,7].

同时, 由当 $0 < p < \infty$ 时的叙述知: 阈值函数 P_θ 事实上为迫近映射 $E_\theta\varphi(x)$, 并且在情况 $0 < p < 1$ 时是集值的. 此外, 由上述过渡点的求解过程知: 在过渡点 λ_{eff} 处, $E_\theta\varphi(x)$ 总为 0 或 $\omega_{\min}$. 为了数值实现的方便, 统一取为 0. 于是, 根据 Lorenz 的思想[6,7] 得出: 如果 $|x| \leqslant \lambda_{\text{eff}}$, P_θ 为 0; 否则, P_θ 为 $\max|(F_\theta^p)^{-1}(x)|$.

因此, 极小化问题 (B.22) 中极小值点 $\tilde{u}_{\alpha,\gamma}$ 的第 λ 个小波系数必须满足

$$(\tilde{u}_{\alpha,\gamma})_\lambda = P_\theta(f_\lambda) = \begin{cases} 0, & |f_\lambda| \leqslant \lambda_{\text{eff}}, \\ \max\left(|(F_\theta^p)^{-1}(f_\lambda)|\right), & |f_\lambda| \geqslant \lambda_{\text{eff}}. \end{cases} \tag{B.37}$$

例如, 令 $p = 0.5$, 那么"有效阈值 λ_{eff}"为

$$\lambda_{\text{eff}} = \frac{3}{2}\left(2^{|\lambda|\left(\frac{\beta}{3}-1\right)}\right)\left(\alpha(2^{2s|\lambda|}+\gamma)/\gamma\right)^{\frac{2}{3}}. \tag{B.38}$$

对于给定的参数 $(\gamma,\ \alpha, \beta, s)$, (B.38) 是依赖于尺度 $|\gamma|$ 的阈值.

当 $p \to 0$ 时

对于 $p \to 0$, (B.24) 中的 φ 为

$$\varphi(x) = |x|^p = \begin{cases} 1, & x \neq 0, \\ 0, & x = 0. \end{cases}$$

这时, (B.24) 等价于

$$\arg\min_{\omega}\left\{E_{\theta,x}(\omega) = (\omega - x)^2 + 2\theta\#\{\omega \neq 0\}\right\}, \tag{B.39}$$

其中 # 表示集合中元素的个数，(B.39) 有两个局部极小值点: $\omega = x$ 和 $\omega = 0$. 当 $\omega = x \neq 0$ 时, $E_{\theta,x}$ 为 2θ; 当 $\omega = 0$ 时, $E_{\theta,x}$ 为 x^2. 因此, 对于 $x^2 < 2\theta$, 有 $\omega = 0$; 对于 $x^2 > 2\theta$, 有 $\omega = x$; 对于 $x^2 = 2\theta$, 有 $\omega = x = 0$. 于是, 阈值函数 P_θ 可概括为下列硬阈值函数

$$P_\theta(x) = H_\theta(x) = \begin{cases} x, & |x| \geqslant \sqrt{2\theta}, \\ 0, & |x| \leqslant \sqrt{2\theta}, \end{cases} \tag{B.40}$$

因此, 极小化问题 (B.22) 中极小值点 $\tilde{u}_{\alpha,\gamma}$ 的第 λ 个小波系数必须满足

$$(\tilde{u}_{\alpha,\gamma})_\lambda = H_\theta(f_\lambda), \tag{B.41}$$

其中, $\theta = 2^{-2|\lambda|}\alpha(\gamma + 2^{2s|\lambda|})/\gamma$.

为下面叙述的方便, P_θ 表示相应的阈值算子. 用 $(\tilde{u}_{\alpha,\gamma})_\lambda$ 代替 (B.20) 中的 u_λ, 人们获得

$$(\tilde{v}_{\alpha,\gamma})_\lambda = (1+\gamma 2^{-2s|\lambda|})^{-1}(f_\lambda - P_\theta(f_\lambda)). \tag{B.42}$$

综上所述, 变分模型 (B.17) 的极小化过程可以概括如下.

命题 B.1 假设 f 为已知函数, 参数 $\beta, s>0, p\geqslant 0$. 对于任意的正交小波 $\psi\in B^r_{p,p}$, 只要其正则阶 $r>\beta$, 变分模型 (B.17) 就可以被参数化的极小值点 $\tilde{u}_{\alpha,\gamma}$ 和 $\tilde{v}_{\alpha,\gamma}$ 极小化. 其中, $\tilde{u}_{\alpha,\gamma}$ 和 $\tilde{v}_{\alpha,\gamma}$ 可表示为 f 的非线性小波序列, 即

$$\tilde{v}_{\alpha,\gamma} = \sum_{\lambda\in J_{j_0}} (1+\gamma 2^{-2s|\lambda|})^{-1}\left[f_\lambda - P_\theta(f_\lambda)\right]\psi_\lambda \tag{B.43}$$

和

$$\tilde{u}_{\alpha,\gamma} = \sum_{k\in I_{j_0}} \left\langle f, \tilde{\phi}_{j_0,k}\right\rangle \phi_{j_0,k} + \sum_{\lambda\in J_{j_0}} P_\theta(f_\lambda)\psi_\lambda, \tag{B.44}$$

其中, 阈值函数 P_θ 由 (B.28), (B.31), (B.37) 和 (B.40) 刻画.

B.2.4 实验仿真

这部分给出基于变分模型 (B.17) 的图像分解实验. 在所有的实验中, 选择 p 分别等于 2, 1, 0.5 和 0. 其中, $p=2$ 和 $p=0.5$ 分别为 B.2.3 节中 $1<p<\infty$ 和 $0<p<1$ 的例子. 对于给定的 p, 本节将分别考虑 Besov 光滑阶 β 和负 Hilbert-Sobolev 光滑阶 s 的不同取值. 为了描述的方便, 表示相应的参数为 (p,β,s). 此外, 为了有效预防离散小波的 Gibbs 振荡, 我们采用冗余的平稳小波变换 SWT.

首先, 本节给出 Barbara 截取图 (图 B.3) 的结构-纹理分解结果. 所有实验均

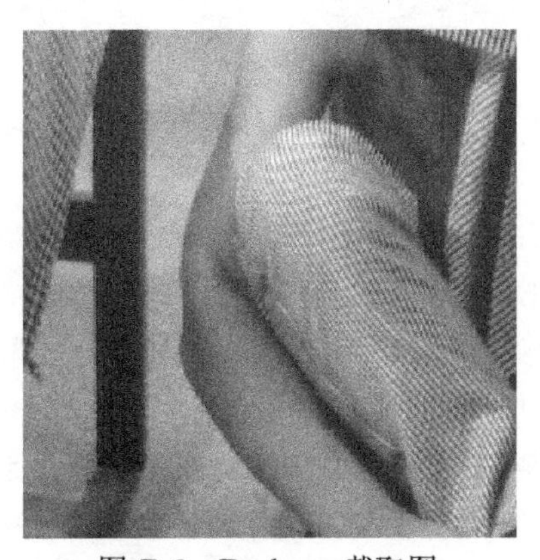

图 B.3 Barbara 截取图

采用具有 8 阶消失矩的 “sym8” 小波. 图 B.4 给出了在不同 (p,β,s) 取值情况下基于命题 B.1 的结构 u 和纹理 v 的分解结果. 其中, $(p,\beta,s)=(1,1,1)$ 为 DT 模型 (B.16) 的分解结果. 实验表明：推广的变分模型 (B.17) 可以较好地从结构 u 中分解纹理细节 v. 并且, 对于固定的 p 和 β, 当 s 增加时, 新模型能更好地保持图像中主要的大尺度结构特征, 见图 $(p,\beta,s)=(1,1,1)$ 和 $(p,\beta,s)=(1,1,2)$.

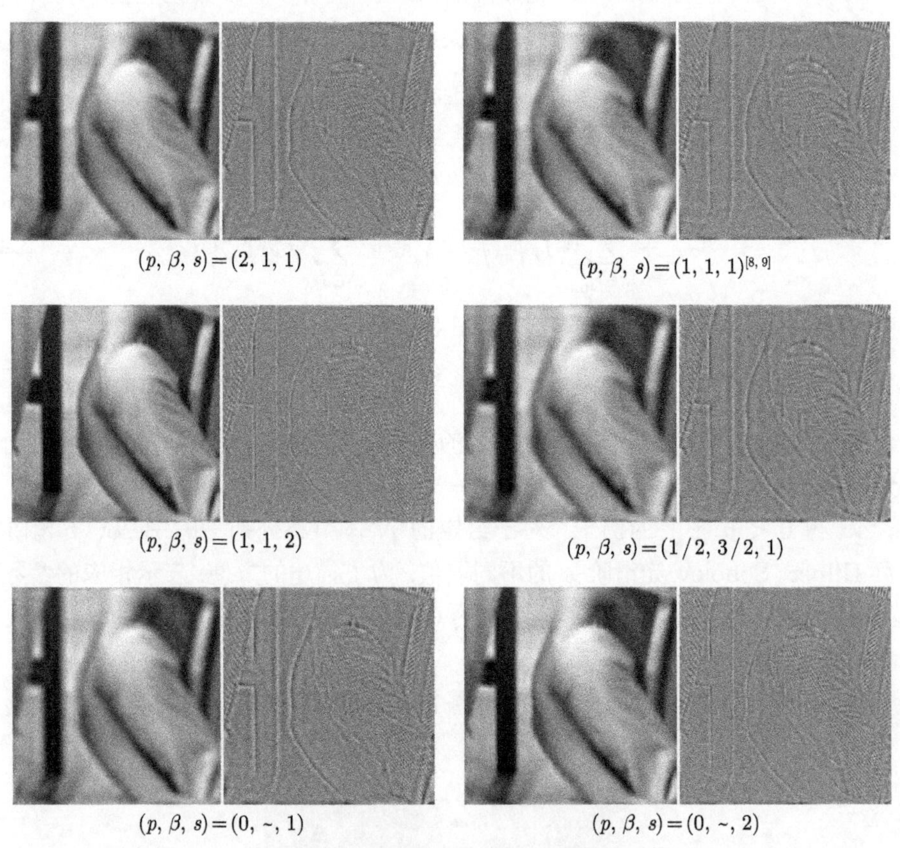

$(p,\beta,s)=(2,1,1)$　　$(p,\beta,s)=(1,1,1)$[8,9]

$(p,\beta,s)=(1,1,2)$　　$(p,\beta,s)=(1/2,3/2,1)$

$(p,\beta,s)=(0,\sim,1)$　　$(p,\beta,s)=(0,\sim,2)$

图 B.4　基于 (B.44) 和 (B.43) 结构-纹理分解后的 u 和 v

其次, 给出 Lena 的结构–噪声分解结果. 其中, 噪声为高斯白噪声, 标准偏差为 $\sigma=10$, 见图 B.5. 在本实验中, 结构 u(B.44) 为去噪后的图像, 而 v(B.43) 为噪声. 对于处理后的结构 u, 选择峰值信噪比 (PSNR) 和均方根误差 (RMSE) 作为评价标准. 此外, 对于所有实验, 均采用具有 4 阶消失矩的 “db4” 小波. 表 B.1 给出在不同 (p,β,s) 取值情况下 PSNR 和 RMSE 的对比结果. 图 B.6 给出部分结构–噪声分解后的图像 u. 由此可知：模型 (B.17) 在 $p=2$(线性阈值) 时, PSNR

和 RMSE 总体不如其他情况, 对图像均匀区域的噪声分离不理想. 软阈值 ($p = 1$) 可以较好地分离噪声并保持边缘; 而对于硬阈值 ($p \to 0$), 由于函数的不连续, 图像边缘处有少许虚假现象. $p = 2$ 视觉质量上类似 $p = 0$, 但 PSNR 和 RMSE 总体比较好, 这可以看作软阈值与硬阈值比较好的折中.

图 B.5 噪声图像

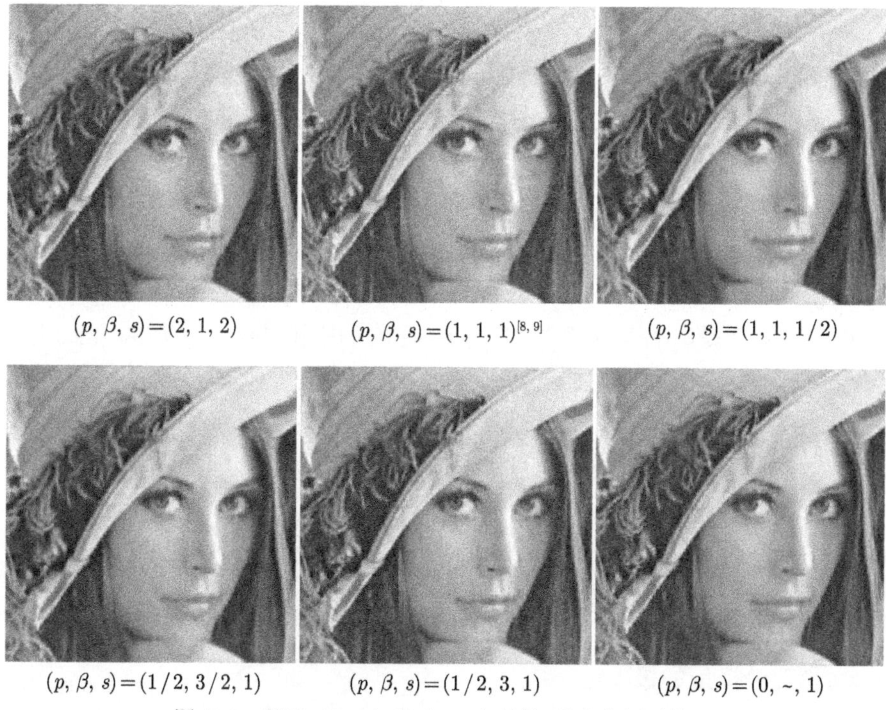

$(p, \beta, s) = (2, 1, 2)$ $(p, \beta, s) = (1, 1, 1)$[8, 9] $(p, \beta, s) = (1, 1, 1/2)$

$(p, \beta, s) = (1/2, 3/2, 1)$ $(p, \beta, s) = (1/2, 3, 1)$ $(p, \beta, s) = (0, \sim, 1)$

图 B.6 基于 (B.44) 和 (B.43) 结构-噪声分解后的 u

表 B.1　结构-噪声分解后 PSNR 和 RMSE 的比较

模型 (B.17) 中的参数 (p,β,s)			PSNR	RMSE
Lena $(\sigma=10)$			28.1058	10.0289
$p=2$	$\beta=1$	$s=0$	29.1701	8.8723
		$s=1$	31.4451	6.8279
		$s=2$	29.6857	8.3609
	$\beta=2$	$s=1$	31.3500	6.9031
		$s=2$	31.7737	6.5744
$p=1$	$\beta=1$	$s=1/2$	31.8835	6.4918
		$s=1$[8,9]	32.4585	6.0760
		$s=3/2$	30.8492	7.3128
	$\beta=2$	$s=1/2$	31.6991	6.6311
		$s=1$	32.5045	6.0439
$p=\frac{1}{2}$	$\beta=3/2$	$s=1$	31.4790	6.8013
		$s=3/2$	32.6960	5.9121
		$s=2$	32.2303	6.2377
	$\beta=3$	$s=1$	32.6012	5.9770
		$s=3/2$	32.3915	6.1230
$p=0$	$\sim$	$s=1$	32.0355	6.3792
		$s=3/2$	31.8134	6.5444
		$s=2$	30.2548	7.8307

B.3　基于投影的图像分解变分模型

对于 B.2 节提出的变分模型 (B.17), 本节考虑用 Besov 半范数 $|u|_{B^{\beta}_{p,p}}$ 来代替 $|u|^p_{B^{\beta}_{p,p}}$. 于是, 变分模型 (B.17) 转变为

$$\inf_{u,v} E(u,v)=2\alpha\,|u|_{B^{\beta}_{p,p}(\Omega)}+\|f-(u+v)\|^2_{L^2(\Omega)}+\gamma\,\|v\|^2_{H^{-s}(\Omega)},\tag{B.45}$$

其中, $\beta>0$, $s>0$, $1\leqslant p\leqslant\infty$. 这可以看作对 DT 模型 (B.16) 的另一种推广. 关于其相应的极小化, 受 Lorenz 和 Chambolle 思想的启发 [5,7,33], 本节给出基于凸集投影的求解算法.

B.3.1　新变分模型的极小化

类似 B.2.2 节的范数等价性, 有

$$\begin{cases} \|f-(u+v)\|_{L^2(\Omega)}^2 \approx \sum\limits_{\lambda\in J} |f_\lambda-(u_\lambda+v_\lambda)|^2, \\ \|v\|_{H^{-s}(\Omega)}^2 \approx \sum\limits_{\lambda\in J} 2^{-2s|\lambda|}\left|v_\lambda\right|^2, \\ |u|_{B_{p,p}^\beta(\Omega)} \approx \left(\sum\limits_{\lambda\in J} 2^{\beta|\lambda|p}2^{|\lambda|(p-2)}\left|u_\lambda\right|^p\right)^{\frac{1}{p}}. \end{cases} \tag{B.46}$$

将 (B.46) 代入模型 (B.45), 得到下列基于小波框架的序列:

$$\begin{aligned} W_f(u,v) =& 2\alpha\left(\sum_{\lambda\in J} 2^{\beta|\lambda|p}2^{|\lambda|(p-2)}\left|u_\lambda\right|^p\right)^{\frac{1}{p}} \\ & +\sum_{\lambda\in J}\left(\left|f_\lambda-(u_\lambda+v_\lambda)\right|^2+\gamma 2^{-2s|\lambda|}\left|v_\lambda\right|^2\right). \end{aligned} \tag{B.47}$$

类似于 B.2 节极小化的步骤, 假设 u 固定, 令 $D_{v_\lambda}\left[W_f(u,v)\right]_\lambda=0$, 极小化问题 (B.47) 中极小值点 v 的第 λ 个小波系数必须满足

$$v_\lambda=(1+\gamma 2^{-2s|\lambda|})^{-1}(f_\lambda-u_\lambda). \tag{B.48}$$

将 (B.48) 代入 (B.47) 有

$$W_f(u,v)=2\alpha\left(\sum_{\lambda\in J} 2^{\beta|\lambda|p}2^{|\lambda|(p-2)}\left|u_\lambda\right|^p\right)^{\frac{1}{p}}+\sum_{\lambda\in J}\frac{\gamma 2^{-2s|\lambda|}}{1+\gamma 2^{-2s|\lambda|}}(f_\lambda-u_\lambda)^2. \tag{B.49}$$

令 $\mu_\lambda=\dfrac{\gamma 2^{-2s|\lambda|}}{1+\gamma 2^{-2s|\lambda|}}$, 记 (B.49) 为

$$Q(u)=Q(u_\lambda)=2\alpha\Phi(u_\lambda)+\sum_{\lambda\in J}\mu_\lambda(f_\lambda-u_\lambda)^2, \tag{B.50}$$

其中, $\Phi(u)=\Phi\left(u_\lambda\right)=\left(\sum\limits_{\lambda\in J} 2^{\beta|\lambda|p}2^{|\lambda|(p-2)}\left|u_\lambda\right|^p\right)^{\frac{1}{p}}$. 这时, Φ 是一阶正齐次的, 即对任意的 u_λ 和 $\delta>0$, 有

$$\Phi(\delta u_\lambda)=\delta\Phi(u_\lambda). \tag{B.51}$$

对于问题 (B.50) 的极小化, 我们将采用来自凸分析的对偶结论, 即投影方法来求解. 因为正齐次函数与凸集之间的对偶性只对凸函数存在 [7], 所以, 只考虑 Φ

在 $1 \leqslant p \leqslant \infty$ 时的凸情况. 2004 年, Chambolle 首次提出基于 ROF 模型的投影算法, 即

命题 B.2[33]　ROF 模型的解可以表示为

$$u = f - P_{\lambda B_G}(f), \tag{B.52}$$

其中, P 为凸集 $\lambda B_G = \{v \in G / \|v\|_G \leqslant \lambda\}$ 上的正交投影.

同时, Chambolle 也给出计算投影 $P_{\lambda B_G}$ 的迭代算法. 受该思想启发, Lorenz 将命题 B.2 推广到 Hilbert 空间 H, 即

定理 B.1[5,7]　假设 $f \in H$, $F : H \to \bar{R}$ 定义如下:

$$F(u) := \|u - f\|_H^2 + 2\lambda \mathcal{F}(u),$$

其中, $\mathcal{F} : H \to \bar{R}$ 是凸的正常函数, 并且满足下半连续性和正一阶齐次性. 那么, F 的极小值点就可以表示为

$$\tilde{u} = (Id - P_{\lambda C})(f), \tag{B.53}$$

其中, P_C 是凸集 $C := \{v \in H | \langle v|\omega\rangle \leqslant \mathcal{F}(\omega), \omega \in H\}$ 上的正交投影.

下面, 本节在定理 B.1 的基础上给出极小化问题 (B.50) 解的投影表示.

命题 B.3　假设 $(f_\lambda) \in \ell^2(J)$, $1 \leqslant p \leqslant \infty$. 那么, 问题 (B.50) 的极小值点就可以表示为下列形式:

$$(u_\lambda) = \left(Id - \Pi_{(\alpha(\gamma+2^{2s|\lambda|})/\gamma)C}\right)(f_\lambda), \tag{B.54}$$

其中, Π_C 是凸集 C 上的正交投影:

$$C = \left\{ x \in \ell^2(J) \middle| \sum_{\lambda\in J} x_\lambda y_\lambda \leqslant \Phi(y_\lambda), \forall y \in \ell^2(J) \right\}. \tag{B.55}$$

证明　因为 Φ 是一阶正齐次函数 (B.51), 所以, Φ 的 Legendre-Fenchel 变换 Φ^* 是凸集 C 上的指示函数 [7,34,35], 即

$$\begin{aligned}
\Phi^*(x) &= \sup\left(\langle x|u\rangle_{\ell^2(J)} - \Phi(u)\right) \\
&= \sup\left(\left(\sum_{\lambda\in J} u_\lambda x_\lambda\right) - \Phi(u_\lambda)\right) = \begin{cases} 0, & x_\lambda \in C, \\ +\infty, & \text{否则}. \end{cases}
\end{aligned} \tag{B.56}$$

又由于 Φ 是凸函数并且下半连续, 所以 $\Phi^{**}=\Phi$. 因此, 凸集 C 上的函数就满足

$$\Phi(u_\lambda)=\sup_{x_\lambda\in C}\left(\sum_{\lambda\in J}u_\lambda x_\lambda\right). \tag{B.57}$$

由于范数和 Φ 是凸的, 所以泛函 (B.50) 也是凸的. 那么, (B.50) 极小值存在的必要条件是

$$0\in\partial Q\left((u_\lambda)\right). \tag{B.58}$$

令 $G(u_\lambda)=\sum\limits_{\lambda\in J}\mu_\lambda(f_\lambda-u_\lambda)^2$, 那么, $\partial G\left((u_\lambda)\right)=\{2\mu_\lambda(f_\lambda-u_\lambda)\}$. 因此, (B.50) 的次梯度为

$$\partial Q(u_\lambda)=2\alpha\partial\Phi(u_\lambda)-2\mu_\lambda(f_\lambda-u_\lambda). \tag{B.59}$$

由 (B.58) 和 (B.59) 知

$$\left(\frac{f_\lambda-u_\lambda}{\theta_\lambda}\right)\in\partial\Phi\left(u_\lambda\right), \tag{B.60}$$

式中, $\theta_\lambda=\left(\alpha(\gamma+2^{2s|\lambda|})/\gamma\right)$. 根据次梯度的逆原理[32], (B.60) 等价于

$$(u_\lambda)\in\partial\Phi^*\left(\frac{f_\lambda-u_\lambda}{\theta_\lambda}\right)\Rightarrow 0\in\left(\frac{f_\lambda-u_\lambda}{\theta_\lambda}\right)-\left(\frac{f_\lambda}{\theta_\lambda}\right)+\frac{1}{\theta_\lambda}\partial\Phi^*\left(\frac{f_\lambda-u_\lambda}{\theta_\lambda}\right). \tag{B.61}$$

这时, $w=\left(\dfrac{f_\lambda-u_\lambda}{\theta_\lambda}\right)$ 是对偶问题 $\dfrac{\|w-(f_\lambda/\theta_\lambda)\|^2}{2}+\dfrac{1}{\theta_\lambda}\Phi^*(w)$ 的极小值.

因为 Φ^* 是指示函数 (B.56), 所以 w 就可以用 $\left(\dfrac{f_\lambda}{\theta_\lambda}\right)$ 在凸集 C 上的正交投影来表示, 即

$$w=\Pi_C\left(\frac{f_\lambda}{\theta_\lambda}\right). \tag{B.62}$$

又因为

$$\frac{1}{\theta_\lambda}\Pi_{\theta_\lambda\in C}(f_\lambda)=\Pi_C\left(\frac{f_\lambda}{\theta_\lambda}\right),$$

于是, 推得 (B.54).

最后, 将 (B.54) 代入 (B.48), 极小化问题 (B.47) 中极小值点 v 的第 λ 个小波系数为

$$v_\lambda=(1+\gamma 2^{-2s|\lambda|})^{-1}\Pi_{\theta_\lambda\in C}\left(f_\lambda\right). \tag{B.63}$$

综上所述, 变分模型 (B.45) 的极小化过程可概括如下.

命题 B.4 假设 f 为已知函数, 参数 $\beta, s > 0$, $1 \leqslant p \leqslant \infty$. 对于任意的正交小波 $\psi \in B^r_{p,p}$, 只要其正则阶 $r > \beta$, 那么, 变分模型 (B.45) 可以被参数化的极小值点 v 和 u 极小化. 其中, v 和 u 可表示为 f 的非线性小波序列, 即

$$v = \sum_{\lambda \in J_{j_0}} (1 + \gamma 2^{-2s|\lambda|})^{-1} \left(\Pi_{\left(\alpha(\gamma + 2^{2s|\lambda|})/\gamma\right)C} (f_\lambda) \right) \psi_\lambda \tag{B.64}$$

和

$$u = \sum_{k \in I_{j_0}} \left\langle f, \tilde{\phi}_{j_0,k} \right\rangle \phi_{j_0,k} + \sum_{\lambda \in J_{j_0}} \left(\left(Id - \Pi_{\left(\alpha(\gamma + 2^{2s|\lambda|})/\gamma\right)C} \right) (f_\lambda) \right) \psi_\lambda. \tag{B.65}$$

B.3.2 小波阈值与投影之间的关系

命题 B.4 说明模型 (B.45) 的极小值与投影有关. 事实上, 随着不同的 p 的取值, 上述投影就是 f 的一系列小波全局阈值函数. 为此, 本节给出 $p = 1$, $p = 2$ 和 $p = \infty$ 的例子.

由于正交投影与凸集密切联系, 因此, 必须先给出这三种情况下凸集 C 的具体表现形式. 为此, 首先介绍 Lorenz 对投影与凸集之间联系的描述.

定理 B.2[5,7] 设 $1 \leqslant p \leqslant \infty$, 泛函 F 被定义如下:

$$F(u_\gamma) = \|(u_\gamma - f_\gamma)\|^2_{\ell^2(\Gamma)} + 2\lambda \|(u_\gamma)\|_{\ell^p(\Gamma)},$$

那么, F 的极小值为 (B.53), 其正交投影所在的凸集 C 为

$$C = \left\{ v \in \ell^2(\Gamma) \middle| \|v\|_{\ell^{P^*}(\Gamma)} \leqslant 1 \right\}, \tag{B.66}$$

其中, p^* 为 p 的对偶指数并且 $\dfrac{1}{p} + \dfrac{1}{p^*} = 1$, Γ 为 Hilbert 空间 H 中基的指标集.

事实上, 新模型 (B.45) 中的光滑性度量 $|\cdot|_{B^\beta_{p,p}}$ 的小波等价范数相当于加权的 ℓ^p 范数, 因此, 由定理 B.2 知:

(1) 当 $p = 2$ 时, 凸集 C 为

$$C = \left\{ x \in \ell^2(J) \middle| \left(\sum_{\lambda \in J} 2^{-2|\lambda|\beta} |x_\lambda|^2 \right)^{\frac{1}{2}} \leqslant 1 \right\}. \tag{B.67}$$

(2) 当 $p = 1$ 时, 凸集 C 为

$$C=\left\{x\in l^2(J)\left|\sup_{\lambda\in J}2^{-|\lambda|(\beta-1)}|x_\lambda|\leqslant 1\right.\right\}. \tag{B.68}$$

(3) 当 $p=\infty$ 时, 凸集 C 为

$$C=\left\{x\in \ell^2(J)\left|\sum_{\lambda\in J}2^{-|\lambda|(\beta+1)}|x_\lambda|\leqslant 1\right.\right\}. \tag{B.69}$$

这三种表达可以看作命题 B.3 中一般凸集 (B.55) 的具体形式.

光滑性度量$|\cdot|_{B^{\beta}_{1,1}(\Omega)}$

由 (B.68) 知：(B.64) 和 (B.65) 中的凸集 $\left(\alpha\left(\gamma+2^{2s|\lambda|}\right)/\gamma\right)C$ 为

$$\left(\alpha\left(\gamma+2^{2s|\lambda|}\right)/\gamma\right)C=\left\{x\in \ell^2(J)\left|\sup_{\lambda\in J}2^{-|\lambda|(\beta-1)}|x_\lambda|\leqslant\left(\alpha\left(\gamma+2^{2s|\lambda|}\right)/\gamma\right)\right.\right\}.$$

因此, 该凸集上所求投影 $\Pi_{\left(\alpha(\gamma+2^{2s|\lambda|})/\gamma\right)C}$ 是在半径为 $2^{|\lambda|(\beta-1)}\alpha\left(\gamma+2^{2s|\lambda|}\right)/\gamma$ 的加权 $\ell^\infty(J)$ 球上的投影 (削波函数 (clipping function))[7], 即

$$\begin{aligned}&\Pi_{\left(\alpha(\gamma+2^{2s|\lambda|})/\gamma\right)C}(f_\lambda)=\left(C_{2^{|\lambda|(\beta-1)}\alpha\left(\gamma+2^{2s|\lambda|}\right)/\gamma}(f_\lambda)\right)\\&=\begin{cases}2^{|\lambda|(\beta-1)}\alpha\left(\gamma+2^{2s|\lambda|}\right)/\gamma, & f_\lambda\geqslant 2^{|\lambda|(\beta-1)}\alpha\left(\gamma+2^{2s|\lambda|}\right)/\gamma,\\ f_\lambda, & |f_\lambda|<2^{|\lambda|(\beta-1)}\alpha\left(\gamma+2^{2s|\lambda|}\right)/\gamma,\\ 2^{|\lambda|(\beta-1)}\alpha\left(\gamma+2^{2s|\lambda|}\right)/\gamma, & f_\lambda\leqslant 2^{|\lambda|(\beta-1)}\alpha\left(\gamma+2^{2s|\lambda|}\right)/\gamma.\end{cases}\end{aligned} \tag{B.70}$$

将 (B.70) 代入 (B.64) 和 (B.65), 变分模型 (B.45) 在 $p=1$ 时的极小值点 u 和 v 为

$$v=\sum_{\lambda\in J_{j_0}}\left(1+\gamma 2^{-2s|\lambda|}\right)^{-1}\left(C_{2^{|\lambda|(\beta-1)}\alpha\left(\gamma+2^{2s|\lambda|}\right)/\gamma}(f_\lambda)\right)\psi_\lambda \tag{B.71}$$

和

$$u=\sum_{k\in I_{j_0}}\left\langle f,\tilde{\phi}_{j_0,k}\right\rangle\phi_{j_0,k}+\sum_{\lambda\in J_{j_0}}\left(S_{2^{|\lambda|(\beta-1)}\alpha\left(\gamma+2^{2s|\lambda|}\right)/\gamma}(f_\lambda)\right)\psi_\lambda, \tag{B.72}$$

其中, $S_{2^{|\lambda|(\beta-1)}\alpha\left(\gamma+2^{2s|\lambda|}\right)/\gamma}$ 为全局小波软阈值函数.

令 $\beta=s=1$, (B.71) 和 (B.72) 退化为 DT 分解模型 (B.16)[8,9] 的结果.

光滑性度量$|\cdot|_{B^{\beta}_{2,2}(\Omega)}$

由 (B.67) 知：(B.64) 和 (B.65) 中的凸集 $\left(\alpha\left(\gamma+2^{2s|\lambda|}\right)/\gamma\right)C$ 为

$$\left(\alpha\left(\gamma+2^{2s|\lambda|}\right)/\gamma\right)C=\left\{x\in\ell^2(J)\,\middle|\,\sum_{\lambda\in J}2^{-2|\lambda|\beta}\left|x_\lambda\right|^2\leqslant\left(\alpha\left(\gamma+2^{2s|\lambda|}\right)/\gamma\right)^2\right\}.$$

因此, 该凸集上所求投影 $\Pi_{\left(\alpha(\gamma+2^{2s|\lambda|})/\gamma\right)C}$ 就可以用下列的约束极小化问题来刻画

$$\begin{aligned}&\min\sum_{\lambda\in J}\left(x_\lambda-f_\lambda\right)^2\\&\text{s.t.}\ \sum_{\lambda\in J}2^{-2|\lambda|\beta}\left|x_\lambda\right|^2\leqslant\left(\alpha\left(\gamma+2^{2s|\lambda|}\right)/\gamma\right)^2.\end{aligned}\tag{B.73}$$

借助 Lagrange 乘子 $\mu>0$, (B.73) 转化为下列无约束优化问题

$$\min_{x_\lambda}\left\{F(x_\lambda)=\sum_{\lambda\in J}\left(f_\lambda-x_\lambda\right)^2+\mu 2^{-2|\lambda|\beta}\left|x_\lambda\right|^2\right\}.\tag{B.74}$$

令 $\partial F(x_\lambda)=0$, (B.74) 的极小值为

$$\tilde{x}_\lambda=\frac{f_\lambda}{1+\mu 2^{-2|\lambda|\beta}}.\tag{B.75}$$

为了保证 Lagrange 乘子 μ 存在, 将 (B.75) 代入 (B.73) 的约束条件:

$$\left(\alpha\left(\gamma+2^{2s|\lambda|}\right)/\gamma\right)^2=\sum_{\lambda\in J}\frac{2^{-2|\lambda|\beta}}{\left(1+\mu 2^{-2|\lambda|\beta}\right)^2}\left|f_\lambda\right|^2.\tag{B.76}$$

这时, 不难发现 (B.76) 的右端是关于 μ 连续并单调递减, 即当 μ 从 0 增加到 ∞ 时, (B.76) 就从 $2^{-2|\lambda|\beta}\left|f_\lambda\right|^2$ 递减到 0. 因此, 当 $2^{-2|\lambda|\beta}\left|f_\lambda\right|^2\geqslant\alpha\left(\gamma+2^{2s|\lambda|}\right)/\gamma$ 时, 存在 $\mu>0$, 使得 (B.75) 是所求投影.

将 (B.75) 代入 (B.64) 和 (B.65), 变分模型 (B.45) 在 $p=2$ 时的极小值点 v 和 u 为

$$v=\sum_{\lambda\in J_{j_0}}\left(1+\gamma 2^{-2s|\lambda|}\right)^{-1}\left(\frac{1}{1+\mu 2^{-2|\lambda|\beta}}(f_\lambda)\right)\psi_\lambda\tag{B.77}$$

和

$$u=\sum_{k\in I_{j_0}}\left\langle f,\tilde{\phi}_{j_0,k}\right\rangle\phi_{j_0,k}+\sum_{\lambda\in J_{j_0}}\left(\frac{1}{1+2^{2|\lambda|\beta+1}\left(\dfrac{1}{2\mu}\right)}(f_\lambda)\right)\psi_\lambda,\tag{B.78}$$

其中, $\mu=\gamma/2\alpha(2^{2s|\lambda|}+\gamma)$. 这时, 投影 $\Pi_{\left(\alpha(\gamma+2^{2s|\lambda|})/\gamma\right)C}$ 是全局小波线性阈值函数.

显然, 本节中 $p=1$ 和 $p=2$ 的结论与 B.2 节中的类似. 但是, 唯一不同的是节中的极小值全部被解释为 f 的全局阈值, 而 B.2 节中的结论是针对 f 每个小波系数的.

光滑性度量 $|\cdot|_{B^{\beta}_{\infty,\infty}(\Omega)}$

由 (B.69) 知：(B.64) 和 (B.65) 中的凸集 $\left(\alpha\left(\gamma+2^{2s|\lambda|}\right)/\gamma\right)C$ 为

$$\left(\alpha\left(\gamma+2^{2s|\lambda|}\right)/\gamma\right)C=\left\{x\in\ell^2(J)\left|\sum_{\lambda\in J}2^{-|\lambda|(\beta+1)}|x_\lambda|\leqslant\left(\alpha\left(\gamma+2^{2s|\lambda|}\right)/\gamma\right)\right.\right\}.$$

用类似于光滑性度量 $|\cdot|_{B^{\beta}_{2,2}(\Omega)}$ 部分的方法, 得到

$$x_\lambda=f_\lambda-\frac{\mu}{2}2^{-|\lambda|(\beta+1)}\operatorname{sign}(f_\lambda). \tag{B.79}$$

因此, 在这种情况下, 上述凸集上的投影 $\Pi_{\left(\alpha(\gamma+2^{2s|\lambda|})/\gamma\right)C}$ 为小波软阈值函数 $S_{\frac{\mu}{2}2^{-|\lambda|(\beta-1)}}$, 其中阈值 $\frac{\mu}{2}2^{-|\lambda|(\beta-1)}=\gamma/4\alpha2^{|\lambda|(\beta-1)}\left(2^{2s|\lambda|}+\gamma\right)$.

于是, 变分模型 (B.45) 在 $p=\infty$ 时的极小值点 v 和 u 为

$$v=\sum_{\lambda\in J_{j_0}}\left(1+\gamma2^{-2s|\lambda|}\right)^{-1}\left(S_{\gamma/4\alpha2^{|\lambda|(\beta-1)}\left(2^{2s|\lambda|}+\gamma\right)}(f_\lambda)\right)\psi_\lambda \tag{B.80}$$

和

$$u=\sum_{k\in I_{j_0}}\left\langle f,\tilde{\phi}_{j_0,k}\right\rangle\phi_{j_0,k}+\sum_{\lambda\in J_{j_0}}\left(C_{\gamma/4\alpha2^{|\lambda|(\beta-1)}\left(2^{2s|\lambda|}+\gamma\right)}(f_\lambda)\right)\psi_\lambda, \tag{B.81}$$

其中, $C_{\gamma/4\alpha2^{|\lambda|(\beta-1)}\left(2^{2s|\lambda|}+\gamma\right)}$ 为削波函数 (B.70).

B.3.3 实验仿真

本节将给出模型 (B.45) 在 $p=2,1,\infty$ 情况下的图像分解仿真实验. 在所有实验中, 我们采用平移不变的小波变换. 对于给定的 p, 将分别考虑 Besov 光滑阶 β 和负 Hilbert-Sobolev 光滑阶 s 的不同取值. 为叙述的方便, 仍采用参数 (p,β,s).

首先, 给出 Barbara 截取图 (图 B.3) 的结构-纹理分解结果. 所有实验均采用具有 8 阶消失矩的 “sym8” 小波. 图 B.7 给出了在不同 (p,β,s) 取值情况下基于投影的结构 u 和纹理 v 的分解结果. 其中, $(p,\beta,s)=(1,1,1)$ 为 DT 模型 (B.16) 的分解结果. 实验表明：推广的变分模型 (B.45) 能够实现结构-纹理特征的提取.

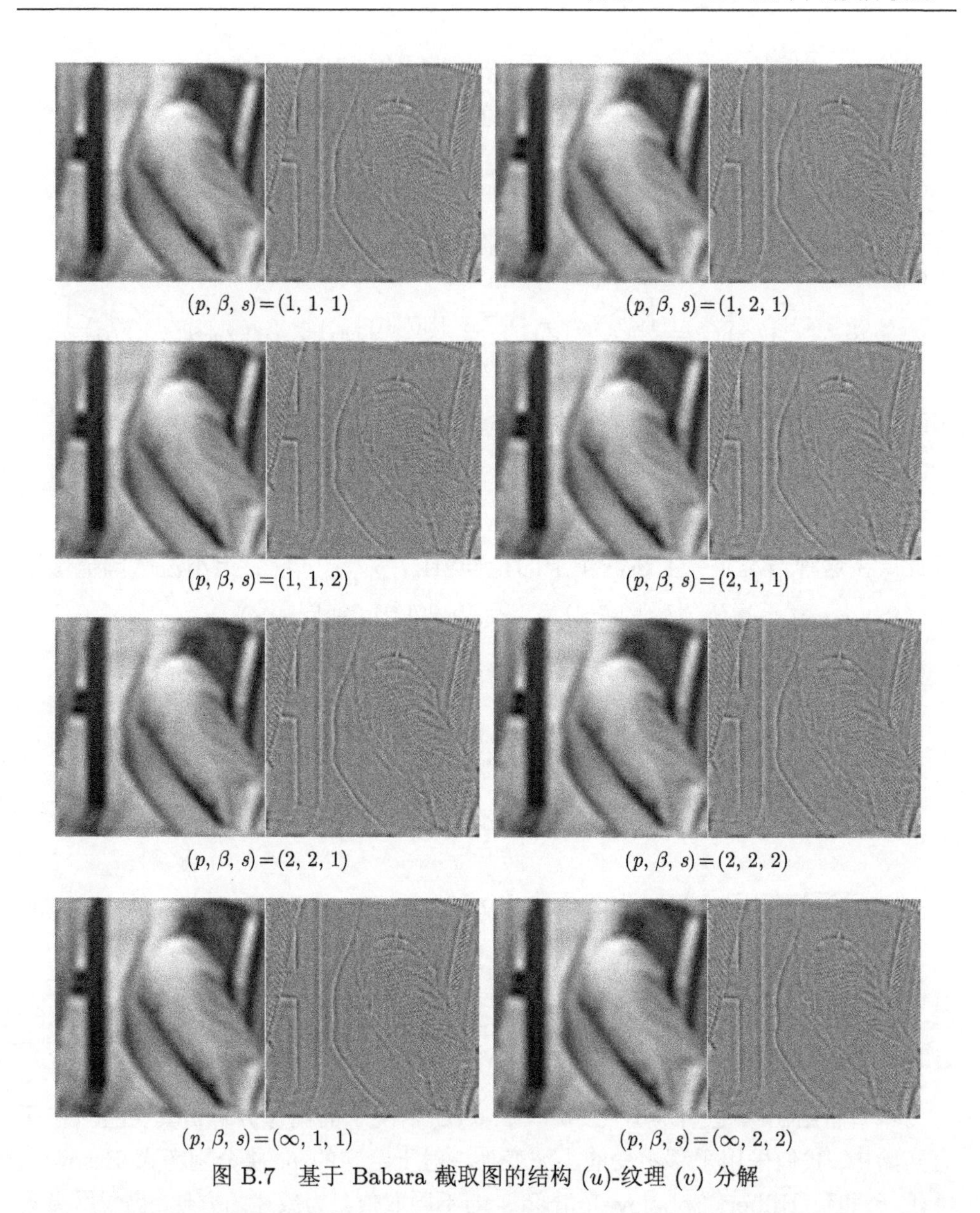

$(p, \beta, s)=(1, 1, 1)$ $(p, \beta, s)=(1, 2, 1)$

$(p, \beta, s)=(1, 1, 2)$ $(p, \beta, s)=(2, 1, 1)$

$(p, \beta, s)=(2, 2, 1)$ $(p, \beta, s)=(2, 2, 2)$

$(p, \beta, s)=(\infty, 1, 1)$ $(p, \beta, s)=(\infty, 2, 2)$

图 B.7 基于 Babara 截取图的结构 (u)-纹理 (v) 分解

其次, 给出图像 EYE 的结构-噪声分解结果. 其中, 噪声为高斯白噪声, 标准偏差为 $\sigma = 25$, 见图 B.8. 同时, 选择峰值信噪比 (PSNR) 作为评价噪声分离后结构 u 的标准. 对于所有实验, 均采用具有 4 阶消失矩的 "Coif4" 小波. 表 B.2 给出了实验中参数的不同选择和 PSNR 的对比结果. 图 B.9 给出了在不同参数情况下结构-噪声分解后的 u. 由此可看出模型 (B.45) 在 $p = 2$ 和 $p = 1$ 时可以较好地实现图像均匀区域噪声的分离, 同时, 有效地保持了图像的边缘和细小特征, 如睫毛. 对于 $p=\infty$, 视觉效果不太令人满意.

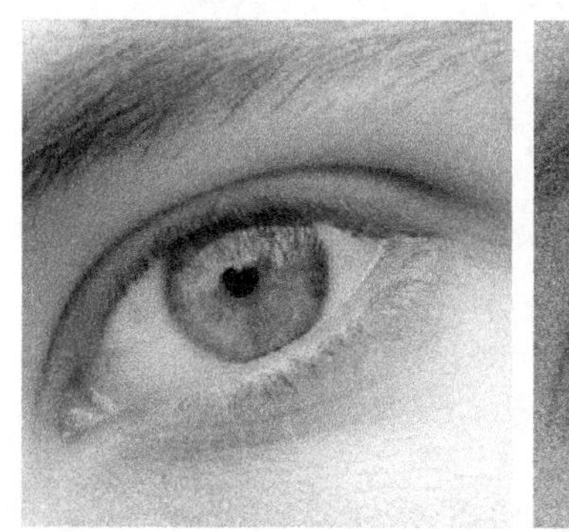
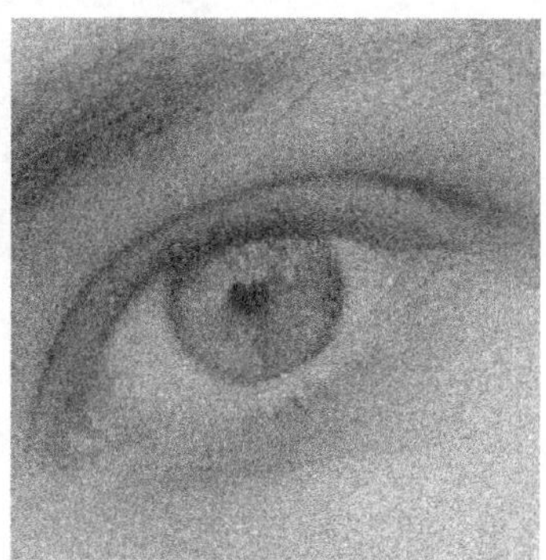

图 B.8 原始图像 (EYE) 和噪声图像

表 B.2 结构-噪声分解实验中参数的选择和 PSNR 的比较

模型 (B.45) 中的参数 (p,β,s)					PSNR
EYE 图像 $(\sigma=25)$			α	γ	20.1470
$p=1$	$\beta=1$	$s=1$[8,9]	0.0183	0.0001	28.5112
		$s=2$	0.183	0.00001	28.4580
	$\beta=2$	$s=1$	0.035	0.00001	28.6979
		$s=2$	0.035	0.000001	28.6694
$p=2$	$\beta=1$	$s=1$	11.992	0.1	28.8847
		$s=2$	11.992	0.1	28.7188
	$\beta=2$	$s=1$	11.992	0.001	28.5699
		$s=2$	11.992	0.0001	28.5208
$p=\infty$	$\beta=1$	$s=1$	6.880	10	27.2273
		$s=2$	6.880	10	27.2536
	$\beta=2$	$s=1$	0.366	10	27.7203
		$s=2$	0.366	10	27.7182

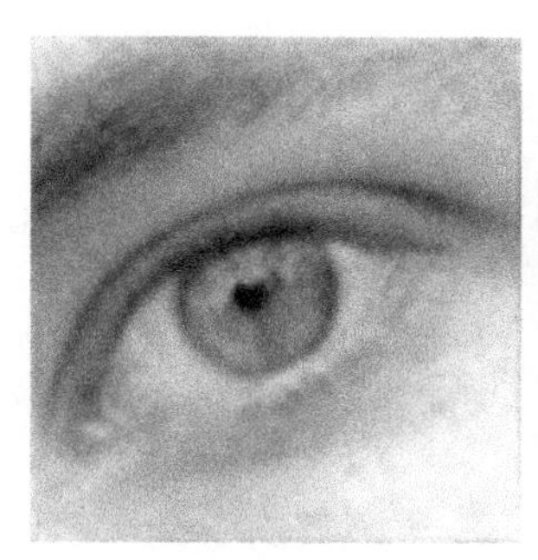

$(p,\beta,s)=(1,1,1)$[8,9]

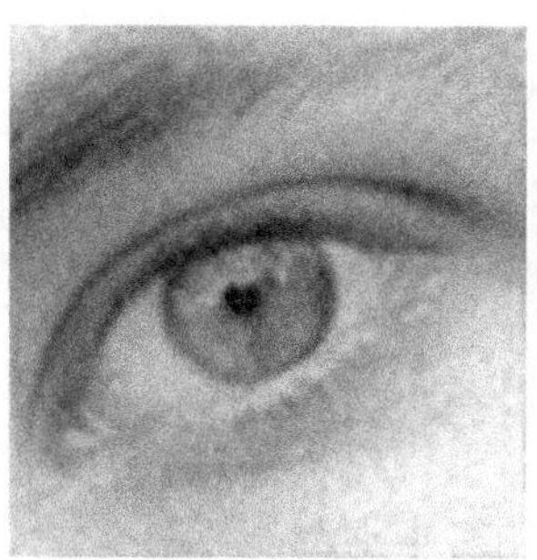

$(p,\beta,s)=(1,1,2)$

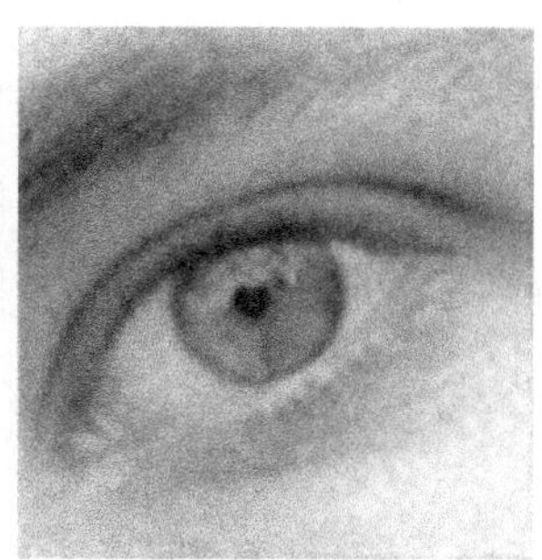

$(p,\beta,s)=(1,2,1)$

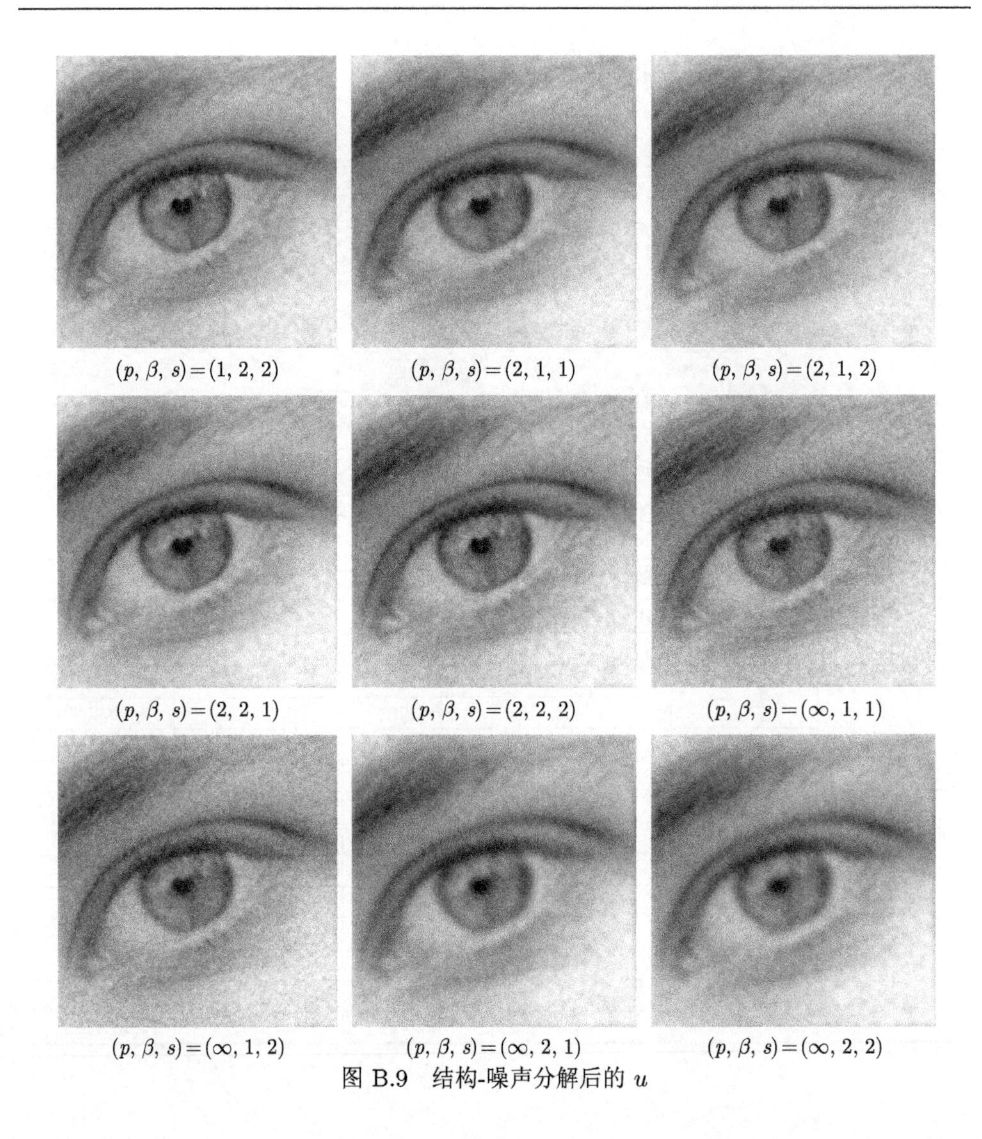

$(p, \beta, s)=(1, 2, 2)$ $(p, \beta, s)=(2, 1, 1)$ $(p, \beta, s)=(2, 1, 2)$

$(p, \beta, s)=(2, 2, 1)$ $(p, \beta, s)=(2, 2, 2)$ $(p, \beta, s)=(\infty, 1, 1)$

$(p, \beta, s)=(\infty, 1, 2)$ $(p, \beta, s)=(\infty, 2, 1)$ $(p, \beta, s)=(\infty, 2, 2)$

图 B.9 结构-噪声分解后的 u

B.4 一类基于 Besov 空间与齐次 Besov 空间的变分模型

B.2 节和 B.3 节在本质上是对 Meyer 理论模型 (BV, G) 在 Besov 空间 $B_{p,p}^{\beta}(\Omega)$ 的推广. 本节考虑 (BV, E) 模型, 即

$$\inf_{(u,v)\in(\mathrm{BV},E)} \left\{K(u) = |u|_{\mathrm{BV}} + \gamma \|v\|_E \, , \; f = u + v\right\}, \tag{B.82}$$

其中, 令 $F_1(u) = |u|_{\mathrm{BV}}$, $F_2(v) = \|v\|_E$, $X_1 = \mathrm{BV}(\Omega)$, $X_2 = E$(齐次 Besov 空间). 由于 E-范数存在, 该问题不能直接求解. 于是, Aujol-Chambolle[31] 建议极小化

松弛泛函 (B.15) 来逼近 (B.82). 为了叙述方便, 简称 (B.15) 为 AC 模型, 重记为

$$\min_{(u,v)}\left\{F(u,v)=|u|_{\mathrm{BV}}+B^*(v/\delta)+\frac{1}{2\lambda}\|f-u-v\|_{L^2}^2\right\}, \tag{B.83}$$

其中, B^* 是闭凸集 $\delta B_E=B_{E(\delta)}=\{\omega/\|\omega\|_E\leqslant\delta\}$ 上的指示函数, 即

$$B^*(\omega/\delta)=\chi_{\{\|\omega\|_E\leqslant\delta\}}. \tag{B.84}$$

由于 $B_{1,1}^1(\Omega)\subset \mathrm{BV}(\Omega)\subset B_{1,1}^1(\Omega)$−weak, Daubechies-Teschke(DT) 模型 (B.16) 认为较小的 Besov 空间 $B_{1,1}^1(\Omega)$ 可以代替 $\mathrm{BV}(\Omega)$[8,9]. 受此启发, 在 AC 模型 (B.83) 中用 $B_{1,1}^1(\Omega)$ 来代替 $\mathrm{BV}(\Omega)$ 也应有同样的效果. 又由于 Besov 空间 $B_{p,q}^s(\Omega)(s>0,\ 0<p,q<\infty)$ 是度量光滑性、振荡性和图像处理中其他特征的理想工具 [1], 因此, 推广 $X_1=B_{1,1}^1(\Omega)$ 到 $X_1=B_{p,q}^s(\Omega)$. 为了讨论方便, 在本节中只关注 $p=q$ 的情形.

由 B.2 节和 B.3 节的讨论知, 光滑性刻画可以有两种选择: $F_1(u)=|u|_{B_{p,p}^s}$ 和 $F_1(u)=|u|_{B_{p,p}^s}^p$. 因此, AC 模型 (B.83) 转变为

$$\inf_{(u,v)}\left\{F(u,v)=|u|_{B_{p,p}^s}^p+B^*(v/\delta)+\frac{1}{2\lambda}\|f-u-v\|_{L^2}^2\right\} \tag{B.85}$$

和

$$\inf_{(u,v)}\left\{F(u,v)=|u|_{B_{p,p}^s}+B^*(v/\delta)+\frac{1}{2\lambda}\|f-u-v\|_{L^2}^2\right\}. \tag{B.86}$$

B.4.1 $\left(B_{1,1}^s, E\right)$ 模型

当 $p=1$ 时, 对于所有的 $s>0$, (B.85) 和 (B.86) 有相同的形式. 因此, 这里考虑的极小化问题为

$$\inf_{(u,v)}\left\{F(u,v)=|u|_{B_{1,1}^s}+B^*(v/\delta)+\frac{1}{2\lambda}\|f-u-v\|_{L^2}^2\right\}. \tag{B.87}$$

根据 Besov 半范数与小波系数范数的等价性 (B.7), 就有

$$|f|_{B_{p,p}^s}\sim\left(\sum_j 2^{sjp}2^{j(p-2)}|f_j|^p\right)^{\frac{1}{p}}, \tag{B.88}$$

其中, $\{f_j\}=\{\langle f,\psi_{j,k}\rangle\}$, $j\in Z$, $k\in Z^2$, $\{\psi_{j,k}(x)\}$ 为 $L^2(\Omega)$ 中的一组小波正交基. 令 $\bar f=\{f_j\}$, $\bar u=\{u_j\}$ 和 $\bar v=\{v_j\}$ 分别表示 f, u 和 v 的小波系数集合. 由于 $L^2(\Omega)=B_{2,2}^0(\Omega)$, 将 (B.88) 代入 (B.87), 得到下列基于小波框架的序列:

$$\inf_{(\bar{u},\bar{v})}\left\{F(\bar{u},\bar{v})=\sum_j 2^{(s-1)j}|u_j|+B^*(\bar{v}/\delta)+\frac{1}{2\lambda}\sum_j|f_j-u_j-v_j|^2\right\},\tag{B.89}$$

其中, $B^*(\bar{v}/\delta)=\chi_{\left\{\|\bar{v}\|_E\leqslant\delta\right\}}$, $B(\bar{v})=\|\bar{v}\|_{\dot{B}^1_{1,1}}$, B 和 B^* 互为对偶.

为了极小化序列 (B.89), 考虑下列两个耦合问题:

(I) 假设 $\bar{v}$ 固定, 求 $\bar{u}$ 为下列问题的解

$$\bar{u}=\inf_{\bar{u}}\left\{\sum_j 2^{(s-1)j}|u_j|+\frac{1}{2\lambda}\sum_j|f_j-u_j-v_j|^2\right\},\tag{B.90}$$

变分泛函 (B.90) 是可分的, 因此它的极小化可以通过分别对每一项求极小来得到. 于是, 每一项的极小值点为

$$u_j=\begin{cases}f_j-v_j-2^{(s-1)j}\lambda\mathrm{sign}(f_j-v_j), & |f_j-v_j|\geqslant 2^{(s-1)j}\lambda,\\ 0, & |f_j-v_j|<2^{(s-1)j}\lambda.\end{cases}\tag{B.91}$$

显然, (B.91) 为软阈值函数 $S_{2^{(s-1)j}\lambda}$. 于是, (B.90) 的极小值点为

$$\bar{u}=S_{2^{(s-1)j}\lambda}(\bar{f}-\bar{v}).\tag{B.92}$$

(II) 假设 $\bar{u}$ 固定, 因为 B^* 是指示函数, 所以求 $\bar{v}$ 为下列问题的解

$$\inf_{\bar{v}}\left\{\sum_j|f_j-u_j-v_j|^2\right\}.\tag{B.93}$$

(B.93) 的对偶问题为

$$\inf_{\bar{\omega}=\{\omega_j\}}\left\{\delta\|\omega_j\|_{\dot{B}^1_{1,1}}+\frac{1}{2}\sum_j|f_j-u_j-\omega_j|^2\right\},\tag{B.94}$$

因此, 其相应的极小值为

$$\bar{\omega}=S_\delta(\bar{f}-\bar{u}).\tag{B.95}$$

因为 B^* 是凸集 $\delta B_E=B_{E(\delta)}=\{\bar{\omega}/\|\bar{\omega}\|_E\leqslant\delta\}$ 上的指示, 于是, (B.93) 的极小值点为

$$\bar{v}=\bar{f}-\bar{u}-\bar{\omega}=\bar{f}-\bar{u}-S_\delta(\bar{f}-\bar{u}).\tag{B.96}$$

综上所述, 当 $p=1$ 时, 参数化的函数 u 和 v 为变分模型 (B.85) 与 (B.86) 的极小值点. 其中,

$$u=\sum_{k\in Z^2}\langle(f-v),\phi_{J,k}\rangle\phi_{J,k}+\sum_{j\geqslant J,k\in Z^2}S_{2^{(s-1)j}\lambda}\left(\langle(f-v),\psi_{j,k}\rangle\right)\psi_{j,k} \tag{B.97}$$

$$\begin{aligned}v=&\sum_{k\in Z^2}\langle(f-u),\varphi_{J,k}\rangle\varphi_{J,k}\\&+\sum_{j\geqslant J,k\in Z^2}\left(\langle(f-u),\psi_{j,k}\rangle-S_\delta\left(\langle(f-u),\psi_{j,k}\rangle\right)\right)\psi_{j,k}.\end{aligned} \tag{B.98}$$

令 $s=1$, 新模型 (B.87) 就以绝对小波的方式逼近 AC 模型 (B.83), 而 AC 模型[31] 只是在求解 v 时使用了小波域信息, 对于 u 给出的是基于时域的投影算法[33].

B.4.2 $\left(|u|^p_{B^s_{p,p}},\|v\|_E\right)$ 模型

这里, 考虑 $p\neq 1$ 的情形. 根据 Besov 半范数与小波系数范数的等价性 (B.7), (B.85) 转变为

$$\inf_{(\bar u,\bar v)}\left\{F(\bar u,\bar v)=\sum_j 2^{sjp}2^{j(p-2)}|u_j|^p+B^*(\bar v/\delta)+\frac{1}{2\lambda}\sum_j|f_j-u_j-v_j|^2\right\}. \tag{B.99}$$

类似于 B.4.1 节的极小化讨论, 有下列两问题:

(I) 假设 $\bar v$ 固定, 求 $\bar u$ 为下列问题的解

$$\inf_{\bar u}\left\{E(\bar u)=\sum_j 2^{sjp}2^{j(p-2)}|u_j|^p+\frac{1}{2\lambda}\sum_j|f_j-u_j-v_j|^2\right\}. \tag{B.100}$$

(II) 假设 $\bar u$ 固定, 求 $\bar v$ 为 (B.93) 的解.

因为 (B.93) 的极小值点为 (B.96), 因此, 这里只考虑 (B.100) 的极小化.

众所周知, 当 $p=2$ 时, Besov 空间 $B^s_{p,p}(\Omega)$ 为 Sobolev 空间 $H^s(\Omega)$. 因此, 本节讨论将模型 (B.99) 限制在 $p=2$, $0<p<1$ 和 $p=0$ 的情形.

当 $p=2$ 时

变分泛函 (B.100) 是可分的, 因此它的极小化可以通过分别对每一项求极小来得到. 由于在 B.2 节的 $1<p<\infty$ 部分已经详细讨论了范数 $|u|^p_{B^s_{p,p}}$ 在 $1<P<\infty$ 时的情形, 因此, 根据 (B.29), (B.100) 中每一项的极小值点必须满足

$$u_j=\frac{1}{1+\lambda 2^{2sj+1}}\left(f_j-v_j\right). \tag{B.101}$$

于是, (B.100) 的极小值点为

$$\bar{u} = \frac{1}{1 + \lambda 2^{2sj+1}} \left(\bar{f} - \bar{v} \right). \tag{B.102}$$

因此, 变分模型 (B.85) 的极小值点 u 可以表示为

$$u = \sum_{k \in Z^2} \langle (f - v), \phi_{J,k} \rangle \phi_{J,k} + \sum_{j \geqslant J, k \in Z^2} \left(\frac{\langle (f - v), \psi_{j,k} \rangle}{1 + 2^{2sj+1}\lambda} \right) \psi_{j,k}. \tag{B.103}$$

当 $0 < p < 1$ 时

由 B.2 节的 $0 < p < 1$ 部分知, 要求解 (B.100) 的极小值点, 首先找到过渡点 $((f_j - v_j), u_j)$ 使得对于 $u_j > 0$, 有 $[E(\bar{u})]_j = \frac{1}{2\lambda}(f_j - v_j)^2$, 其中, $[\cdot]_j$ 表示 (B.100) 的第 j 项. 于是, (B.100) 中的极小值点为

$$\bar{u} = P_{\lambda_{\text{eff}}}(\bar{f} - \bar{v}) = \begin{cases} 0, & \left| \bar{f} - \bar{v} \right| \leqslant \lambda_{\text{eff}}, \\ \max \left| \Phi^{-1} \left(\bar{f} - \bar{v} \right) \right|, & \left| \bar{f} - \bar{v} \right| \geqslant \lambda_{\text{eff}}, \end{cases} \tag{B.104}$$

其中,

$$\Phi \left(\bar{f} - \bar{v} \right) := \bar{f} - \bar{v} \to \bar{f} - \bar{v} - 2\lambda p 2^{sjp} 2^{j(p-2)} \left| \bar{f} - \bar{v} \right|^{p-1} \operatorname{sign}(\bar{f} - \bar{v}),$$

$$\lambda_{\text{eff}} = \frac{2-p}{2(1-p)} \left(2\lambda 2^{sjp} 2^{j(p-2)} (1-p) \right)^{\frac{1}{2-p}}.$$

因此, 变分模型 (B.85) 中的极小值点 u 可以表示为

$$u = \sum_{k \in Z^2} \langle (f - v), \phi_{J,k} \rangle \phi_{J,k} + \sum_{j \geqslant J, k \in Z^2} P_{\lambda_{eff}} \left(\langle (f - v), \psi_{j,k} \rangle \right) \psi_{j,k}. \tag{B.105}$$

当 $p = 0$ 时

由 B.2 节的 $p \to 0$ 部分知, 这时 (B.100) 极小值点可以表示为小波硬阈值函数 $H_{\sqrt{2^{-2j+1}\lambda}}$, 即

$$\bar{u} = H_{\sqrt{2^{-2j+1}\lambda}} \left(\bar{f} - \bar{v} \right) = \begin{cases} 0, & \left| \bar{f} - \bar{v} \right| \leqslant \sqrt{2^{-2j+1}\lambda}, \\ \bar{f} - \bar{v}, & \left| \bar{f} - \bar{v} \right| > \sqrt{2^{-2j+1}\lambda}. \end{cases} \tag{B.106}$$

因此, 变分模型 (B.85) 中的极小值点 u 为

$$u = \sum_{k \in Z^2} \langle (f - v), \phi_{J,k} \rangle \phi_{J,k} + \sum_{j \geqslant J, k \in Z^2} H_{\sqrt{2^{-2j+1}\lambda}} \left(\langle (f - v), \psi_{j,k} \rangle \right) \psi_{j,k}. \tag{B.107}$$

B.4.3 $\left(|u|_{B_{p,p}^s}, \|v\|_E\right)$ 模型

这里, 考虑 $p>1$ 的情形. 根据 Besov 半范数与小波系数范数的等价性 (B.7), (B.86) 转变为

$$\inf_{(\bar{u},\bar{v})}\left\{F(\bar{u},\bar{v})=\left(\sum_j 2^{sjp}2^{j(p-2)}\left|u_j\right|^p\right)^{\frac{1}{p}}+B^*(\bar{v}/\delta)+\frac{1}{2\lambda}\sum_j\left|f_j-u_j-v_j\right|^2\right\}. \tag{B.108}$$

类似于 B.4.2 节的极小化讨论, (B.108) 可以转变为两个耦合问题:

(I) 假设 $\bar{v}$ 固定, 求 $\bar{u}$ 为下列问题的解:

$$\inf_{\bar{u}}\left\{E(\bar{u})=\left(\sum_j 2^{sjp}2^{j(p-2)}\left|u_j\right|^p\right)^{\frac{1}{p}}+\frac{1}{2\lambda}\sum_j\left|f_j-u_j-v_j\right|^2\right\}. \tag{B.109}$$

(II) 假设 $\bar{u}$ 固定, 求 $\bar{v}$ 为 (B.93) 的解:

对于带有范数 $|\cdot|_{B_{p,p}^s}$ 的变分问题, B.3 节给出了基于投影的算法. 下面, 给出问题 (B.109) 在 Sobolev 空间 $H^s(\Omega)$ 和 Hölder 空间 $B_{\infty,\infty}^s=C^s(\Omega)$ 中基于投影的求解方法.

当 $p=2$ 时

由 B.3.2 节知, 投影所在的凸集 C 为

$$\lambda C=\left\{\bar{w}\in l^2\,\middle|\,\sum_j 2^{-2js}\left|w_j\right|^2\leqslant\lambda^2\right\}. \tag{B.110}$$

根据光滑性度量 $|\cdot|_{B_{2,2}^{\beta}(\Omega)}$ 讨论的结论, 这时所求投影是全局线性阈值函数:

$$w_j=\frac{f_j-v_j}{1+\mu 2^{-2js}}, \tag{B.111}$$

其中, $\mu=1/2\lambda$. 因此, (B.109) 的极小值点为

$$\bar{u}=\frac{1}{1+2^{2js}/\mu}\left(\bar{f}-\bar{v}\right). \tag{B.112}$$

于是, 变分模型 (B.86) 的极小值点 u 在 Sobolev 空间 $H^s(\Omega)$ 中可以表示为

$$u=\sum_{k\in Z^2}\langle(f-v),\phi_{J,k}\rangle\phi_{J,k}+\sum_{j\geqslant J,k\in Z^2}\left(\frac{\langle(f-v),\psi_{j,k}\rangle}{1+2^{2sj}/\mu}\right)\psi_{j,k}. \tag{B.113}$$

当 $p=\infty$ 时

由 B.3.2 节知, $p=\infty$ 时投影所在的凸集 C 为

$$\lambda C=\left\{\bar{w}\in l^2\left|\sum_j 2^{-j(s+1)}\left|w_j\right|\leqslant\lambda\right.\right\}. \tag{B.114}$$

根据光滑性度量 $|\cdot|_{B^{\beta}_{\infty\infty}(\Omega)}$ 讨论的结果, 这时所求投影是全局软阈值函数. 因此, (B.109) 的极小值点为

$$\bar{u}=\bar{f}-\bar{v}-S_{\frac{\mu}{2}2^{-j(s+1)}}\left(\bar{f}-\bar{v}\right). \tag{B.115}$$

于是, 变分模型 (B.86) 的极小值点 u 在 Hölder 空间 $C^s(\Omega)$ 中可表示为

$$\begin{aligned}u=&\sum_{k\in Z^2}\langle(f-v),\phi_{J,k}\rangle\phi_{J,k}\\&+\sum_{j\geqslant J,k\in Z^2}\Big(\langle(f-v),\psi_{j,k}\rangle-S_{\frac{\mu}{2}2^{-j(s+1)}}\langle(f-v),\psi_{j,k}\rangle\Big)\psi_{j,k}.\end{aligned} \tag{B.116}$$

B.4.4 算法

在讨论模型 (B.85) 与 (B.86) 的求解过程后, 本节给出其相应的算法.

算法 B.1

1. 初始化:

$$\bar{u}_0=\bar{v}_0=0.$$

2. 迭代:

$$\bar{v}_{n+1}=\bar{f}-\bar{u}_n-WST(\bar{f}-\bar{u}_n,\delta), \tag{B.117}$$

$$\bar{u}_n=\bar{f}-\bar{v}_{n+1}-\mathcal{P}_{\theta(s,j,\lambda)}(\bar{f}-\bar{v}_{n+1}), \tag{B.118}$$

其中, WST 表示小波软阈值, $\mathcal{P}_{\theta(s,j,\lambda)}$ 表示不同的小波阈值函数, $\theta(s,j,\lambda)$ 是分别依赖于 Besov 正则阶 s、小波尺度 j 和正则化参数 λ 的阈值.

3. 停止标准:

$$\max\left(\left|u_{n+1}-u_n\right|,\left|v_{n+1}-v_n\right|\right)\leqslant\varepsilon,$$

其中,

$$u_n=\sum_{i,j,k}\bar{u}_{n,j}\psi_{i,j,k},\quad u_{n+1}=\sum_{i,j,k}\bar{u}_{n+1,j}\psi_{i,j,k},$$

$$v_n=\sum_{i,j,k}\bar{v}_{n,j}\psi_{i,j,k},\quad v_{n+1}=\sum_{i,j,k}\bar{v}_{n+1,j}\psi_{i,j,k},$$

而 $\bar{u}_{n,j}$, $\bar{v}_{n,j}$ 分别表示第 n 次迭代最优解 $\bar{u}$ 和 $\bar{v}$ 的第 j 个小波系数.

B.4.5 算法的收敛性分析

为了分析的方便, 这部分将模型 (B.85) 与 (B.86) 统一简记为

$$\inf_{(u,v)\in B^{\beta}_{p,p}(\Omega)\times E_\delta(\Omega)}\left\{F_{\lambda,\delta}(u,v)=F_1(u)+1/2\lambda\left\|f-u-v\right\|^2_{L^2}\right\}, \tag{B.119}$$

其中, $F_1(u)$ 表示 Besov 空间 $B^{\beta}_{p,p}(\Omega)$ 中的光滑项.

由 Lorenz 在 Hilbert 空间 H 中的投影定理 B.1(见 B.3 节) 知模型 (B.119) 在 $1\leqslant p\leqslant\infty$ 时是有解的. 但是对于 $0<p<1$, 由于泛函本身非凸, 因此解的存在性一直悬而未决. 但是, 这并不影响算法 B.1 在非凸情形时的执行. B.4.6 节中 $p=1/2$ 的实验结果有力地表明了这一点.

定理 B.3 给出算法 B.1 在 $1\leqslant p\leqslant\infty$ 时的收敛性分析.

定理 B.3 算法 B.1 所得到的序列 $F_{\lambda,\delta}\left(\bar{u}_n,\bar{v}_n\right)$ 收敛到 $\ell^p\times\ell^\infty$ 中 $F_{\lambda,\delta}\left(\bar{u},\bar{v}\right)$ 的极小值.

证明 根据算法 B.1, 可知

$$F_{\lambda,\delta}\left(\bar{u}_{n+1},\bar{v}_{n+1}\right)\leqslant F_{\lambda,\delta}\left(\bar{u}_{n+1},\bar{v}_{n}\right)\leqslant F_{\lambda,\delta}\left(\bar{u}_{n},\bar{v}_{n}\right). \tag{B.120}$$

所以序列 $F_{\lambda,\delta}\left(\bar{u}_n,\bar{v}_n\right)$ 是递减的, 又 $F_{\lambda,\delta}\left(\bar{u}_n,\bar{v}_n\right)\geqslant 0$, 从而它是一个单调有界序列, 因此该序列收敛. 设其极限为 m, 因此, 需要证明 $m=\inf\limits_{u,v}F_{\lambda,\delta}\left(\bar{u},\bar{v}\right)$.

假设对任意的 n, $(\bar{u}_n,\bar{v}_n)\in\ell^p\times\ell^\infty$. 因为模型 (B.119) 在 $1\leqslant p\leqslant\infty$ 有解, 所以 $F_{\lambda,\delta}$ 是强制的. 又因为 $F_{\lambda,\delta}\left(\bar{u}_n,\bar{v}_n\right)$ 是收敛的, 因此序列 $(\bar{u}_n,\bar{v}_n)$ 有界. 因此存在一个收敛的子列 $(\bar{u}_{n_k},\bar{v}_{n_k})$, 当 $n_k\to\infty$ 时, $(\bar{u}_{n_k},\bar{v}_{n_k})\to(\tilde{\bar{u}},\tilde{\bar{v}})$, 其中 $(\tilde{\bar{u}},\tilde{\bar{v}})\in\ell^p\times\ell^\infty$.

而且, 对所有 $n_k\in N$, $v\in\ell^\infty$, 都有

$$F_{\lambda,\delta}\left(\bar{u}_{n_k},\bar{v}_{n_k+1}\right)\leqslant F_{\lambda,\delta}\left(\bar{u}_{n_k},\bar{v}\right), \tag{B.121}$$

对所有 $n_k\in N$, $u\in\ell^p$, 都有

$$F_{\lambda,\delta}\left(\bar{u}_{n_k},\bar{v}_{n_k}\right)\leqslant F_{\lambda,\delta}\left(\bar{u},\bar{v}_{n_k}\right). \tag{B.122}$$

设 $\hat{v}$ 是 $(\bar{v}_{n_k+1})$ 的聚点, 由于 $F_{\lambda,\delta}$ 是连续的, 根据 (B.120) 有

$$m=F_{\lambda,\delta}\left(\tilde{\bar{u}},\tilde{\bar{v}}\right)=F_{\lambda,\delta}\left(\tilde{\bar{u}},\hat{\bar{v}}\right). \tag{B.123}$$

对 (B.117) 取极限, 有 $\hat{\bar{v}}=\bar{f}-\tilde{\bar{u}}-WST(\bar{f}-\tilde{\bar{u}},\delta)$. 根据 (B.123) 有

$$\left\|\bar{f}-\tilde{\bar{u}}-\tilde{\bar{v}}\right\|=\left\|\bar{f}-\tilde{\bar{u}}-\hat{\bar{v}}\right\|.$$

由 WST 的唯一性知：$\tilde{\bar{v}} = \hat{v}$. 从而, $\bar{v}_{n_k+1} \to \tilde{\bar{v}}$. 对 (B.121) 和 (B.122) 分别取极限, 有

$$F_{\lambda,\delta}\left(\tilde{\bar{u}}, \tilde{\bar{v}}\right) \leqslant F_{\lambda,\delta}\left(\tilde{\bar{u}}, \bar{v}\right), \text{即} F_{\lambda,\delta}\left(\tilde{\bar{u}}, \tilde{\bar{v}}\right) = \inf_{v \in \ell^\infty} F_{\lambda,\delta}\left(\tilde{\bar{u}}, \bar{v}\right), \tag{B.124}$$

$$F_{\lambda,\delta}\left(\tilde{\bar{u}}, \tilde{\bar{v}}\right) \leqslant F_{\lambda,\delta}\left(\bar{u}, \tilde{\bar{v}}\right), \text{即} F_{\lambda,\delta}\left(\tilde{\bar{u}}, \tilde{\bar{v}}\right) = \inf_{u \in \ell^p} F_{\lambda,\delta}\left(\bar{u}, \tilde{\bar{v}}\right). \tag{B.125}$$

结合泛函 (B.119), (B.124) 与 (B.125) 分别等价于 [36]

$$0 \in -\bar{f} + \tilde{\bar{u}} + \tilde{\bar{v}} + \lambda \partial F_1(\tilde{\bar{u}}) \tag{B.126}$$

和

$$0 \in -\bar{f} + \tilde{\bar{u}} + \tilde{\bar{v}} + \lambda B^*(\tilde{\bar{v}}/\delta), \tag{B.127}$$

其中, 在小波域中光滑项 $F_1(\tilde{\bar{u}})$ 为 ℓ^p 范数, $B^*(\tilde{\bar{v}}/\delta)$ 是 $E_\delta(\Omega)$ 上的指示函数.

因 $F_{\lambda,\delta}$ 在 $(\tilde{u}, \tilde{v})$ 的次梯度为

$$\partial F_{\lambda,\delta}\left(\tilde{\bar{u}}, \tilde{\bar{v}}\right) = \begin{pmatrix} -\bar{f} + \tilde{\bar{u}} + \tilde{\bar{v}} + \lambda \partial F_1(\tilde{\bar{u}}) \\ -\bar{f} + \tilde{\bar{u}} + \tilde{\bar{v}} + \lambda B^*(\tilde{\bar{v}}/\delta) \end{pmatrix}, \tag{B.128}$$

所以由 (B.126), (B.127) 和 (B.128) 知

$$\begin{pmatrix} 0 \\ 0 \end{pmatrix} \in \partial F_{\lambda,\delta}\left(\tilde{\bar{u}}, \tilde{\bar{v}}\right), \tag{B.129}$$

即 $F_{\lambda,\delta}\left(\tilde{\bar{u}}, \tilde{\bar{v}}\right) = \inf\limits_{u,v} F_{\lambda,\delta}\left(\bar{u}, \bar{v}\right) = m$, 因此序列 $F_{\lambda,\delta}\left(\bar{u}_n, \bar{v}_n\right)$ 收敛到 $\ell^p \times \ell^\infty$ 中 $F_{\lambda,\delta}\left(\bar{u}, \bar{v}\right)$ 的极小值. 当 $n \to \infty$ 时, 序列 $(\bar{u}_n, \bar{v}_n)$ 收敛到 $F_{\lambda,\delta}$ 的极小值点 $(\tilde{\bar{u}}, \tilde{\bar{v}})$.

B.4.6 实验仿真

本节给出 AC 模型和新模型分解噪声图像的实验仿真.

图 B.10 表示 Barbara 原图和噪声图像. 所加噪声是标准偏差为 $\sigma = 20$ 的高斯白噪声, 其信噪比 (SNR) 为 9.2764. 图 B.11 表示 AC 模型分解后的结构 u 和噪声 $v(+150)$, 其 SNR 为 13.1364. 在实验过程中, 我们采用 db8 小波来求解 v, 其中参数 $\lambda = 0.5$, $\delta = \eta\sigma\sqrt{2\log(N^2)}\Big/2$, $\eta = 0.6$, N 为图像大小. 这完全符合 AC 模型的实验要求 [3].

图 B.10 原始图像 (512×512) 和噪声图像

图 B.11 AC 模型处理后的结果

图 B.12 给出新模型对图 B.10 在参数 p 和 s 取不同值时的分解结果. 其中, 分解效果用客观指标 SNR 评价. 为了叙述方便, 记这些参数为 (p, s, SNR). 同时, 为了便于与 AC 模型比较, 采用同样的小波函数和参数 λ 与 η. 因为 AC 模型处理后的结果存在 Gibbs 振荡和虚假边缘 (原因是采用离散小波), 本节在新模型中采用平移不变的小波变换. 同时, 在实验过程中, 只对高频系数进行阈值处理. 通过与 AC 模型的结果比较, 不难发现新模型在 $p=1, p=\dfrac{1}{2}$ 和 $p=0$ 时针对不同的 s 都产生了较高的 SNR. 从视觉上讲, 新模型分解后的结构 u 较好地保持了边缘、纹理和大尺度特征 (如眼睛、嘴巴等); 相应地噪声成分 v 中包含了较少的可见特征 (见 (a), (b), (e), (f), (g)). 然而, 对于 $p=2$ 和 $p=\infty$, 新模型处理后的结果令人不满意. 不但 SNR 比 AC 模型的低, 同时图像的边缘和同质均匀区域都出现不同程度的模糊和过光滑. 此外, 噪声 v 中丢掉的结构特征也比较多 (见 (c), (d), (h), (i)).

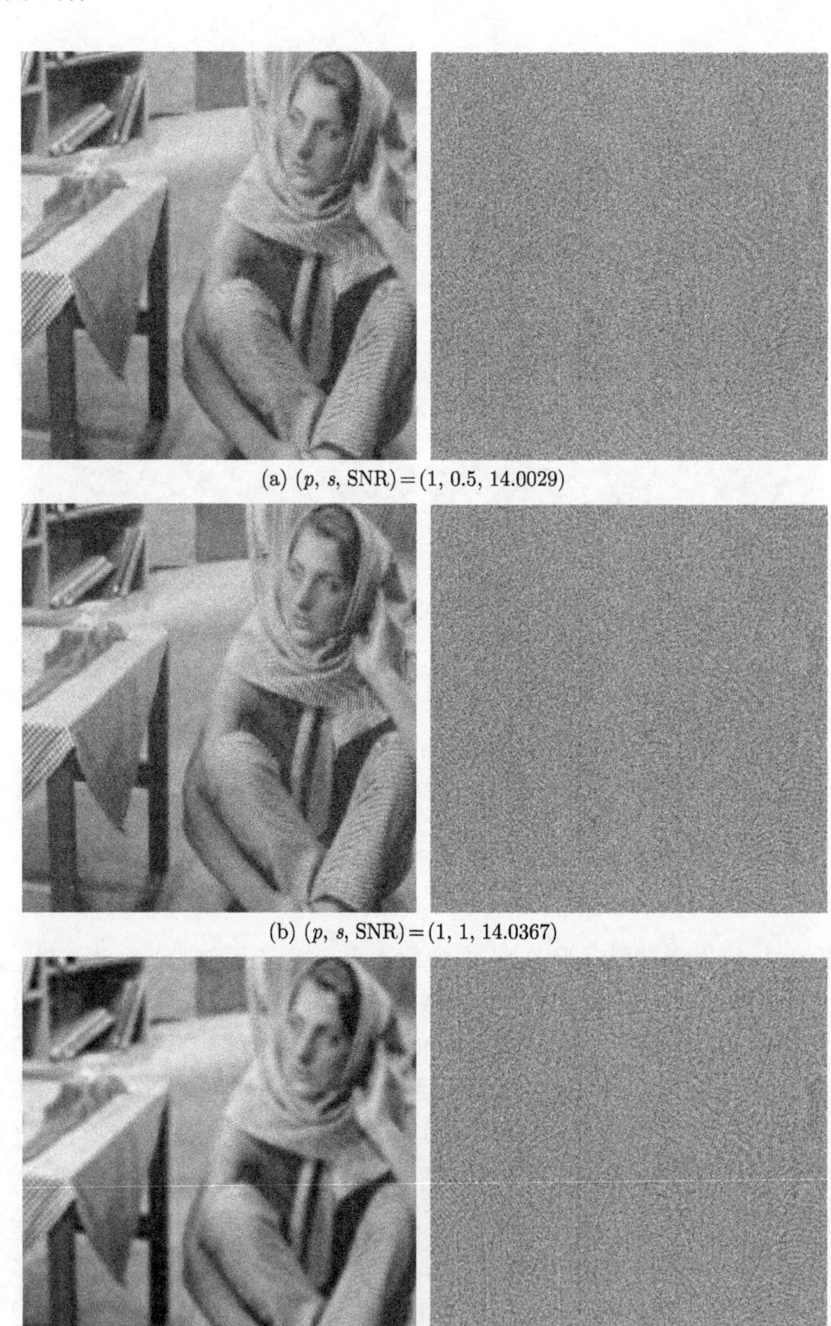

(a) $(p, s, \text{SNR})=(1, 0.5, 14.0029)$

(b) $(p, s, \text{SNR})=(1, 1, 14.0367)$

(c) $(p, s, \text{SNR})=(2, 0.5, 10.7290)$

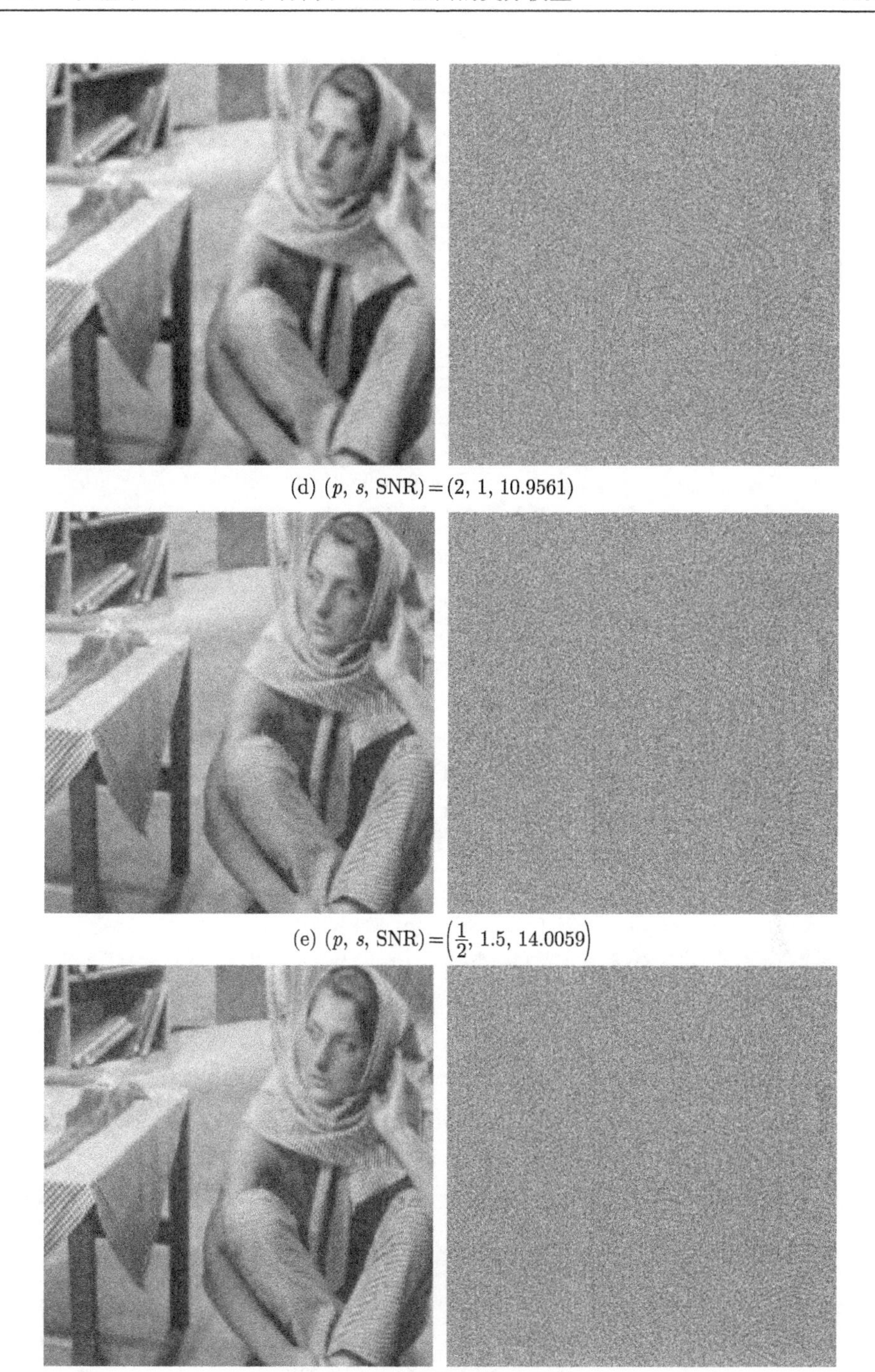

(d) $(p,\ s,\ \mathrm{SNR})=(2,\ 1,\ 10.9561)$

(e) $(p,\ s,\ \mathrm{SNR})=\left(\frac{1}{2},\ 1.5,\ 14.0059\right)$

(f) $(p,\ s,\ \mathrm{SNR})=\left(\frac{1}{2},\ 3,\ 14.0375\right)$

(g) $(p,\ s,\ \text{SNR})=(0,\ \sim,\ 14.0152)$

(h) $(p,\ s,\ \text{SNR})=(\infty,\ 1,\ 9.3048)$

(i) $(p,\ s,\ \text{SNR})=(\infty,\ 2,\ 10.9036)$

图 B.12　新模型处理后的结果

最后，考虑真实的遥感图像 (坦克)，它被乘性噪声污染，其均方根误差 (RMSE) 为 20.0244, 见图 B.13. 由于 AC 模型只处理高斯白噪声, 因此, 图 B.14 仅给出新模型在参数 $(p,\ s)$ 取不同值时处理后的结果 u, 其对应的 RMSE 分别为 (a) 8.5719; (b) 8.8625; (c) 8.5979; (d) 8.6421; (e) 9.0004 和 (f) 8.2139. 其中, (e) 为基于投影算法的结果. 从视觉上看, 当 $p=2$ 时, 坦克的边缘和同质均匀区域出现了模糊 (见 (b) 和 (e)).

图 B.13 坦克的遥感图和乘性噪声污染图

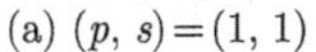

(a) $(p,\ s)=(1,\ 1)$

(b) $(p,\ s)=(2,\ 2)$

(c) $(p, s) = (0.5, 1.5)$　(d) $(p, s) = (0, \sim)$

(e) $(p, s) = (2, 2)$　(f) $(p, s) = (\infty, 2)$

图 B.14　新模型的处理结果

B.5　小　　结

本章主要致力于研究变分模型在图像分解中的应用. 基于 Meyer 提出的 TV 极小化框架下的振荡函数建模理论[16], 本节给出了 (BV, G) 和 (BV, E) 理论模型在 Besov 空间中的推广. 然后, 根据 Besov 半范数与小波系数范数的等价性, 建立了推广模型在小波域中的快速求解方法, 从而避免了求解传统意义上的非线性 PDE. 具体地讲, 主要从以下方面探讨了图像分解在 Besov 空间中的建模.

第一, 提出一类基于 Besov 空间与负 Hilbert-Sobolev 空间的变分模型. 通过小波系数范数的刻画, 其相应的极小值点都可以解释为作用于单个小波系数的不同阈值函数.

第二, 在上述变分模型的基础上, 修正了 Besov 光滑项, 从而提出基于小波投影的求解算法. 算例表明在具体情形下, 其相应的投影都可以表示为不同的小波全局阈值函数.

上述两种模型都可以分别看作 DT 模型 [8,9] 和 Lorenz 算法 [5−7] 在理论和应用上的推广.

最后, 提出一类基于 Besov 空间与齐次 Besov 空间的变分模型. 通过小波系数范数的等价刻画, 建立了基于不同小波阈值的逐次迭代算法, 并给出其收敛性分析. 该模型也可以看作 AC 模型 [31] 在 Besov 空间中的推广.

参 考 文 献

[1] Triebel H. Interpolation Theory, Function Spaces, Differential Operators. Berlin: Verlag der Wissenschaften, 1978.

[2] Triebel H. Theory of Function Spaces II. Basel: Birkhäuser, 1992.

[3] Chambolle A, De Vore R A, Lee N Y, et al. Nonlinear wavelet image processing: Variational problems,compression, and noise removal through wavelet shrinkage. IEEE Transactions on Image Processing, 1998, 7(3): 319-335.

[4] Chambolle A, Lucier B J. Interpreting translation-invariant wavelet shrinkage as a new image smoothing scale space. IEEE Transaction on Image Processing, 2001, 10(7): 993-1000.

[5] Lorenz D A. Solving variational methods in image processing via projection: A common view on TV-denoising and wavelet shrinkage. Journal of Applied Mathematics and Mechanics, 2007, 87(3): 247-256.

[6] Lorenz D A. Variational denoising in Besov spaces and interpolation of hard and soft wavelet shrinkage. Lorenz D. Variational denoising in Besov spaces and interpolation of hard and soft wavelet shrinkage. Zentrum für Technomathematik, 2004.

[7] Lorenz D A. Wavelet shrinkage in signal and image processing: An investigation of relations and equivalences. Ph.D thesis, University of Bremen, 2005.

[8] Daubechies I, Teschke G. Variational image restoration by means of wavelets: Simultaneous decomposition, deblurring, and denoising. Applied and Computational Harmonic Analysis, 2005, 19(1): 1-16.

[9] Daubechies I, Teschke G. Wavelet-based image decomposition by variational functionals. Proceeding-spie The International Society for Optical Engineering, 2004, 5266: 94-105.

[10] Daubechies I, Teschke G, Vese L. Iteratively solving linear inverse problems under general convex constraints. Inverse Problems and Imaging, 2007, 1(1), 29-46.

[11] Lorenz D A. Non-convex variational denoising of images: Interpolation between hard and soft wavelet shrinkage. Current Development in Theory and Applications of

Wavelets, 2007，1(1): 31-56.

[12] Bredies K, Lorenz D A. Iterated hard shrinkage for minimization problems with sparsity constraints. SIAM Journal on Scientific Computing, 2009, 30(2): 657-683.

[13] Chan T F, Shen J H. Image Processing and Analysis. Philadelphia: SIAM, 2005.

[14] Garnett J B, Le T M, Vese L A. Image decomposition using bounded variation and homogenous Besov spaces. UCLA CAM Report 05-57, 2005.

[15] Zhu S C, Mumford D. Prior learning and Gibbs reaction-diffusion. IEEE Trans. On PAMI, 1997, 19: 1236-1250.

[16] Meyer Y. Oscillating Patterns in Image Processing and Nonlinear Evolution Equations. Providence: AMS, 2001.

[17] Morel J M, Solimini S. Variational Methods in Image Segmentation: With Seven Image Processing Experiments. Boston: Birkhäuser, 1995.

[18] Ambrosio L. Variational problems in SBV and image segmentation. Acta Appl. Math., 1989, 17: 1-40.

[19] Rudin L, Osher S, Fatemi E. Nonlinear total variation based noise removal algorithms. Physica D, 1992，60(1-4): 259-268.

[20] Strong D, Chan T. Edge-preserving and scale-dependent properties of total variation regularization. Inverse Problems, 2003, 19: S165-S187.

[21] John F, Nirenberg L. On functions of bounded mean oscillation. Comm. Pure. Appl. Math., 1961, 14: 415-426.

[22] Koch H, Tataru D. Well-posedness for the Navier-Stokes equations. Adv. in Math., 2001, 157: 22-35.

[23] Strichartz R S. Traces of BMO-Sobolev spaces. Proc. Amer. Math. Soc., 1981, 83(3): 509-513.

[24] Jones P W, Le T M. Local scales and multiscale image decompositions. UCLA CAM Report 07-11, 2007.

[25] Vese L A, Osher S J. Modeling textures with total variation minimization and oscillating patterns in image processing. Journal of Scientific Computing, 2003, 19: 553-572.

[26] Osher S J, Sole A, Vese L A. Image decomposition and restoration using total variation minimization and the norm. Multiscale Modeling and Simulation: A SIAM Interdisciplinary Journal, 2003, 1(3): 349-370.

[27] Mumford D, Gidas B. Stochastic models for generic images. Quart. Appl. Math., 2001, 59: 85-111.

[28] Lieu L, Vese L. Image restoration and decomposition via bounded total variation and negative Hilbert-Sobolev spaces. UCLA CAM Report 05-33, 2005.

[29] Le T, Vese L. Image decomposition using total variation and div(BMO). UCLA CAM Report 04-36, 2004.

[30] Garnett J B, Jones P W, Le T M, et al. Modeling oscillatory components with the homogeneous spaces $BMO^{-\alpha}$ and $W^{-\alpha,p}$. UCLA CAM Report 07-21, 2007.

[31] Aujol J F. Chambolle A. Dual norms and image decomposition models. International Journal on Computer Vision, 2005, 63(1): 85-104.

[32] Rockafellar T R, Wets R J -B. Variational Analysis. Berlin: Springer, 1998.

[33] Chambolle A. An algorithm for total variation regularization and denoising. Journal of Mathematical Imaging and Vision, 2004, 20: 89-97.

[34] Hiriart-Urruty J B, Lemarechal C. Convex Analysis and Minimization Algorithms I. New York: Springer-Verlag, 1993.

[35] Rockafellar T. Convex analysis. Princeton: Princeton University Press, 1974.

[36] Aujol J F, Aubert G, Blanc-Fèraud L, Chambolle A. Image decomposition into a bounded variation component and an oscillating component. Journal of Mathematical Imaging and Vision, 2005, 22(1): 71-88.

附录 C　基于波原子变换的图像去噪算法

C.1　引　　言

在自然成像和地球物理学数据处理中, 纹理图像的表征和去噪始终是一个挑战性课题. 多数去噪方法都假定图像是分片光滑的, 而噪声是高频振荡的. 因此, 人们试图用局部的或自适应的光滑策略去除振荡. 但是许多细结构 (如纹理) 同噪声一样振荡, 所以这些假定并不适合自然图像, 纹理会被当成噪声而去除掉. 传统的塔式小波仅仅递归分解了低频子带, 未能对细节丰富的高频子带进行处理, 致使在处理纹理丰富的图像时效果不好. 这种不足使人们开始寻求更好的非线性逼近工具.

超小波分析是为了检测、表示、处理某些高维空间数据而产生的, 这些空间的主要特点是: 其中数据的某些特征集中体现于低维子集中 (如曲线、面等). 对于二维图像, 主要特征可以由边缘刻画. 然而, 在自然图像中, 灰度值的突变并不总是对应着物体的边缘, 许多时候是由纹理的变化而产生的. 对纹理图像或者图像中纹理信息的研究也越来越受到人们的重视. 文献 [1] 在研究图像非自适应稀疏表示的一些最新成果基础上, 分别选择第二代曲线波和波原子表征结构分量和纹理分量, 并引入广义齐型 Besov 范数约束噪声分量, 得到一种新的“结构 + 纹理 + 噪声”图像分解模型, 使更多的细小纹理信息得以分离. 文献 [2] 研究了基于波原子的变分图像分解模型, 进一步表明波原子在表征图像纹理分量中的优势. 另一方面, 因为基于全变差正则化的方法具有较强的边缘保护能力, 文献 [3] 将小波与全变差正则化相结合用于图像压缩和抑噪, 文献 [4, 5] 将小波萎缩法和全变差正则化方法结合起来, 以减弱伪 Gibbs 现象, 文献 [6] 进一步研究了小波萎缩法、非线性扩散和变分法之间的关系, 使小波与变分的结合在图像处理中的应用成为可能.

本附录讨论波原子与变分的结合在图像非线性逼近、去噪中的应用, 针对去噪过程中产生的新方向性纹理失真和伪 Gibbs 振荡, 提出了一种基于系数全变差最小的波原子去噪算法. 针对图像去噪时边缘细节部分会产生伪 Gibbs 振荡等人为的视觉失真, 结合波原子对振荡纹理的有效表示特性, 引入循环平移 (cycle spinning) 思想对波原子硬阈值去噪算法进行改进, 提出一种结合循环平移思想和波原子变换的图像去噪算法. 数值仿真实验表明了所提算法的有效性.

C.2 波原子理论

C.2.1 波原子的定义

波原子[7,8] 是由 Laurent Demanet 和 Lexing Ying 提出的一种多尺度分析方法, 它可被认为是方向小波和 Gabor 原子的 “插值”. 与传统的小波、Gabor 原子、脊波和曲线波相比, 波原子为纹理图像提供了更稀疏的表示, 能够有效地捕获图像的高维奇异特征和纹理信息, 从而保留图像较多的几何结构.

记波原子为 $\phi_\mu(x)$, 下标 $\mu=(j,m,n)=(j,m_1,m_2,n_1,n_2)$, $j,m_1,m_2,n_1,n_2\in Z$, 相空间的任意一点 (x_μ,w_μ) 满足关系式

$$x_\mu=2^{-j}n,\quad w_\mu=2^j m\pi,\quad \text{且}\quad C_1 2^j\leqslant\max_{i=1,2}|m_i|\leqslant C_2 2^j,$$

其中 $C_1,C_2>0$ 是常数. x_μ 和 w_μ 分别表征波原子 $\phi_\mu(x)$ 在空域和频域中的核心. 波原子在相空间点 (x_μ,w_μ) 处还需满足下面的局部化条件.

定义 C.1 称波包 $\{\phi_\mu(x)\}$ 的框架元为波原子, 如果对任意 $M>0$, $\phi_\mu(x)$ 分别在空域和频域中有如下局部化条件:

$$|\phi_\mu(x)|\leqslant C_M 2^j(1+2^j|x-x_\mu|)^{-M},\tag{C.1}$$

$$\left|\hat{\phi}_\mu(w)\right|\leqslant C_M 2^{-j}(1+2^{-j}|w-w_\mu|)^{-M}+C_M 2^{-j}(1+2^{-j}|w+w_\mu|)^{-M}.\tag{C.2}$$

C.2.2 波原子的构造及变换系数

构造波原子比曲线波更为灵活. 数字波原子构造的关键在于, 选择一个适当的一维波包 $\left\{\psi^j_{m,n}(x):j,m\geqslant 0,n\in Z\right\}$, 使其具有波原子定义所要求的空频局域性 (C.1) 和 (C.2). 利用 Lars Villemoes 的频域局部化策略, 可以通过一维波包的张量积构造数字波原子. 局部化策略下的一维波原子构造是先在频域中构造紧支撑

$$\begin{aligned}\hat{\psi}^0_m(w)=&e^{-iw/2}\left[e^{i\alpha_m}g\left(\varepsilon_m\left(w-\pi\left(m+\frac{1}{2}\right)\right)\right)\right.\\&\left.+e^{-i\alpha_m}g\left(\varepsilon_{m+1}\left(w+\pi\left(m+\frac{1}{2}\right)\right)\right)\right],\end{aligned}\tag{C.3}$$

其中 $\varepsilon_m = (-1)^m$, $\alpha_m = \dfrac{\pi}{2}\left(m+\dfrac{1}{2}\right)$, g 是一个支撑区间长度为 2π 的实值 C^∞ 函数且满足 $\sum_m \left|\hat{\psi}_m^0(w)\right|^2 = 1$. 通过 $\hat{\psi}_m^0(w)$ 的二进伸缩和平移即可得到一维波原子

$$\psi_{m,n}^j(x) = \psi_m^j(x - 2^{-j}n) = 2^{j/2}\psi_m^0(2^j x - n). \tag{C.4}$$

为了保留正交性, 要求有 $g(-2w-\pi/2) = g(\pi/2+w)$ 成立. $g(w), g(-w)$ 交错构成 $\hat{\psi}_{m,n}^j(w)$ 的频带划分, 如图 C.1 所示. 图 C.2 和图 C.3 分别显示的是不同尺度一维波原子的空、频域形式和二维波原子的空、频域形式.

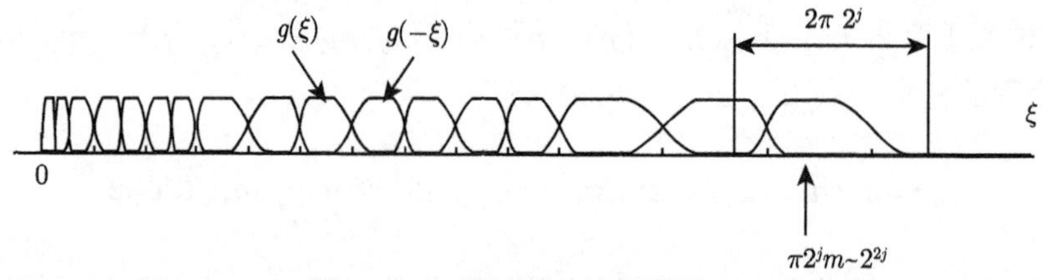

图 C.1　一维波原子的频带划分

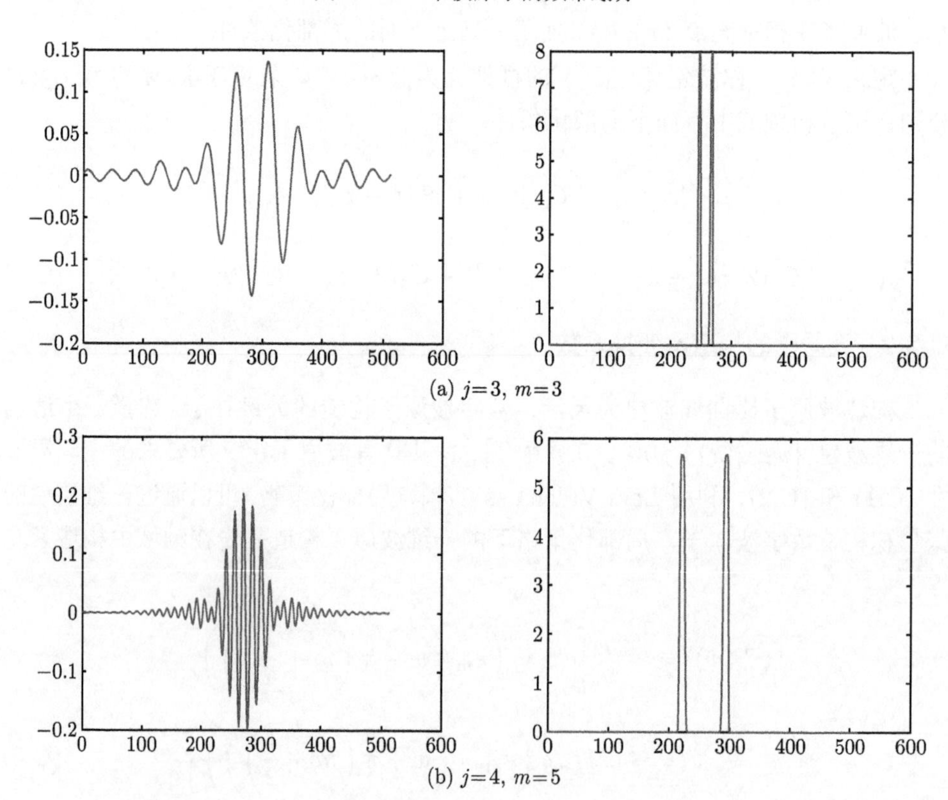

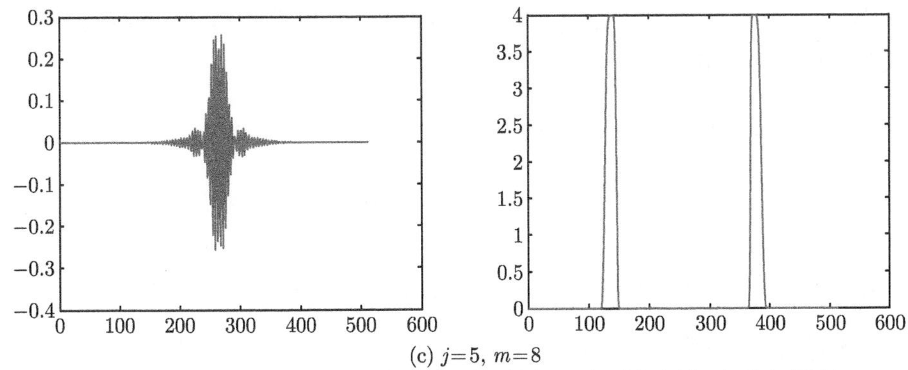

(c) $j=5$, $m=8$

图 C.2 空域和频域中不同尺度下的一维波原子 (左列为空域, 右列为频域)

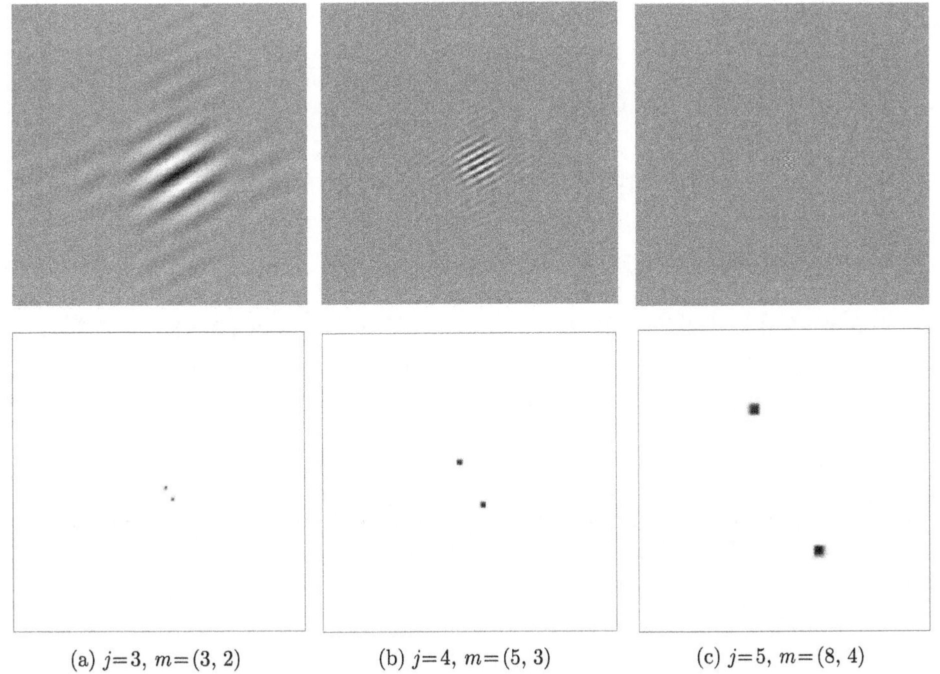

(a) $j=3$, $m=(3, 2)$ (b) $j=4$, $m=(5, 3)$ (c) $j=5$, $m=(8, 4)$

图 C.3 空域和频域中不同尺度下的二维波原子 (上行表示空域, 下行表示频域)

任意 $u(x) \in L^2(R)$, 2^{-j} 尺度上的空域一维波原子系数为

$$C_{j,m,n} = \int \psi_m^j(x - 2^{-j}n)u(x)dx = \psi_m^j(x - 2^{-j}n) * u(x), \tag{C.5}$$

根据 Plancherel 关系, 可得到在频域的一维波原子系数为

$$C_{j,m,n} = \frac{1}{2\pi}\int e^{i2^{-j}nw}\overline{\hat{\psi}_m^j(w)}\hat{u}(w)dw. \tag{C.6}$$

仍设 $\mu=(j,m,n)=(j,m_1,m_2,n_1,n_2)$, 记 H 表示 Hilbert 变换, 定义正交基及其对偶正交基分别为

$$\begin{aligned}\phi_\mu^+(x_1,x_2)&=\psi_{m_1}^j(x_1-2^{-j}n_1)\psi_{m_2}^j(x_2-2^{-j}n_2),\\ \phi_\mu^-(x_1,x_2)&=H\psi_{m_1}^j(x_1-2^{-j}n_1)H\psi_{m_2}^j(x_2-2^{-j}n_2).\end{aligned}\tag{C.7}$$

记$\phi_\mu^{(1)}=\dfrac{\phi_\mu^++\phi_\mu^-}{2},\phi_\mu^{(2)}=\dfrac{\phi_\mu^+-\phi_\mu^-}{2}$, 则 $\{\phi_\mu\}=\left\{\phi_\mu^{(1)},\phi_\mu^{(2)}\right\}$ 就形成了波原子框架. 若该框架是紧框架, 就有

$$\sum_\mu\left|\left\langle\phi_\mu^{(1)},u\right\rangle\right|^2+\sum_\mu\left|\left\langle\phi_\mu^{(2)},u\right\rangle\right|^2=\|u\|^2,\tag{C.8}$$

二维波原子变换系数为

$$C_\mu=\left\langle u,\phi_\mu^{(1)}\right\rangle+\left\langle u,\phi_\mu^{(2)}\right\rangle.\tag{C.9}$$

C.3 波原子在图像处理中的应用

C.3.1 波原子硬阈值去噪算法

若假定含噪图像可表示为 $f=u+\eta$, 其中 u 为无噪干净图像, η 为零均值、方差 σ^2 的高斯噪声, 图像去噪是从 f 中恢复出干净图像 u. 软阈值函数由于其连续性使得图像在去噪时的边缘过于模糊, 细节丢失得过多. 硬阈值方法可以很好地保留图像边缘等局部特征, 因此我们选用波原子硬阈值去噪.

利用波原子变换硬阈值去噪算法的基本思想与基于小波的去噪方法一致. 首先对含噪图像 f 进行波原子变换, 然后通过阈值函数对波原子变换系数进行非线性阈值, 再根据所保留下的系数重构, 得到干净图像 u 的一个估计:

$$\hat{u}=\sum_{\mu\in\Lambda}S_\lambda(\mathrm{WA}_\mu(f))\phi_\mu,\tag{C.10}$$

其中 $\mathrm{WA}_\mu(f)=\langle f,\phi_\mu\rangle$, $S_\lambda(\cdot)$ 是硬阈值函数, $\Lambda=\{\mu\,|\mathrm{WA}_\mu(f)\geqslant\lambda\}$ 为保留波原子系数的指标集.

C.3.2 仿真实验与分析

为了验证波原子在实际图像处理中的有效性, 我们对图像非线性逼近、图像压缩及去噪进行了大量仿真实验.

实验一：非线性逼近性能比较

图 C.4 是对 “Finger” 图像使用 256 个 (第一行)、1024 个 (第二行) 变换系数重构图像进行非线性逼近的处理结果, 波原子对纯纹理图的逼近要比传统小波逼近的峰值信噪比高, 特别是波原子方法重构的图像 (b) 和 (d) 更清晰, 显示出较多的纹理信息. 图 C.5 是对 “Barbara1” 图像 (指 Barbara 图的部分放大) 使用 256 个 (第一行)、1024 个 (第二行) 变换系数重构图像进行非线性逼近的处理结果, 对图像纹理较丰富的区域有较好的视觉效果, 见图 (b) 和 (d). 对 “Finger” 图和 “Barbara1” 图的非线性逼近效果图表明使用波原子的非线性逼近更多地保留了指纹信息和 “Barbara1” 图像的裤子、桌布部分的纹理细节, 视觉效果明显地比小波方法要好. 进一步研究发现波原子非线性逼近不仅在峰值信噪比方面有提高, 而且能很好地保留图像的边缘轮廓, 同时在表征纹理上更是优于小波方法.

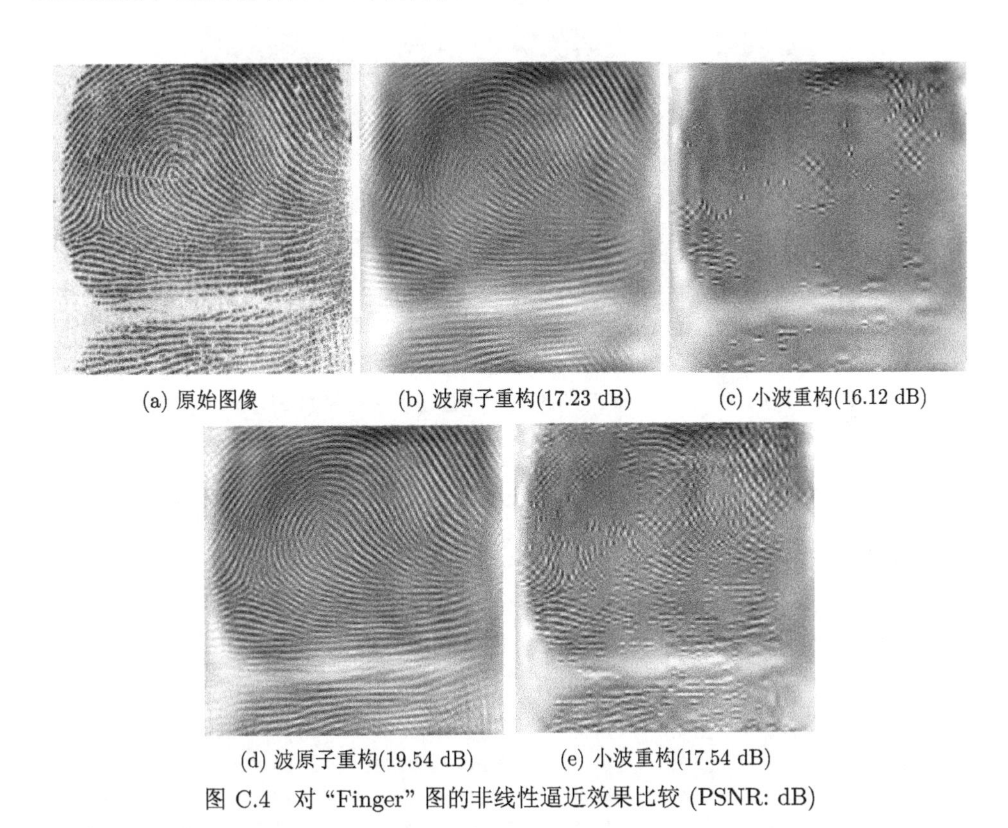

(a) 原始图像 (b) 波原子重构(17.23 dB) (c) 小波重构(16.12 dB)

(d) 波原子重构(19.54 dB) (e) 小波重构(17.54 dB)

图 C.4 对 “Finger” 图的非线性逼近效果比较 (PSNR: dB)

实验二：图像去噪性能比较

实验所用测试图选取 “Finger” 图和 “Barbara” 图, 所加噪声是均值为零的高斯白噪声. 采用的去噪方法分别为 dB5 小波图像阈值去噪、快速曲线波阈值去噪和波原子阈值去噪. 文中还比较分析了对加入不同噪声级的含噪图像进行去噪的效果, 并给出了定量的评价.

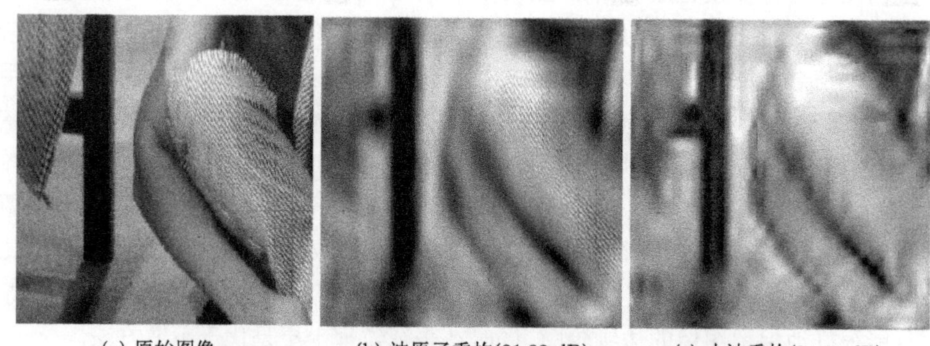

(a) 原始图像　　(b) 波原子重构(21.92 dB)　　(c) 小波重构(21.85 dB)

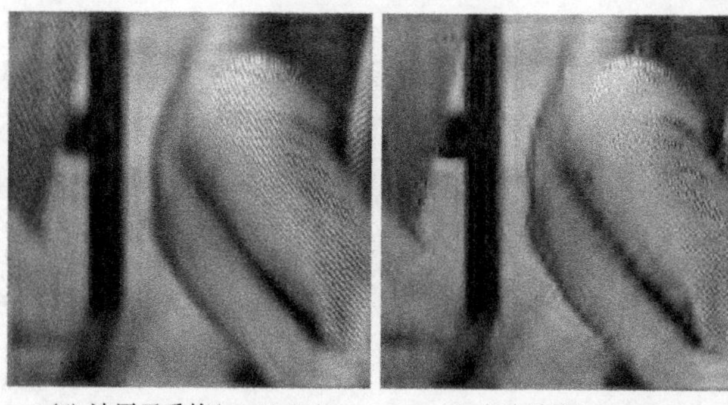

(d) 波原子重构(25.46 dB)　　(e) 小波重构(23.78 dB)

图 C.5　对 “Barbara1” 图的非线性逼近效果比较 (PSNR: dB)

表 C.1 是对 “Finger” 图和 “Barbara” 图去噪后的性能参数比较, 数据的比较说明波原子去噪算法在性能参数上有较明显的提高, 去噪图像的 PSNR 值最高. 而且在强噪声背景下, 这种优势更加明显.

表 C.1　不同噪声方差的图像去噪 PSNR 比较　　(单位：dB)

σ	Finger 图				Barbara 图			
	0.1	0.15	0.2	0.3	0.15	0.2	0.25	0.3
含噪图像	20.00	16.47	13.96	10.02	16.48	13.97	12.03	10.45
小波去噪	24.95	22.30	20.41	14.18	22.78	20.83	19.39	18.16
曲波去噪	25.65	23.47	21.93	16.80	22.87	21.78	20.74	19.82
波原子去噪	25.84	23.84	22.63	19.39	26.09	24.71	23.69	22.79

图 C.6 是对噪声方差为 0.15 的 “Finger” 图像去噪的结果, 图 C.7 是对噪声方差为 0.2 的 “Barbara” 图像去噪的结果. 在图 C.6 和图 C.7 中, 图 (e) 的视觉

质量明显地要好于图 (c) 和 (d), 表明对纯纹理图及图像较多纹理的区域, 波原子去噪的效果要优于传统小波去噪和快速曲线波去噪, 特别是波原子方法恢复的图像更清晰. 曲线波去噪能比小波更好地保留边缘, 峰值信噪比也提高得多. 而波原子既能很好地保留图像的曲线型边缘轮廓, 同时在表征纹理上也优于其他两种方法. 使用波原子算法更多地保留了指纹图像的纹理细节和桌布、裤子上的纹理信息, 视觉效果明显地较曲线波、小波方法要好.

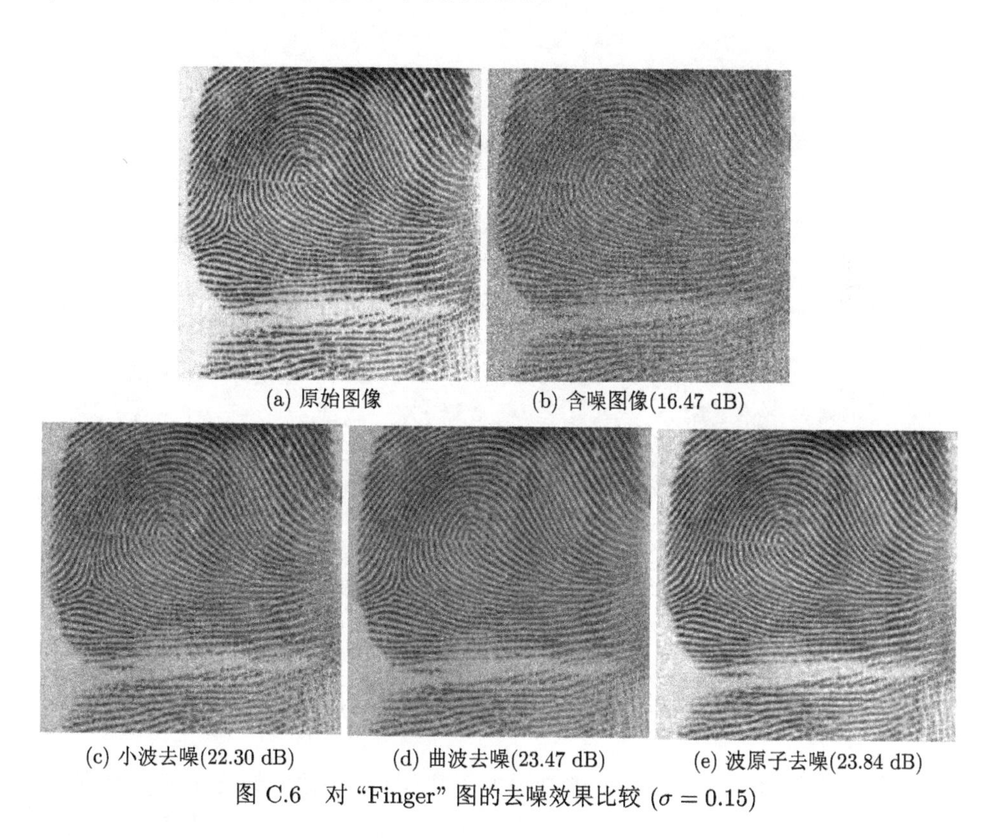

(a) 原始图像 (b) 含噪图像(16.47 dB)

(c) 小波去噪(22.30 dB) (d) 曲波去噪(23.47 dB) (e) 波原子去噪(23.84 dB)

图 C.6 对 “Finger” 图的去噪效果比较 ($\sigma = 0.15$)

波原子对图像的纹理有较强的表达能力, 这意味着只需用较少的波原子系数就可以较好地重构边缘、纹理信息丰富的图像. 与小波相比, 只需要更少的系数就足以达到恢复重建图像的目的. 而用相同数量的变换系数重建图像时, 波原子方法处理的纹理部分更清晰. 通过对图像非线性逼近和去噪的仿真实验, 我们看到波原子能有效地处理图像的纹理. 在图像非线性逼近应用中, 得到了比较满意的非线性逼近视觉效果, 并取得了较高的 PSNR 值. 另外, 在图像去噪应用中, 也获得了峰值信噪比非常高的去噪结果, 特别适合于处理纹理信息丰富的图像. 使用波原子阈值去噪算法去除噪声能更好地保留图像的边缘和纹理; 处理后的图像纹理清晰度和对比度都优于传统的小波阈值去噪算法和曲线波阈值去噪算法.

(a) 原始图像

(b) 含噪图像(13.97 dB)

(c) 小波去噪(20.83 dB)

(d) 曲波去噪(21.78 dB)

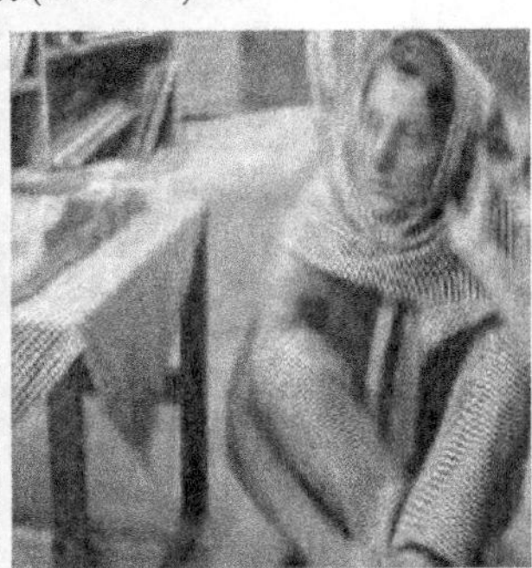

(e) 波原子去噪(24.71 dB)

图 C.7 对 “Barbara” 图的去噪效果比较 ($\sigma = 0.2$)

C.4 结合全变差最小的波原子去噪算法

图像去噪的目的在于滤除影响视觉的干扰信息, 获得一幅真实和保存有用信息的图像. 而图像的边缘和纹理是图像的主要细节部分, 我们不希望在去噪的同时, 将边缘等信息变得模糊. 但由于硬阈值算子的不连续性和波原子变换 FFT 过程的周期化影响, 阈值去噪的同时在图像的不连续点邻域 (边缘和纹理) 产生伪 Gibbs 振荡, 出现新的方向性纹理等失真. 这种失真可视为一种整体振荡, 而全变差正则化能较好地抑制图像的整体振荡性. 因此, 通过引入全变差正则化来抑制这些失真, 提出一种波原子系数全变差最小的图像去噪改进算法. 该算法不是直接将低于阈值的小系数置为零, 而是对这些系数在全变差最小的意义上作修正迭代, 得到最终的去噪图像. 数值实验表明, 所提出的算法可以保留图像更多的边缘和纹理信息, 同时使去噪过程中所带来的失真现象得到很好的抑制.

C.4.1 全变差正则化模型

从数学的角度看, 图像去噪是一个典型的不适定反问题, 需引入约束项以获得稳定解, 而约束项也是通过一个正则化函数来刻画. 经典的 Tikhonov 正则化函数要求图像是光滑的, 否则会出现 Gibbs 现象. BV 空间允许不连续, 而图像又可以看作仅在边缘不连续的分片光滑函数, 因此在 BV 空间考虑图像的恢复是较合理的. 这里仍考虑 C.3 节的图像去噪问题.

若函数 $u(x) \in L^1(\Omega)$, $\nabla u(x) \in L^1(\Omega)$, 则 $u(x)$ 的全变差定义为

$$\mathrm{TV}(u) = \int_\Omega |\nabla u| \, dx, \tag{C.11}$$

其离散近似表示式为

$$\mathrm{TV}(u) = \sum_{i,j} \sqrt{a_{i,j}^2 + b_{i,j}^2 + c_{i,j}^2 + d_{i,j}^2}, \tag{C.12}$$

其中 $a_{i,j} = u_{i+1,j} - u_{i,j}$, $b_{i,j} = u_{i,j+1} - u_{i,j}$, $c_{i,j} = u_{i,j} - u_{i-1,j}$, $d_{i,j} = u_{i,j} - u_{i,j-1}$.

当给定噪声方差 σ, ROF 去噪模型可表示为

$$\begin{aligned} &\min_{u \in U} \mathrm{TV}(u) \\ &\text{s.t.}\ \|f-u\|_{L^2}^2 = \sigma^2. \end{aligned} \tag{C.13}$$

通过引入一个 Lagrange 乘子 λ, 模型 (C.13) 可变为无约束的变分模型:

$$\min_{u \in \mathrm{BV}(\Omega)} \mathrm{TV}(u) + \lambda \|f-u\|_{L^2}^2, \tag{C.14}$$

其中第一项 $\mathrm{TV}(u)$ 是正则项, 第二项 $\|f-u\|_{L^2}^2$ 是逼近项, 参数 λ 在这两项之间起平衡作用. 一般来说, λ 越大, f 与 u 越接近, 去除的噪声越少, 而较小的 λ 值使 u 过光滑.

C.4.2 结合全变差最小的波原子去噪算法

建立图像恢复模型:

$$\begin{cases} \min\limits_{U} \mathrm{TV}(u), \\ U = \{u : u \in \mathrm{BV}(\Omega), \mathrm{WA}_\mu(u) = \mathrm{WA}_\mu(f), \mu \in \Lambda\}. \end{cases} \tag{C.15}$$

若令 $V = \{v : v \in \mathrm{BV}(\Omega), \mathrm{WA}_\mu(v) = 0, \mu \in \Lambda\}$, 则 U 是方向由 V 确定的仿射空间, 且有 $U = \{u : u \in \mathrm{BV}(\Omega), u = \hat{u} + v, v \in V\} = \{\hat{u}\} + V$, 模型 (C.15) 的

目标函数是凸函数, 仿射空间 U 也是凸的, 利用投影梯度算法进行迭代求解:

$$\begin{cases} u^{k+1} = u^k + \tau_k P_V(g(\mathrm{TV}(u^k))), \\ u^1 = \hat{u}, \end{cases} \tag{C.16}$$

其中 $\tau_k \geqslant 0$ 为迭代步长, $P_V(\cdot)$ 表示在 V 空间上的正交投影, $g(\cdot)$ 是次梯度 [6], 即

$$g(\mathrm{TV}(u^k)) = -\nabla \cdot \left(\frac{\nabla u^k}{|\nabla u^k|}\right), \tag{C.17}$$

反阈值函数 $S_\lambda^{-1}(x) = \begin{cases} 0, & x \geqslant \lambda, \\ x, & x < \lambda, \end{cases}$ 记 $(\mathrm{WA})^{-1}$ 表示波原子逆变换, 则

$$P_V(x) = (\mathrm{WA})^{-1} S_\lambda^{-1} (\mathrm{WA})(x). \tag{C.18}$$

综上, 基于波原子系数全变差最小的图像去噪算法 (改进算法一) 步骤可描述如下.

第一步: 确定指标集合 Λ.

(1) 先对含噪图像 f 作波原子变换, $\mathrm{WA}_\mu(f) = \langle f, \varphi_\mu \rangle$;

(2) 对变换后的系数非线性阈值, $S_\lambda(\mathrm{WA}_\mu(f))$;

(3) 用波原子逆变换重构, $\hat{u} = \sum\limits_{\mu \in \Lambda} S_\lambda(\mathrm{WA}_\mu(f))\varphi_\mu$.

第二步: 全变差修正第一步得到的 $\hat{u}$, 输出最终去噪后的图像 u^{k+1}.

(1) 初始化: 设置 $k = 1$, 初始值 $u^1 = \hat{u}$, 最大迭代次数 K, 确定步长估计式 τ_k;

(2) 由 (C.17) 式计算 $g(\mathrm{TV}(u^k))$;

(3) 由 (C.18) 式计算 $P_V(g(\mathrm{TV}(u^k)))$;

(4) 由 (C.16) 式计算 $u^{k+1} = u^k + \tau_k P_V(g(\mathrm{TV}(u^k)))$;

(5) 若 $k < K$, 则转至第二步, 否则, 结束迭代.

通常步长估计式选取 $\tau_k = 1/\sqrt{k}$. 关于算法收敛性, 有下述定理 [9].

定理 C.1　若步长序列 $\{\tau_k\}$ 满足: $\lim\limits_{k\to\infty} \tau_k = 0, \sum\limits_{k=0}^{+\infty} \tau_k = +\infty, \sum\limits_{k=0}^{+\infty} \tau_k^2 < +\infty$, 则 $\lim\limits_{k\to+\infty} \min\limits_{u\in U} \|f - u^k\| = 0, \lim\limits_{k\to+\infty} \mathrm{TV}(u^k) = \min\limits_{v\in u} \mathrm{TV}(u)$.

C.4.3　仿真实验与分析

为了验证所提算法对图像去噪和抑制失真的有效性, 分别用小波、曲线波和基于全变差最小的波原子去噪算法 (改进算法一) 进行去噪比较, 并对波原子硬阈

值去噪算法及改进算法一进行去噪比较．实验选取 512×512 的“Seimic”图像、“Finger”图像、“Finger1”图像 (指 Finger 图的部分放大) 和“Barbara”图像，叠加零均值的高斯白噪声．步长 $\tau_k = 1/\sqrt{k}$，阈值用蒙特卡罗方法选取．选取客观评价指标的 PSNR 度量图像经几种算法去噪的效果和质量．图 C.8 是噪声方差为 10 的“Seimic”图像迭代 15 次的去噪效果．图 C.9 是噪声方差为 15 的“Finger1”图像迭代 20 次的去噪效果．实验结果表明，波原子阈值去噪算法带来新的方向性纹理，出现较明显的伪 Gibbs 振荡．波原子去噪改进算法一可以保留图像更多的边缘和纹理信息，同时使去噪过程中所带来的失真现象得到很好的抑制．表 C.2 还比较分析了对不同噪声级含噪图像进行去噪的效果．数据的比较说明波原子去噪方法在性能参数上有较明显的提高．

(a) 原始图像 (b) 含噪图像

(c) 波原子硬阈值去噪 (d) 改进算法一去噪

图 C.8 对“Seimic”图的去噪效果比较 (迭代 15 次，$\sigma = 10$)

波原子硬阈值去噪算法是对图像分解系数直接处理，保留大于阈值的系数再重构的结果．算法虽然简单、运算量小，对去噪图像的细节信息保持得较好，但由于硬阈值算子的不连续性和波原子变换的 FFT 过程容易出现伪 Gibbs 振荡, 产生新的方向性纹理等失真. 于是, 针对去噪过程中产生的新方向性纹理失真和伪 Gibbs 振荡, 结合系数全变差最小提出了一种改进的图像去噪算法. 仿真实验验证了所提算法在获得较高 PSNR 的同时, 达到较满意的视觉效果.

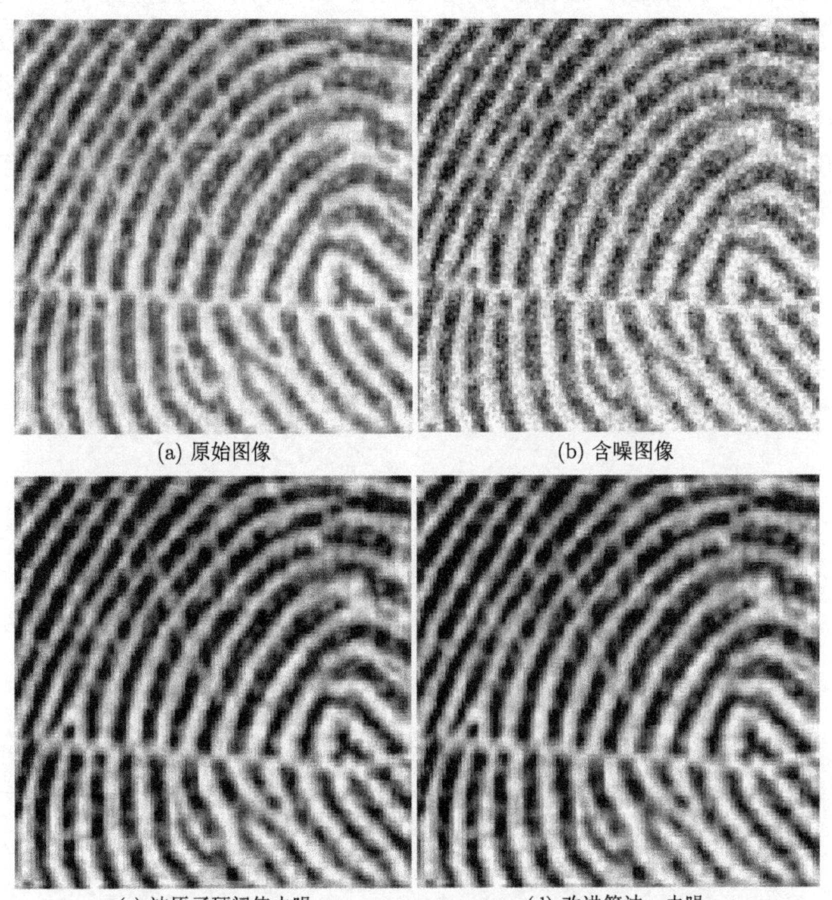

(a) 原始图像　(b) 含噪图像

(c) 波原子硬阈值去噪　(d) 改进算法一去噪

图 C.9　对 "Finger1" 图的去噪效果比较 (迭代 20 次, $\sigma = 15$)

表 C.2　不同噪声方差的含噪图像去噪后的 PSNR 比较　(单位：dB)

σ	Finger 图				Barbara 图			
	10	15	20	25	10	15	20	25
含噪图像	22.15	24.61	22.12	20.16	28.14	24.61	22.07	20.16
小波	30.78	28.29	26.53	25.07	29.64	27.03	25.51	24.72
曲波	30.35	28.38	26.96	25.77	31.70	28.88	26.92	25.48
改进算法一	31.16	28.73	27.15	25.94	33.19	30.96	29.46	28.37

C.5　结合循环平移的波原子去噪算法

小波理论在信号处理中的应用广泛，但传统小波变换在处理二维图像时表现出一定的局限性[10]. Demanet 和 Ying 提出的波原子变换仍满足曲线波的抛物比例尺度关系和各向异性特征，振荡函数或方向纹理在波原子下比在小波、Gabor 原子或曲线波下展开得更稀疏. 波原子适用于模式的任意局部方向，能够对轴方向的各向异性模式稀疏展开. 与曲线波相比，波原子不仅能够捕获振荡模式而且也能表征穿过振荡的模式. 虽然波原子变换能够稀疏地表示二维图像，但是由于其缺乏平移不变性，在应用于图像去噪的同时会引入人为的视觉失真，尤其对于图像中的边缘细节部分，伪 Gibbs 现象尤为明显. 所谓伪 Gibbs 现象是在不连续点附近的一个特定目标水平上下跳变，表现为图像的某个区域出现类似水波样的波纹. Coifman 和 Donoho 提出的循环平移思想[11]，通过循环平移来改变不连续点的位置，很好地避免了这一视觉失真. 本节结合波原子对振荡纹理的有效表示特性，引入循环平移思想对波原子硬阈值去噪进行改进，提出一种结合循环平移思想的波原子去噪算法. 实验结果表明，与传统波原子硬阈值去噪算法相比，该算法更好地改善了图像去噪的视觉效果，获得了较高的 PSNR 增益，尤其是对含有丰富细节和纹理的图像，效果更好.

C.5.1　循环平移思想

在阈值去噪的过程中，如果变换缺乏平移不变性，就会在图像的不连续点邻域 (边缘和纹理) 产生伪 Gibbs 现象，导致图像失真. 这种失真与图像不连续点的位置密切相关，例如对于 Haar 小波，在 $n/2$ 处的不连续点邻域不会产生伪 Gibbs 现象，而在其他位置 (如 $n/3$ 处) 的不连续点邻域却会产生非常明显的伪 Gibbs 现象. 一种抑制这种现象的方法就是对图像进行平移，改变图像不连续点的位置，对平移后的图像进行阈值去噪，再将去噪后的图像进行逆向平移就能避免伪 Gibbs 现象. 但是，如果待分析图像包含多个不连续点，对某一个不连续点的最优平移量可能会导致另一个不连续点邻域的伪 Gibbs 现象加剧，因此很难找到一个满足所有不连续点的平移量.

为了抑制阈值去噪过程中由于变换缺乏平移不变性而产生的伪 Gibbs 现象，Coifman 和 Donoho 提出循环平移思想，即对含噪图像进行 “循环平移-阈值去噪-逆向循环平移”. 循环平移通过改变图像的排列次序，从而改变奇异点在整个图像中的位置来减小或消除振荡. 但由于对每次平移后的图像进行阈值去噪会使伪 Gibbs 现象出现在不同的地方，因此我们不采用单一平移，而是针对图像行和列方向上的每组平移量都会得到一个不同的去噪结果 $\widehat{s}_{i,j}$, 对所有去噪结果进行线性平均得到了抑制伪 Gibbs 现象的去噪结果 $\widehat{s}$, 即

$$\widehat{s}_{i,j} = S_{i,j}^{-1}(T^{-1}(S_\lambda[T(S_{i,j}(x))])), \tag{C.19}$$

$$\widehat{s} = \frac{1}{K_1 \times K_2}\sum_{i=0}^{K_1}\sum_{j=0}^{K_2}\widehat{s}_{i,j}, \tag{C.20}$$

其中 K_1, K_2 为行列方向上的最大平移量, S, S^{-1} 分别表示循环平移算子及逆循环平移算子, 下标 i, j 为行列方向上的平移量, T, T^{-1} 分别为某种变换算子及其逆算子, S_λ 为阈值算子.

C.5.2 结合循环平移的波原子去噪算法

虽然硬阈值能很好地保留图像的细节信息, 但处理后的图像会出现伪 Gibbs 现象等视觉失真. 为了抑制硬阈值去噪过程中的这些失真, 我们结合循环平移思想提出一种基于波原子的图像去噪算法.

综上, 结合循环平移的波原子去噪算法 (改进算法二) 的基本步骤可描述如下:

(1) 对含噪图像 u 利用循环平移算子 S 作循环平移, 得到图像 $S(u)$;

(2) 对循环平移后的图像 $S(u)$ 进行波原子变换 WA, 为了表示简单, 波原子变换记为 T, 得到变换系数 $T(S(u))$;

(3) 将 $T(S(u))$ 用硬阈值算子 S_λ 处理, 得到去噪后的变换系数 $S_\lambda(T(S(u)))$;

(4) 对硬阈值处理后的波原子系数 $S_\lambda(T(S(u)))$ 进行逆波原子变换, 得到去噪后的图像 $T^{-1}S_\lambda(T(S(u)))$;

(5) 对去噪后的图像 $T^{-1}S_\lambda(T(S(u)))$ 再进行逆循环平移就得到恢复图像 $\tilde{u} = S^{-1}T^{-1}S_\lambda(T(S(u)))$.

(6) 最后对所有结果求平均值得到最终去噪结果.

C.5.3 仿真实验与分析

为了验证所提算法的正确性和有效性, 选取一些 512×512 大小的图像如边缘细节丰富的 “Lena” 图和 “Barbara1” 图 (指 Barbara 图的部分放大), 叠加均值为零的高斯白噪声进行实验. 图像行列方向的最大平移量选取为 8. 实验中对小波硬阈值去噪 (WT)、循环平移的小波硬阈值去噪 (WT+CS)、波原子硬阈值去噪 (WA) 和改进算法二 (WA+CS) 进行比较.

从图 C.10 和图 C.11 的视觉效果看, 用波原子去噪算法得到的 (e) 和 (f) 比用小波去噪算法得到的 (c) 和 (d) 更多地保留了边缘 (“Lena” 图的帽沿和头发)

和纹理信息 (“Barbara1” 图的裤子条纹). 这说明了波原子既能很好地保留图像的曲线型边缘轮廓, 同时在 PSNR 增益和表征纹理上更是优于其他两种方法. 图中的纹理细节部分如头发丝和裤子条纹, (e) 和 (f) 两幅图比 (c) 和 (d) 两幅图要清晰得多. 而在帽沿等边缘区域波原子方法处理的效果也比小波方法好. 而且, 结合循环平移思想的波原子去噪改进算法二的视觉效果明显比传统波原子硬阈值去噪算法的效果好, 峰值信噪比也多提高了 1dB 多. 结合循环平移的波原子去噪图 (f) 提高图像的峰值信噪比最多, 而且有效地抑制了阈值去噪过程中由于变换缺乏平移不变性而产生的伪 Gibbs 现象, 显著地改善了图像的视觉质量. 这正是由于波原子的各向异性和对振荡纹理的高效表示特性, 决定了波原子是优于传统小波的.

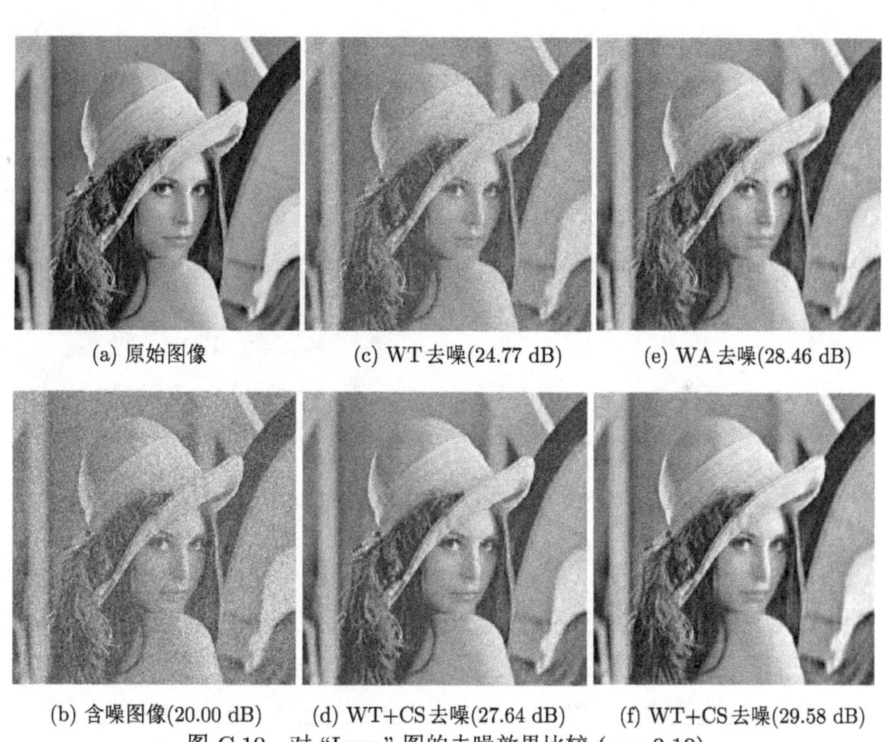

(a) 原始图像 (c) WT 去噪(24.77 dB) (e) WA 去噪(28.46 dB)

(b) 含噪图像(20.00 dB) (d) WT+CS 去噪(27.64 dB) (f) WT+CS 去噪(29.58 dB)

图 C.10 对 “Lena” 图的去噪效果比较 ($\sigma = 0.10$)

为了说明所提改进算法二在客观性能上明显优于其他方法, 进一步对加入不同噪声方差的含噪图像去噪后的 PSNR 进行比较 (表 C.3). 不论是传统的波原子阈值去噪算法, 还是基于循环平移的波原子阈值去噪算法, 其效果都好于传统的小波阈值去噪, 甚至也优于循环平移的小波去噪. 但结合循环平移思想的波原子去噪具有最高的峰值信噪比 PSNR. 而且在强噪声级下, 这种优势更加明显. 进一步对不同噪声方差含噪图像去噪所耗费的 CPU 时间进行了比较, 小波方法比波原子耗时少. 采用循环平移技术后, 算法的速度均相应减慢, 新算法耗时最多. 这是由于波原子变换本身运算较复杂, 平移不变的多次重复也会增加工作量, 所以新算法的运算代价较大.

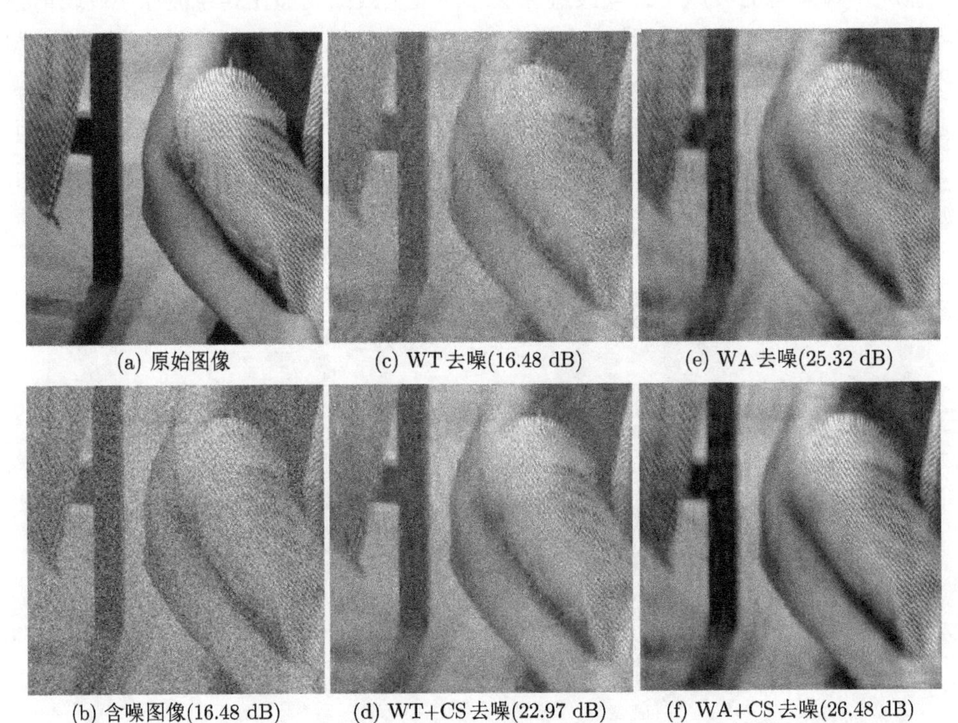

(a) 原始图像　(c) WT 去噪(16.48 dB)　(e) WA 去噪(25.32 dB)

(b) 含噪图像(16.48 dB)　(d) WT+CS 去噪(22.97 dB)　(f) WA+CS 去噪(26.48 dB)

图 C.11　对 “Barbara1” 图的去噪效果比较 ($\sigma = 0.15$)

表 C.3　不同方差含噪图像去噪效果的 PSNR 比较　(单位: dB)

σ	Lena 图				Barbara1 图			
	WT	WT+CS	WA	WA+CS	WT	WT+CS	WA	WA+CS
0.10	24.75	27.58	28.41	29.53	23.00	25.45	27.24	28.27
0.15	21.81	24.75	26.43	27.57	20.30	22.86	25.36	26.43
0.20	19.58	22.58	24.94	26.17	18.58	21.24	24.03	25.14
0.25	17.84	20.91	23.78	25.04	17.05	19.80	22.86	24.12

C.6 小 结

波原子是一种图像处理和数值分析的新型方向多尺度变换, 振荡周期和支撑大小满足抛物尺度关系, 对纹理信息丰富的图像具有极好的表征能力. 波原子去噪算法能更好地保留图像的边缘和纹理, 但具有小波、曲线波去噪类似的伪 Gibbs 振荡 (如新的方向性纹理). 本附录所提改进算法一用全变差最小的波原子系数代替直接阈掉的小系数有效地抑制了这一失真, 明显地提高了去噪图像的 PSNR 值, 得到较好的视觉效果. 由于变换缺乏平移不变性而产生伪 Gibbs 现象导致图像失真, 本附录中所提改进算法二结合循环平移思想不仅有效抑制了图像去噪过程中的伪 Gibbs 现象, 而且去噪后的图像看上去更加真实自然, 视觉效果好. 对纹理信息丰富的图像去噪效果很理想.

对于波原子理论的研究, 还有许多有意义的工作有待进一步展开, 比如: ①波原子理论的进一步完善, 如冗余性及平移不变性; ②波原子变换的算法复杂度很高, 需要给出快速算法以减少运算代价; ③波原子变换与其他超小波分析方法、全变差正则化等 PDE 方法、逆尺度空间、压缩感知的结合.

参 考 文 献

[1] 卢成武. 基于多尺度几何分析和能量泛函的图像处理算法研究. 西安: 西安电子科技大学, 2008.

[2] Liu G J, Feng X C, Bai J. Variational image decomposition model using wave atoms. Current Development in Theory and Applications of Wavelets, 2008, 2(3): 277-291.

[3] Chambolle A, Devore R A, Lee N, et al. Nonlinear wavelet image processing: Variational problems, compression, and noise removal through wavelet shrinkage. IEEE Trans. on Image Processing, 1998, 7(3): 319-335.

[4] Durand S, Froment J. Reconstruction of wavelet coefficients using total variation minimization. SIAM Journal of Scientific Computing, 2002, 24(5): 1754-1767.

[5] Alter F, Durand S, Froment J. Adapted total variation for artifact free decompression of JPEG images. Journal of Mathematical Imaging and Vision, 2005, 23(2): 199-211.

[6] Steidl G, Weickert J, Brox T, et al. On the equivalence of soft wavelet shrinkage, total variation diffusion, total variation regularization and SIDES. SIAM Numerical Analysis, 2004, 42(2): 686-713.

[7] Demanet L, Ying L X. Wave atoms and sparsity of oscillatory patterns. Appl. Comput. Harmon Anal., 2007, 23(3): 368-387.

[8] Demanet L, Curvelets, Wave atoms and wave equations. Ph. D. Dissertation , California Institute of Technology, 2006.

[9] Candès E J, Demanet L. The curvelet representation of wave propagators is optimally sparse. Comm. Pure Appl. Math., 2005, 58(11): 1472-1528.

[10] Candès E J, Donoho D L. New tight frames of curvelets and optimal representations of objects with piecewise C^2 singularities. Comm. Pure Appl. Math, 2004, 57 (2): 219-266.

[11] Coifman R R, Donoho D L. Translation Invariant Denoising. Lecture Notes in Statistics: Wavelets and Statistics. New York: Springer-Verlag, 1995: 125-150.

《信息与计算科学丛书》已出版书目

1 样条函数方法 1979.6 李岳生 齐东旭 著
2 高维数值积分 1980.3 徐利治 周蕴时 著
3 快速数论变换 1980.10 孙 琦等 著
4 线性规划计算方法 1981.10 赵凤治 编著
5 样条函数与计算几何 1982.12 孙家昶 著
6 无约束最优化计算方法 1982.12 邓乃扬等 著
7 解数学物理问题的异步并行算法 1985.9 康立山等 著
8 矩阵扰动分析 1987.2 孙继广 著
9 非线性方程组的数值解法 1987.7 李庆扬等 著
10 二维非定常流体力学数值方法 1987.10 李德元等 著
11 刚性常微分方程初值问题的数值解法 1987.11 费景高等 著
12 多元函数逼近 1988.6 王仁宏等 著
13 代数方程组和计算复杂性理论 1989.5 徐森林等 著
14 一维非定常流体力学 1990.8 周毓麟 著
15 椭圆边值问题的边界元分析 1991.5 祝家麟 著
16 约束最优化方法 1991.8 赵凤治等 著
17 双曲型守恒律方程及其差分方法 1991.11 应隆安等 著
18 线性代数方程组的迭代解法 1991.12 胡家赣 著
19 区域分解算法——偏微分方程数值解新技术 1992.5 吕 涛等 著
20 软件工程方法 1992.8 崔俊芝等 著
21 有限元结构分析并行计算 1994.4 周树荃等 著
22 非数值并行算法(第一册)模拟退火算法 1994.4 康立山等 著
23 矩阵与算子广义逆 1994.6 王国荣 著
24 偏微分方程并行有限差分方法 1994.9 张宝琳等 著
25 非数值并行算法(第二册)遗传算法 1995.1 刘 勇等 著
26 准确计算方法 1996.3 邓健新 著
27 最优化理论与方法 1997.1 袁亚湘 孙文瑜 著
28 黏性流体的混合有限分析解法 2000.1 李 炜 著
29 线性规划 2002.6 张建中等 著
30 反问题的数值解法 2003.9 肖庭延等 著
31 有理函数逼近及其应用 2004.1 王仁宏等 著
32 小波分析·应用算法 2004.5 徐 晨等 著
33 非线性微分方程多解计算的搜索延拓法 2005.7 陈传淼 谢资清 著
34 边值问题的Galerkin有限元法 2005.8 李荣华 著
35 Numerical Linear Algebra and Its Applications 2005.8 Xiao-qing Jin, Yi-min Wei
36 不适定问题的正则化方法及应用 2005.9 刘继军 著

37 Developments and Applications of Block Toeplitz Iterative Solvers 2006.3 Xiao-qing Jin
38 非线性分歧：理论和计算 2007.1 杨忠华 著
39 科学计算概论 2007.3 陈传淼 著
40 Superconvergence Analysis and a Posteriori Error Estimation in Finite Element Methods 2008.3 Ningning Yan
41 Adaptive Finite Element Methods for Optimal Control Governed by PDEs 2008.6 Wenbin Liu Ningning Yan
42 计算几何中的几何偏微分方程方法 2008.10 徐国良 著
43 矩阵计算 2008.10 蒋尔雄 著
44 边界元分析 2009.10 祝家麟 袁政强 著
45 大气海洋中的偏微分方程组与波动学引论 2009.10 〔美〕Andrew Majda 著
46 有限元方法 2010.1 石钟慈 王 鸣 著
47 现代数值计算方法 2010.3 刘继军 编著
48 Selected Topics in Finite Elements Method 2011.2 Zhiming Chen Haijun Wu
49 交点间断 Galerkin 方法：算法、分析和应用 〔美〕Jan S. Hesthaven T. Warburton 著 李继春 汤 涛 译
50 Computational Fluid Dynamics Based on the Unified Coordinates 2012.1 Wai-How Hui Kun Xu
51 间断有限元理论与方法 2012.4 张 铁 著
52 三维油气资源盆地数值模拟的理论和实际应用 2013.1 袁益让 韩玉笈 著
53 偏微分方程外问题——理论和数值方法 2013.1 应隆安 著
54 Geometric Partial Differential Equation Methods in Computational Geometry 2013.3 Guoliang Xu Qin Zhang
55 Effective Condition Number for Numerical Partial Differential Equations 2013.1 Zi-Cai Li Hung-Tsai Huang Yimin Wei Alexander H.-D. Cheng
56 积分方程的高精度算法 2013.3 吕 涛 黄 晋 著
57 能源数值模拟方法的理论和应用 2013.6 袁益让 著
58 Finite Element Methods 2013.6 Shi Zhongci Wang Ming 著
59 支持向量机的算法设计与分析 2013.6 杨晓伟 郝志峰 著
60 后小波与变分理论及其在图像修复中的应用 2013.9 徐 晨 李 敏 张维强 孙晓丽 宋宜美 著
61 统计微分回归方程——微分方程的回归方程观点与解法 2013.9 陈乃辉 著
62 环境科学数值模拟的理论和实际应用 2014.3 袁益让 芮洪兴 梁 栋 著
63 多介质流体动力学计算方法 2014.6 贾祖朋 张树道 蔚喜军 著
64 广义逆的符号模式 2014.7 卜长江 魏益民 著
65 医学图像处理中的数学理论与方法 2014.7 孔德兴 陈韵梅 董芳芳 楼 琼 著
66 Applied Iterative Analysis 2014.10 Jinyun Yuan 著
67 偏微分方程数值解法 2015.1 陈艳萍 鲁祖亮 刘利斌 编著
68 并行计算与实现技术 2015.5 迟学斌 王彦棡 王 珏 刘 芳 编著
69 高精度解多维问题的外推法 2015.6 吕 涛 著

70 分数阶微分方程的有限差分方法 2015.8 孙志忠 高广花 著
71 图像重构的数值方法 2015.10 徐国良 陈 冲 李 明 著
72 High Efficient and Accuracy Numerical Methods for Optimal Control Problems 2015.11 Chen Yanping Lu Zuliang
73 Numerical Linear Algebra and Its Applications (Second Edition) 2015.11 Jin Xiao-qing Wei Yi-min Zhao Zhi
74 分数阶偏微分方程数值方法及其应用 2015.11 刘发旺 庄平辉 刘青霞 著
75 迭代方法和预处理技术(上册) 2015.11 谷同祥 安恒斌 刘兴平 徐小文 编著
76 迭代方法和预处理技术(下册) 2015.11 谷同祥 刘兴平 安恒斌 徐小文 杭旭登 编著
77 Effective Condition Number for Numerical Partial Differential Equations (Second Edition) 2015.11 Li Zi-Cai Huang Hung-Tsgi Wei Yi-min Cheng Alexander H.-D.
78 扩散方程计算方法 2015.11 袁光伟 盛志强 杭旭登 姚彦忠 常利娜 岳晶岩 著
79 自适应 Fourier 变换：一个贯穿复几何，调和分析及信号分析的数学方法 2015.11 钱 涛 著
80 Finite Element Language and Its Applications I 2015.11 Liang Guoping Zhou Yongfa
81 Finite Element Language and Its Applications II 2015.11 Liang Guoping Zhou Yongfa
82 水沙水质类水利工程问题数值模拟理论与应用 2015.11 李春光 景何仿 吕岁菊 杨 程 赵文娟 郑兰香 著
83 多维奇异积分的高精度算法 2017.3 黄 晋 著
84 非线性发展方程的有限差分方法 2018.8 孙志忠 著
85 递推算法与多元插值 2019.12 钱 江 王 凡 郭庆杰 赖义生 著
86 The Eigenvalue Problem of Quaternion Matrix: Structure-Preserving Algorithms and Applications 2019.12 Zhigang Jia
87 分数阶微分方程的有限差分方法(第二版) 2021.1 孙志忠 高广花 著
88 Maxwell's Equations in Periodic Structures 2021.2 Gang Bao Peijun Li
89 数值泛函及其应用 2021.3 张维强 冯纪强 宋国乡 著